应急数据治理及其信息质量测评研究

Research on Emergency Data Management and Information Quality Evaluation

刘春年 等/著

中国财经出版传媒集团

中国财政经济出版社

图书在版编目（CIP）数据

应急数据治理及其信息质量测评研究 / 刘春年等著 .
-- 北京：中国财政经济出版社，2020.5
ISBN 978 - 7 - 5095 - 9655 - 5

Ⅰ.①应… Ⅱ.①刘… Ⅲ.①数据管理－研究 ②信息
管理－质量评价－研究 Ⅳ.①TP274 ②G203

中国版本图书馆 CIP 数据核字（2020）第 032143 号

责任编辑：彭　波　　　　　责任印制：党　辉
封面设计：卜建辰　　　　　责任校对：胡永立

中国财政经济出版社 出版

URL：http：//www.cfeph.cn
E - mail：cfeph @ cfemg.cn
（版权所有　翻印必究）

社址：北京市海淀区阜成路甲 28 号　邮政编码：100142
营销中心电话：010 - 88191537
北京财经印刷厂印装　各地新华书店经销
710×1000 毫米　16 开　20.25 印张　335 000 字
2020 年 6 月第 1 版　2020 年 6 月北京第 1 次印刷
定价：88.00 元
ISBN 978 - 7 - 5095 - 9655 - 5
（图书出现印装问题，本社负责调换）
本社质量投诉电话：010 - 88190744
打击盗版举报热线：010 - 88191661　QQ：2242791300

本书围绕应急数据治理和信息质量测评的基本理念、实践案例，论述了应急信息质量评估的基本理论和方法。本书的主要研究对象是应急数据治理及信息质量评估活动，从国内外角度介绍分析了应急信息质量与信源可信度双路径作用机理，并根据这些分析提出了一些观点；同时提出基于双路径模型的应急平台质量、应急服务质量、应急信息质量评估的总体框架和大数据环境下应急信息质量评估的系统框架；并结合应急信息可信度研究理论和方法，分析了基于社交媒体的应急信息质量与信源可信度双路径理论模型，最后对大数据环境下应急信息质量提升进行相关研究。通过本书的学习，读者能够了解应急数据治理及信息质量评估相关理论和方法，熟悉大数据环境下应急数据治理实践，以便能正确看待应急数据治理发生发展规律和进行应急信息质量提升活动。

本书是国家自然科学基金"大数据环境下应急信息质量与信源可信度双路径作用机理研究"（课题编号：71663038）阶段成果之一。

在本书的研究过程中，参阅了大量的国内外书籍和期刊，并在参考文献中尽可能逐一列出，在此特向这些作者表示深深的感谢。由于作者的疏忽，难免有挂万漏一的情况，敬请见谅。

本书共分为七章，具体分工如下：

第1章：刘春年、田琦；第2章：刘春年、刘宇庆、张凌宇、曾群；第3章：谷风引；第4章：邓青菁、刘春年；第5章：张凌宇、刘春年、朱益平；第6章：陈通、刘春年、张凌宇；第7章：徐文强、刘春年、何思平。

刘春年同志负责全书的总纂和审定。田琦同志参与了全书的统稿、审读和编纂工作。

应急数据治理及信息质量评估理论、方法与实践仍在发展中，有待不断充实和完善。由于编者水平有限，不足之处在所难免，欢迎专家和广大读者批评指正。

本书全体作者
2020 年 5 月

内 容 提 要

　　本书围绕应急数据治理及其信息质量测评展开了系列研究。主体内容涵盖如下：

　　一是借鉴工程化思维和 WSR 系统方法论，对应急信息源可信度研究体系构建进行过程分析，并提出工程化思维下应急信息源可信度研究体系构建 WSR 三维结构，基于学科知识、理论路线、工具方法和应用研究四个方面总结应急信息源可信度研究体系。

　　二是以双路径模型为理论背景，探寻用户在应急信息搜寻环境下，影响用户应急信息质量与信源可信度的变量指标，将用户态度分为认知需要和情感干预两个方面，构建应急信息质量与信源可信度双路径模型，并对其技术路线进行详细的说明和规范，对如何通过认知需要和情感干预影响用户应急信息搜寻行为等具有一定的参考价值。

　　三是融入用户风险感知变量，以用户服务质量为理论依据，探究应急网站信息服务质量跨层次效应。综合现有研究成果，对融入风险感知的用户购买意向及应急网站信息服务质量提出新的解释。鉴于风险感知因素的引入和应急网站的链接，探究网站信息服务质量对融合风险感知的用户购买意向的改变，提出提高应急网站信息服务交互效应水平的新见解。

　　四是从用户层面对应急网站信息利用率问题展开了深入的研究，以理论逻辑分析与实证研究相结合的研究方式，在 TAM 模型的基础上加入网站信息质量、网站交互体验与主观范式三大潜在变量，构建了用于评价应急网站信息利用率的结构方程模型，对模型以及模型中各变量间的标准化路径系数分别进行了分析讨论，提出了针对性的建议。

　　五是基于灾害数据的定义和突发时效性、动态复杂性、传播迅速性、层级派生性和传承保存性，并基于灾害数据生命周期，对其质量影响因素进行简要分析，确立灾害数据质量维度，构建灾害数据质量评估指标体系和评估模型，对灾害数据模块进行综合评估，提出建立完善的灾害数据质量管理标准体系和统一共享服务灾害数据平台。

六是通过对相关文献的计量分析发现：外部特征、内部特征、信息组织性能、技术特征、服务性能是构建应急网站信息服务质量评价体系的五大维度。运用系统聚类分析法研究中国应急网站的信息服务质量，结果发现，各类别网站在整体水平、公众交互、个性服务、内容质量等方面存在显著差异。

七是从不同角度对大数据环境下应急信息质量评估进行界定，从信息内容质量维度、信息描述质量维度、信息约束维度的三维度出发，设计并构建大数据环境下的应急信息质量评估体系，并且利用云模型对应急信息进行案例评估研究。

目录
CONTENTS

第1章 绪 论

1.1 研究背景与研究问题

大数据的核心问题不是数量大，而是质量高（Dennis Moore，2013），高质量的数据是大数据发挥效能的前提和基础（宗威、吴锋，2013）。然而，在大数据时代下，保证大数据的高质量并非易事，很小的、容易被忽视的数据质量问题在大数据环境下会被不断放大，甚至引发不可恢复的数据质量灾难。随着应急信息资源共享工程的深入推进，应急信息质量问题已日渐凸显，成为影响我国应急信息资源共享的一个突出制约因素。对大数据环境下应急信息质量与信源可信度这一问题进行研究，需要跨学科的知识交叉和多层面的分析，是一项具有前沿性和挑战性的工作。本书如获成功，必将为解决危机应急领域现存的"信息失灵"和"效率缺损"问题带来福音，产生巨大的社会效益及经济效益。

1.1.1 大数据在应急信息管理中的应用研究

大数据被学术界正式提出始于《自然》杂志在 2008 年出版的系列论文中（Nature，2008）。这些研究构成了对大数据关注的起始阶段。大数据在应急管理中的应用方式分为两部分：大数据技术和大数据思维（Neil Couch and Bill Robins，2013）。大数据将深远地改变包含应急管理在内的政府运作方式，导致数据分析方式出现根本性变化（维克托·迈尔·舍恩伯格，2003）。

当前大数据在应急领域的研究内容主要有如下：（1）网络舆情监测与分析（瞿燕，2010；威尤格，2010；Alessio Signorini，et al.，2011；Thelwall，et al.，

2011）；（2）应急管理过程研究（苏新宁，2014；Kate Starbird and Leysia Palen，2015；Qu，Wu and Wang，2009；Nathan Morrow，et al.，2015）；（3）社会安全事件研究（Denis Stukal，2014；González – Bailón and Borge – Holthoefer，2011；Starbire and Palen，2011）。

当前基于大数据的应急管理方法主要有：（1）内容分析（Chew and Eysenbach，2010；Pohl，et al.，2015；Mendoza，et al.，2015；卢小宾，2015）；（2）趋势分析（Mendoza，et al.，2015；Thelwall，et al.，2011；Cgew and Eysenbach，2009）；（3）扩散与社会网络分析（Tremayne，2014；J. Sajuria，2015；M. Mendoza，et al.，2015；尚明生，2015）；（4）推断统计分析（Suh，et al.，2010；Seth Stephens – Davidowitz，2014）。

大数据与应急研究现状如图1-1所示。总体而言，当前大数据在应急信息管理中的应用才刚刚起步，对大数据环境下应急信息分析方法、技术和工具等的研究具有良好应用前景，但还缺乏更系统、深入的探索，在国内开展十分必要。

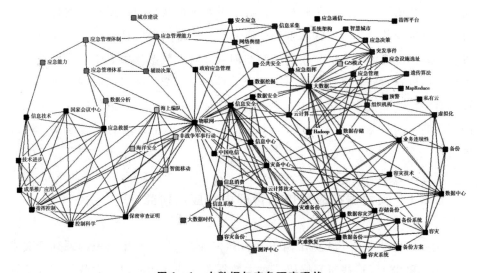

图1-1 大数据与应急研究现状

1.1.2 应急信息质量研究现状与不足

最初的信息质量研究着重于关注数据的精准度，数据是否有误是衡量数据最主要的指标，随着研究的深入，Ballou 等（1985）受到质量分析领域专家朱兰关于质量的定义——"fitness for use"的启发，从而更加全面地阐释了信息质量的概念，即关注信息质量的重要指标转变为是否适用于使用。这一观念从信息质量的本质出发，从信息使用者的视角，阐释了信息的实用性在信息质量测量中的重要性，打破了传统观念中仅仅关注信息准确性这一局限性，是信息质量研究的重大突破。但由于用户个性需求的不同，信息来源纷繁复杂，且涉及的领域多种多样，从而导致信息质量难以定量研究。随后，越来越多的研究者不断尝试界定信息质量的内涵并探寻对其可行的评估指标，但由于用户需求差异较大、信息环境瞬息万变，而且信息质量的指标之间可能存在反比关系，如提高数据的实时性，则会伴随着其全面性、准确性方面的降低。国内外研究学者从不同角度探讨了信息质量评估的框架体系。Strong 等（1997）分别从信息发布的角度与信息利用的角度提出了两种信息质量的定义：一是质量维护、监控与管理人员认为高质量的信息必须以符合规范为前提，系统全面的数据规范体系是实现信息质量评估的前提条件，同时提出，规范标准必须是可实现的可操作的，使数据真正能够适用于使用。此外，在达到以上前提的基础上，满足用户期望或超出用户期望是信息质量评估的另一项重要补充，这是对信息的价值性最为有效的阐释。从两个视角、两个层面基于信息适用于使用这一内涵对信息质量进行定义，该观点对信息实用性的强调使信息产品的发布者、迫切需求信息的用户更认同这一概念，该学者的观念是比较成熟的，并抓住了信息质量的本质特征，具有一定的理论与实践意义。但由于用户不断变化与不断深入的需求使该定义难以测量。另外，有学者指出，信息是另一种意义上的产品，信息是对数据等内容的深加工，具有技术性、时效性、安全性、经济特性以及用户心理特性等 5 种性质（魏霞、樊树海、任蒙蒙，2017；莫祖英，2015）。既包括信息深加工程度、用户查询检索效率、信息组织、信息安全、信息的新颖与及时性，又包括信息产品带来的经济效益以及用户使用信息时对信息质量程度的主观反应。用户体验体现了信息带来的价值程度，信息产品的人性化可以有效提高用户的主观感受，是"适用于使用"这一标准的体现。信息产品可以看作是一种商品，从产品出厂到销售再到用户手中，其中的每一个节点都或多或少地产生不可避免的偏差，从而影响产品质量，也可以说，信息质量最终是从信息发布后到传递到用户的整个路径来评估的。总之，不同学者基于不同角度给出了信息质量的定义，这些定义在特定环境下均具有一定的适用性。

大部分有影响的信息质量研究起始于信息系统研究，信息系统研究人员最初发现并使用一组维度来解决信息系统内的信息质量问题（Ahituv，1980）。随着信息质量意识提高并认识到信息质量要求，研究人员开始把重点放在信息质量框架（Ballou and Pazer，1985；Wang，Storey and Firth，1995）、信息质量维度（Wand and Wang，1996；Pipino，Lee and Wang，2002）、信息质量评估（English，1999）以及信息质量管理（Wang，1998；Huang，Lee and Wang，1999）等领域。

Ballou 与 Pazer 对信息质量研究做出了开拓性的贡献，而且两人的文章对信息系统研究领域里的信息质量研究产生了巨大影响。Delone 和 Mclean（1992）的文章探讨了信息系统文献资料，并被以后的信息质量研究引用，他们完成了信息质量与信息系统之间的联系工作。1995 年之后信息质量研究领域的扩展初现端倪。其中，很多研究人员指出了信息质量对决策的影响（Keller and Staelin，1987；Belardo and Pazcr，1995；Ballou and Pazer，1995；Chengalur Smith，1999；Fisher，2003；Shankaranarayan，2003；Jung and Olfman，2005）。

在图书情报领域，信息质量评估是信息质量管理的基础，信息质量管理的目标是提高信息的有用性与有效性（Eppler，2006）。Wang（1998）建议使用全面数据质量管理（TDQM）方法学。Eppler（2006）推荐使用一种包含四个步骤的框架，该框架的目标是构筑信息质量处理和增值活动。Huang 等（1999）则推荐使用包含三个流程的框架。在信息质量维度分类方面，Wang 和 Strong（1996）推荐由四种信息质量类别组成的分级框架。Naumann 和 Rolker（2000）利用影响信息质量的三个主要因素组织信息质量维度、用户感觉、信息本身以及信息访问过程。Helfert（2001）利用符号学以及质量的两个方面对信息质量维度进行分类。Kahn 等（2002）开发出 2×2 概念模型，用于描述信息质量维度。Bovee 等（2003）根据信息使用顺序提供了信息质量维度分类。

国内应急信息质量研究，主要集中于以下领域：一是针对抗震救灾等具体背景设计开发了信息质量评价工具，保障对突发性特大灾害做出快速准确的响应（Su，Peng and Jin，2009；Su，Peng，Jin and Huang，2008）；二是对应急信息质量评估方法问题进行详细描述（张玉亮，2011）；三是结合信息失真、信息噪音因素分析，对应急信息质量作用效果进行研究（陈雨露等，2010；高阳洋，2009；沙勇忠，2009）；四是关注应急信息质量对应急决策、危机公关、应急信息传播影响效果（门伟莉、邓尚民，2010；史波、金洪志，2012；彭志华，2011；寇丽平，2007；杨馥泽，2015；刘明霞、孟祥洁，2015）。

　　总体而言，图书情报领域信息质量研究开展较早，成果也较为丰富，为应急信息质量研究提供了基础理论与方法。在应急领域，为数不多的成果主要集中于应急信息质量对应急管理后果的多层面分析，对应急信息质量及关联因素信源可信度这两个前置变量测评体系及作用机理分析缺乏理论指引，对危机应对中的信息问题无法给出合理的解释。

1.1.3　应急状态下信源可信度研究现状与不足

　　据大量研究表明，当公众察知信息来源可信时，才能较好地接受所接触到的观点，该信息传递的内容才能够使人信服。信源可信度包括信息发布者的可信度、信息传播者的可信度和信息传播载体的可信度，常见的信源有个人、企业、媒介组织机构或政府部门。

　　信息可信度研究最早出现在 19 世纪 50 年代的心理学领域和通信领域（Tseng and Fogg，1999）。传播学领域的专家卡尔·霍夫兰（Carl Hovland）最早对信源可信度（source credibility）进行研究，Hovland 等学者由劝服效果研究开启了信源可信度研究的新纪元（赵丹青，2010）。霍夫兰等学者指出，信息来源的可信性是由信息用户个人主观感受所决定的，包括对信息源的感知有用性以及易用性，而个人主观感受受到用户自身能力、动机的影响。随后霍夫兰进一步探究了信息源可信度和劝服传播效果之间的关系，研究显示，劝服的效果明显受到信息用户对信源可信度感知的影响。也就是说，在不考虑信息内容质量的前提下，当信息来源可信度较高时，个体更倾向于被说服，反之，个体被说服的可能性降低。

　　霍夫兰（1951）提出了信源可信度，并认为信源可信度是由专业性和可信赖性构成的。其中，"专业权威性"指的是信息用户认为信息的生产以及传播者能够提供有用信息的程度，包括其信息发布者和传播者的能力、价值观、知识储备、经验的丰富与否、是否从事相关专业工作、社会背景如何等；"可信赖性"指公众对其发布以及传播信息初衷的判断，包括其所处立场是否公正、中立，是否有相关其他目的性意图的卷入，是否有其他利益相关动机等。随后的研究也证明了劝服性信息来源会因其专业性或值得信赖而被视为可信的。基于霍夫兰等人的研究成果，后续学者对各类信源的可信度做了大量的探索性研究，影响信源可信度的各种可能性的因素不断被发掘出来（葛岩、赵丹青、秦裕林，2010）。这使信源可信度的研究以及评估指标的划分成为各个学科领域研究人员持续关注的问题。

许多学者提出了信源可信度的其他维度，如 McCroskey（1974）运用访谈调查与分析方法调查个体传播者的信源可信度时，发现权威性和性格是影响信源可信度的关键因素。Giffin（1967）通过整理以往的信源可信度相关研究，归纳出信源可信度的 5 个维度：权威性、专业性、吸引力、活力性、个人动机。Ohanian（1990）结合 Hovland 的信源可信度模型与 McGuire 的信源吸引力模型，得到信源可信度的三个维度：专业性、可信赖性和吸引力，成为最受认可的信源可信度模型。郑智斌等（2008）提出网络信源可信度评价指标，包括可映证性、交流稳定性、关系亲密度。

许多学者认为，信源可信度显著影响受众态度。Horai 等（1974）认为，高可信度的信源通常比低可信度的信源的说服效果更好。Gotlieb 等（1987）在研究消费者对服务业价格变动的反应时，发现信源可信度越高，所需价格变动越小，这表明高可信度的信源更容易吸引消费者。Goldsmith 等（2000）研究企业可信度与代言人诚信对消费者的影响时，发现企业可信度与代言人信誉都会对消费者的态度和购买意图产生重要作用。Albright（2010）调查了信源可信度和绩效评分差异对个体反应的影响，结果发现可信度较高的信息来源及其反馈会得到较好的评价。国内学者杨秋霞（2017）在研究微信健康信息的发送效果与用户行为意向的改变过程中发现，信源可信度通过正向影响感知有用性间接正向影响微信用户的接受态度和行为意向。胡毅伟等（2017）基于信源可信度视角，研究品牌危机事件发生后，各个社会阶层消费者群体对品牌评价的差异，发现高信源可信度的品牌危机信息会引起更多的社会接纳和较少的社会排斥。

信源可信度的专业性、可信赖性、吸引力三个维度具有不同的权重。McGinnies（1973）研究初始态度、信任度和涉入性对个体态度的影响时，发现同时具备专业性和可信赖性的信源引起了最多的意见变化，而可信赖性比专业性的影响力更强。然而，有些研究倾向于表明，信源可信赖度可能没有专业性重要，如 Allen 等（1951）发现，信源可信赖性较低时，受众产生较少的态度变化，当发现信源是专家时，受众会产生明显的态度变化。

针对应急领域典型场景，XinXia 等（2012）设计了一种基于非监督学习算法的新颖推特监控模式去预测推特应急信息可信度。PDDriscoll 和 MBSalwen（1995）对基于多数观众与少数观众两种不同的群体评价，研究了灾难信息的可信度问题。RThomson 等（2012）以福岛核事故为例，对推特上的信源可信度进行了评估。Hans Peter（1992）以切尔诺贝利灾难为例，研究了信源可信度问题，认为专家评价和信息发布者的信用问题是应急状态下信源可信度关键影响因素。彭志华和杨琼（2010）在研究公众对网络危机信息可信度的评价及其相关因素的基础上，探讨了网络危机信息对公众网络信息行为的影响。

综上所述，关于信源可信度的研究起源较早，已开发出较为成熟的信源可信度量表，且大量研究证明了信源可信度对信息接受者态度存在显著影响，但综合提炼应急信息采纳行为场景，对多源应急信息可信度分层判断，并进行作用机制检验的研究较为缺乏。

1.1.4 应急信息质量与信源可信度协同研究现状与不足

国际上已经有很多实践项目关注信息的质量及可信度评估。HONcode 项目是由美国在线健康基金会针对医学健康领域所开发的可信评估项目，用于评估医学和健康网站信息的质量和可信性。由美国图书馆协会（ALA）主导的可信测评系统能够通过若干质量标准如权威性、时效性、客观性、公开性等自动评估网站信息的质量（Metzger，2007）。由 W3C 所倡导研发的互联网内容选择平台（PICS）旨在帮助用户满足可信度标准前提下筛选或选择信息，它要求网站开发商标注所发布信息的内容，用户可以通过标签来判断信息的质量，其典型的应用如 Med PICS（2013）。

在学术界，Rieh 等（1998）研究发现科研人员对信息质量的判断首先依赖于信息源，信息源的可信度则主要包括机构层面和个体层面。Rieh 等（2007）在美国信息科学年鉴上区分了可信度与质量关系。Lucassen 和 Schraagen（2011）构建 3S 模型指导用户对信息信任的判断，从而提高用户获取信息的质量及可信性。

总体而言，学者主要通过问卷调查及专家访谈的方法来获取用户对信息可

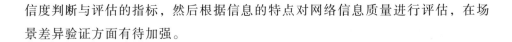

信度判断与评估的指标，然后根据信息的特点对网络信息质量进行评估，在场景差异验证方面有待加强。

1.1.5 基于双路径模型的应急信息质量与信源可信度研究

双路径模型也称精细加工可能性模型，最早由 Petty 和 Cacioppo 提出。双路径模型描述一个人接触一条消息时该消息的特征如何影响其态度的形成，继而如何影响其行为（Ho and Bodoff，2014）。其理论模型是以中枢路径和边缘路径的两个不同的路径视角去探讨不同加工深度的信息是如何影响各个用户的主观态度和行为的，起初是用于社会心理学领域的研究。随后被其他学者引入管理学、信息传播学、信息组织等多个跨学科领域。

其中，中枢路径是指用户对所接触或搜寻来的信息进行深入的对比分析与精密的认知思考，在充分比较与查询验证的情况下判断信息的质量与可信度；而边缘路径是指用户通过简单的情绪判断，或少量的线索或推理来评判信息，边缘路径只涉及用户主观的情感判断而非深入思考。显而易见，当用户倾向于通过中枢路径进行判断信息质量与信息可信度时，需要花费较长的时间与较大的精力，当然最后做出的决定也可能更趋于理性（查先进、张晋朝、严亚兰，2015）。当用户选择通过边缘路径处理信息时，则是仅仅通过浅层次的思考或个人的生活习惯等即低水平的加工处理，虽花费的时间与精力较少，但得到的结果则会更偏于主观感性判断。当然，由于个体在信息的加工程度以及主观思维上存在差异，影响用户对信息的精细加工处理过程的方式不同往往是因为用户个人动机和能力等因素。因而，用户选择中枢路径还是边缘路径取决于他们加工信息的精力、时间、动机、能力、个人知识水平等因素。值得注意的是，在双路径模型中，中枢路径和边缘路径相辅相成，是密切相关、缺一不可的，不会产生某一条路径完全占主导而另一条路径忽略不计的情况。

国内外相关学者在不同领域利用双路径模型做了研究。国外学者 Bhattacherjee 等（2006）运用双路径模型进行研究，发现论据质量和信源可信度正向影响用户使用文档管理系统的态度。Park 等（2009）将认知契合理论与双路径模型相结合，研究电子口碑对消费者购买意向的影响，发现评论质量与评论数量都显著正向影响购买意向。Angst 和 Agarwal（2009）基于用户对电子健康记录的使用行为构建双路径模型，发现用户对于电子健康记录的使用意愿受到用户对个人隐私担忧程度与论据质量的共同作用。Tang 等（2012）通过构建双路径模型，探索旅游目的地网站的传播途径，发现使用中枢路径深度思考形成的态度比通过边缘路径浅层推断形成的态度更能预测用户进一步的信息搜索与旅游意图。Yi 等（2013）提出了一个用户网络健康信息信任态度形成的双路径模型，指出用户感知信息质量是用户对于健康信息信任的核心影响因素，同时用户感知风险、信源可信度等因素也影响着用户态度的转变。Chen 和 Ku（2013）运用双路径模型，调查网络社区成员的忠诚度，发现信息质量与信源可信度都正向影响用户的感知关系质量，继而影响用户对网络社区的忠诚度。Luo 等（2014）利用双路径模型考察电子口碑论坛情境下读者的信息接受行为，发现个人主义取向读者与集体主义取向读者会通过信息的不同方面特征来感知信源可靠性，这表明了考虑用户文化差异的必要性和重要性。Filieri 和 McLeay（2013）采用双路径模型研究游客对在线评论态度的影响因素，发现以信息特征构成的中枢路径与以产品特征构成的边缘路径交互作用于游客对在线评论的接受意愿。查先进等（2015）在对微博环境下用户学术信息搜寻行为的研究中，利用双路径理论和态度的二元情感认知模型，构建了以信息质量为中枢路径和以信源可信度为边缘路径的双路径模型，发现信息质量和信源可信度交互作用于情感反应和认知反应，并进一步影响信息搜寻行为。张书维（2013）基于双路径模型研究群体性事件集群现象，发现现实威胁和认同威胁可以通过中介变量群体效能与群体愤怒影响集群行为。张星等（2015）基于双路径模型建立在线健康社区信息可信度影响因素模型，发现当用户自我效能较高时，倾向于通过论据质量与信息完整性构成的中枢路径认知信息可信度；当用户自我效能较低时，倾向于通过表达质量、来源可信度与信息一致性构成的边缘路径认知信息可信度。双路径模型一般研究关注问题及应用场景如表 1-1 所示。

表 1-1　　　　　　　双路径模型一般研究关注问题及应用场景

文献来源	研究对象	关注问题	应用场景
Kerr, et al（2015）	双路径模型	广告理论的运用新问题	大众传媒
Yang, SF（2015）	双路径模型	眼球运动与购买意愿	电子商务
Lazard, A, Atkinson, L（2015）	双路径模型	信息图与支持环保行为	环保事件
Ho, SY, Bodoff, D（2014）	双路径模型	网站特性与用户购买行为	电子商务

续表

文献来源	研究对象	关注问题	应用场景
Boyce, JA, Kuijer, RG（2014）	双路径模型	媒体对饮食克制者的影响	大众传媒
Cheng, VTP, Loi, MK（2014）	双路径模型	网上负面评论的处理问题	电子商务
Kitchen, PJ, et al（2014）	双路径模型	双路径模型的研究进展	理论研究
Gregory, CK, et al（2013）	双路径模型	网站设计与网上招聘	商务网站
Li, CY（2013）	双路径模型	社会影响与信息系统的接受	技术接受
Lee, WK（2012）	双路径模型	教育计划与IT技术的接受	技术接受
Flynn, BS, et al（2011）	双路径模型	大众媒体与青少年吸烟问题	大众传媒
Angst, CM, Agarwal, R（2009）	双路径模型	电子病历与隐私问题	社会问题
Sher, PJ, Lee, SH（2009）	双路径模型	网上评论对消费者的影响	电子商务
Horton, RJ, et al（2008）	双路径模型	交互式语音应答在医学上的应用	医学研究
Douglas, SC, et al（2008）	双路径模型	工作场所的矛盾触发	社会问题
Chen, SH, Lee, KP（2008）	双路径模型	人格特性与用户购买行为	电子商务
Te'Eni-Harari, T, et al（2007）	双路径模型	针对年轻人的商业广告信息处理	大众传媒
Bhattacherjee, A, Sanford, C（2006）	双路径模型	用户态度与信息系统接受	技术接受
Yang, SC, et al（2006）	双路径模型	消费者对电子零售商的信任问题	电子商务
Withers, GF, et al（2002）	双路径模型	录像带对饮食失调的预防作用	饮食健康

综上所述，学者运用双路径模型在不同领域进行了广泛研究，在信息传播领域，学者倾向于使用信息质量为中枢路径、信源可信度为边缘路径构建双路径模型。

在应急管理领域，国外众多应急信息管理研究者基于双路径理论，从不同层面研究了相关应急主体如何直接或间接利用应急信息，改变及影响应急主体态度、认知或行为，或改变及影响应急决策结果（Sussman and Siegal, 2003; Mulilis, 1998; Liu, et al., 2014; Houston, 2008; Simon, 1997; Vermeulen, 2014; Verschuur, 2007; Siu, 2010; Miles, 2007; Andrews, 1988; Thomson, 2012; Shepherd and ACKay, 2014; Owens, 2007; Wunnava and Ellis, 2008; Kim, 2014; Murayama, 2013; Murayama et al., 2015; Renn, 1992; Arlikatti, 2007）。国内在此方面的研究较薄弱。

1.2　研究内容与研究意义

1.2.1　研究内容

相关研究涉及内容如下:

第一,大数据环境下危机应对中的信息问题研究。在阐释大数据研究热点及发展趋势的基础上,分析各种应急信息管理理论与方法的共同点与适用场景,论述大数据对应急信息质量带来的挑战,以及大数据环境下应急信息需求模型、应急信息技术接受模型的内外影响因素。具体内容涉及应急信息管理现有理论与方法的优缺点及技术发展趋势;基于流程视角、技术视角、管理视角的大数据环境下应急信息质量的挑战;大数据环境下应急信息需求特征分析,包括用户识别、利益相关者理论运用、用户应急信息需求特征、用户应急信息需求的分类等;大数据环境下应急信息技术接受特征分析,包括用户应急信息接受一般行为及影响因素分析。

第二,大数据环境下应急信息质量与信源可信度双路径内在机理研究。涉及对双路径理论与模型进行简要概述,阐明其与应急信息分析的关系,并分析其如何借鉴其他学科双路径模型研究的理论和技术方法。在此基础上,阐述大数据环境下应急信息分析的基础理论,包括应急信息质量和信源可信度概念及其内涵、关键问题与实质、理论基础等,考察应急信息突变规律研究现状与理论溯源。具体内容涉及双路径模型及其应用场景分析;来自其他学科的借鉴研究;大数据环境下应急信息分析基础理论提炼;应急信息突变规律研究总结评述,包括应急伪信息传播影响因素分析及应急信息失真、应急信息损失、应急信息畸变、应急信息噪音测量等既有方法和研究视域探讨。

第三,大数据环境下应急信息质量客观评价指标。研究大数据环境下应急信息质量客观评价的技术与方法。考察并梳理在国内外主流的信息质量评估方法,如 Wang 和 Strong 基于分级法的信息质量评估方法、Wand 和 Wang 基于本体论法的信息质量评估方法、Naumann 和 Rolker 基于元数据的信息质量评估方法、Helfert 基于符号学的信息质量评估方法、Kahn 等基于产品与服务的信息质量评估方法、Bovee 等基于数据使用顺序的信息质量评估方法。这些信息质量评估方法主要应用在各类政府与企业信息资源分析与信息系统采用与内化领域。本书需要考察基于双路径模型的应急信息评估的框架模型与核心要素。研究基于本体论法的应急信息质量客观评价的分类方法，提取适用于不同应急信息使用场景的应急信息质量客观评价指标。具体内容涉及应急信息质量客观评价的一般方法和步骤研究；大数据环境下应急信息质量客观评价体系的顶层设计；基于本体论法的应急信息质量评估方法扩展与改进研究；适用于不同应急信息使用场景的应急信息质量客观评价指标提取。

第四，应急信源可信度主观评价方案确定。研究大数据环境下应急信息质量样本库，分析影响信源可信度级别的内外因素和作用机理等，考察双路径模型中应急信息质量与信源可信度关联关系，并重点分析信源可信度主观评价方案的确定。具体内容涉及大数据环境下应急信息质量样本库；信源可信度内外影响因素和作用机理分析；应急信息质量与信源可信度关联关系；信源可信度主观评价方案。

第五，大数据环境下应急信息质量与信源可信度双路径机理仿真。结合应急信息质量样本库、现有的应急信息库和知识库，描述不同应急场景用户信息搜索、捕获、评估、利用的流程及方法，突出应急信息质量客观评估指标及信源可信度主观评估方案的应用规范，研究应急信息质量客观评价与信源可信度主观评估一致性检验方法和技术，并分析应急信息质量与信源可信度双路径模型理论假设及模型验证的差异性。具体内容涉及不同应急场景用户信息搜索、捕获、评估、利用的流程及方法归类分析；应急信息质量客观评价与信源可信度主观评估一致性检验；基于应急信息系统采用与内化的应急信息质量与信源可信度双路径模型机理仿真；基于危机应对的应急信息质量与信源可信度双路径模型机理仿真。

第六，阐述大数据环境下应急信息质量与信源可信度双路径作用机理研究的理论意义与实践意义，并结合当前应急信息管理实际情况，分析促进应急信息化内化的对策与可行性，提出具体的应急信息质量保障措施。具体内容涉及大数据环境下应急信息质量与信源可信度双路径模型研究的价值；应急信息化内化的对策与可行性分析；应急信息质量特征提炼及综合保障的具体建议。

1.2.2 研究意义

20 世纪 50 年代至今，信息质量与信源可信度研究已历经半个多世纪，信息质量与信源可信度的定义和科学内涵已基本确定；但在方法和技术上，还有待进一步突破。在研究视域上，美国斯坦福大学劝服技术研究实验室 Fogg 等学者用 Petty 和 Cacioppo 提出的双路径模型评估网络信息的可信度。本书在此基础上，结合大数据这一现代信息处理技术，引入双路径模型，探讨应急信息质量和信源可信度测量指标及对应急信息系统采纳与危机应对作用机理，为解决应急信息质量评估动态性、合理性问题，提供了新的思路；同时为应急信息质量与信源可信度两个前置变量，如何作用于双路径模型的中枢路径与边缘路径，提供了新的解释。

另外，2015 年 9 月国务院印发《促进大数据发展行动纲要》，提出推动宏观调控决策支持、风险预警和执行监督大数据应用，探索建立国家宏观调控决策支持、风险预警和执行监督大数据应用体系。对应急大数据进行有效分析、实现应急大数据价值增值的前提是必须保证数据的质量。如何对大数据环境下应急信息质量及信源可信度，进行全面、准确、科学的描述、度量和管理，是深化应急信息资源共享工作的一个亟待解决的问题。应急管理的核心是对突发事件的有效决策，面对突发事件，来源可靠、内容和形式组织良好的应急信息对于决策者适时地、创造性地化解危机具有较高的参考和决策价值。相关研究能为我国发展应急信息化内化奠定理论基础，提供技术支撑。同时有助于克服由于应急信息质量问题导致的应急信息资源共享"失灵"，建立起科学的危机应对与应急信息系统采纳与内化机制，提升应急信息质量，稳步推进应急信息资源共享工程和政府应急大数据治理工程。

第2章 信源可信度与应急信息质量：基于双路径模型的视角

2.1 应急信息可信度研究范式的三维阐释与构建

信息化社会的基本特征之一就是知识量、信息量呈指数增长，知识、信息载体种类繁多，形式复杂，分布广泛。应急数据呈现海量、多源、异构特征，原有的情报服务体系难以发挥出整体效能，不能满足应急决策的智能化需求。应急信息源，即针对突发事件的信息载体。现代社会所面临的突发事件，具有一定的紧急性、不确定性、危害性、扩散性和传染性等特征，提高应急信息源的可信度就显得尤为重要，以削弱和控制事件的传播和危害的范围。"可信度"来源于英文单词"Credibility"，在不同研究领域中，定义也各有不同。通过大量文献调研发现，可信度的两大核心内容分别为可信赖和专业性（王平、程齐凯，2013）。不同研究者从不同的角度如信息科学、市场学、信息管理与信息系统、人机交互以及心理学等领域对信息可信度进行研究。在信息科学方面主要应用于信息检索领域，可信度作为主要检索信息相关度判断标准之一以促使用户接受或拒绝检索信息。而对于应急信息可信度研究而言，可信度判断主要用于区分信息内容本身的可信、信源的可信以及传播媒介的可信。国家综合防灾减灾"十二五"规划中要求加强防灾减灾信息管理与服务能力建设，提高防灾减灾信息集成、智能处理和服务水平，推进"数字减灾"工程建设，情报学科工程化的相关理念在政策乃至后续的应用实践中得到良好体现。为了系统地构建应急信息源可信度研究体系，笔者引入工程化思维理念。2012年，大数据流让情报学科研究走向自动化、协同化和工程化模式。工程思维是将情报学以及相关学科的原理创造性地应用到情报研究工作所涉及的构成要素如数据、分析方法、情报技术、工作流程以及组织管理的设计与开发中，以实现情报工作的自动化、规范化、系统化，并自此基础上完成情报系统功能（Dickson，1971）。

Eirini Spiliotopoulou（2015）研究发现，库存决策在某种程度上取决于区域管理人员提供的需求预测信息可信度；Toro 和 Richard 等（2015）研究智利国家空气质量信息系统，通过 Beta 监测来测量反映颗粒物信息的可靠性；薛传业等（2015）以甬温交通事故为背景，构建突发事件中社交媒体信息可信度的信任模型，结果表明，来源可信度将正向影响公众对突发事件中社交媒体信息信任度；汤志伟（2010）以汶川地震为例研究发现，网民对政府、媒体信息的信任度高于普通网民，抗震救灾、灾后重建时期的信息可信度远高于地震前的网络信息；彭志华（2010）通过结构方程模型确定公共危机中网络新闻可信度影响因素有：网民使用程度、依赖程度和知觉易用性等。

本书引入工程化思维，借鉴 WSR 系统方法论，依据应急信息源的特性，做出工程化应急信息源可信度研究体系构建范式分析，并构建 WSR 三维结构图，最后总结出应急信息源可信度研究体系构建综合图，为日后研究奠定理论基础，切实提高应急信息源质量，增强应急管理的能力。

2.1.1　理论基础

（1）工程化思维与情报学科的融合。

系统工程是资源、技术、社会、伦理等多种要素的集成与最优配置，包含由投资者、工程师、经济学家、管理者和实施者共同组建的利益共同体。而情报学科的研究也符合系统工程的特征，该学科的研究需要各种数据资源、文献资料、工具方法、逻辑思维、经济、社会文化、管理等多种要素，也是一个需要投资者、学科带领人、研究员、助手各个角色的集体活动。工程化思维的宗旨是灵活地解决系统工程的问题，是将系统工程变为现实的桥梁，此外，它不仅着重攻克技术的难关，也重视人文、社会等相关方面的协调发展。而对应急信息源可信度的分析，围绕突发事件，通过对其研究向民众传达可信的应急信息，切实服务于民众的应急判断和行为。因此，在应急信息源可信度研究体系构建中融入工程化思维是有据可循的（汤志伟、彭志华、张会平，2010）。

（2）工程化思维下的应急信息源的特征。

信息源，也即信息的来源。在通信领域，信息源被认为是消息的来源，可以是人、机器、自然界的物体等；在传播领域，信息源被认为是生成、制作和发送信息的源头或起点；而在图书情报领域，信息源是人们在科研活动、生产经营活动和其他一切活动中所产生的各种成果和原始记录，以及对这些成果和原始记录加工整理得到的成品。

应急信息源是指在应急事件发生后的相关信息源，应急信息源包含两个属性：自然属性和社会属性。自然属性是指应急事件的大小、发生时间、区域范围、频率、速度等特征参数；社会属性主要指可能引起的社会经济损失和影响。在应急事件的背景下，应急信息源主要体现应急事件的属性、特征和内容，也即应急事件发生后所呈现的事态状况。阮光册（2015）认为危机信息源具有记录性、突发性和系统性；葛洪磊（2012）总结应急信息源的特征有动态性、不确定性和广泛性；相丽玲（2014）总结出舆情危机信息源的传播广泛性和多级衍生性。工程化思维下的应急信息源可信度研究体系的构建，也即将其相关的理论、知识、方法和研究逻辑进行系统化组织，为学者提供集成式体系，切实提高应急信息源质量。

据此，总结工程思维下的应急信息源有以下特征：

首先，以用户需求为主导。应急信息源将根据用户需求的变化而调整。面对具有伤害性、传播性等特征的突发事件，用户将产生强烈的信息需求意识与需求行为以做出应急判断和反应，因此以用户需求为主导的应急信息源可信度研究具有实质性的意义，可以有效地知道用户的应急行为，减少损失并控制事态的发展；当用户的信息需求发生变化时，应急信息源的研究重点也需要相应地调整。用户的信息需求对信息源的研究产生决定性的作用。

其次，系统复杂性。应急事件往往是涉及自然人文社会许多方面的突发事件。事件发生后，相关信息很难全面、具体呈现在民众面前，且不同类型的应急事件持续时间、涉及区域不定，将在一定时间内处于动态变化之中，体现应急事件形态的应急信息源也将处于一定的变化过程中，此外，应急信息源可能由社会各个阶层发出，也必将涉及不同领域、职位的广大民众，且该变化过程不易控制和管理，只是对应急事件形态的具体反应，故应急信息源具有一定的系统复杂性。

最后，重要性。应急事件具有一定的突发性和广泛性，事件发生后，应急信息也具有一定的传播性，以得到控制事件和减少损失的目的。基于此，应急信息源的可信度就显得尤为重要，据霍夫兰证实，应急信源的可信度越高，其传播效果就越好，利于社会各阶层对应急事件的管理和决策，也利于广大民众积极有效应对突发事件，做出有效应急行为，切实减少应急损失。

按照应急信息源产生的时间顺序可以分为应急预测信息源、应急实时信息源、应急后续信息源。应急预测信息源是产生时间先于应急事件的信息源，如天气预报、应急预测信息等；应急实时信息源是指在应急事件过程中产生的信息源，如应急数据记录、应急事件进展等；应急后续信息源是指某一应急事件完成后产生的反映这一事件的信息源，如应急日志、应急救援方案等。

（3）WSR 方法论。

WSR 方法论是"物理—事理—人理方法论"的简称，它既是一种方法，又是一种解决复杂问题的工具，由中国著名系统科学专家顾基发教授和朱志昌博士于 1994 年在英国 UHULL 大学提出（2011）。该方法论综合多种方法，将"物理""事理"和"人理"巧妙配置，有效利用来解决复杂问题，体现出中国的哲学辩证思维，具有一定的独特性。"物理"是 WSR 方法论中三个基本概念之一，指在某项系统项目中人们所面对的客观存在，是物质运动的规律总和；"事理"是指在问题处理过程中人们所面对的客观存在及其规律；"人理"是指在处理问题过程中人们之间的相互关系、感情、习惯、知识、利益、斗争和管理等。在本书中，"物理"是指应急信息源可信度研究的理论路线；"事理"是指应急信息源可信度研究过程中所涉及的知识、学科等；"人理"是指在研究应急信息源可信度问题的逻辑结构。"物理""事理""人理"三者之间不是相互分割、各自独立的，而是对同一事物的不同维度的分解，三者之间是相互作用、互相补充的。具体而言，"事理"和"人理"中的基本规律，蕴含"物理"的性质，而处理"物理""人理"的相关问题中，也离不开"事理"的作用，"人理"亦是如此。

以 WSR 方法论为基础的系统研究已经被广泛应用于各种领域：徐维祥以 WSR 方法论为指导，分析信息系统项目评价的重要性和特殊性；张少杰依据对 WSR 系统方法论的理解，运用 WSR 系统方法论提出一种解决网络化制造联盟知识收益分配的方法；薛惠锋从 WSR 视角分析出项目管理的九大智能领域的核心过程，并提出保证项目管理成功的有效策略。

（4）引入 WSR 方法论的必要性。

除前述论证的工程思维与情报学科具有一定融合性外，情报学科研究的主要内容之一是情报的流通，是一个包括从信源到信宿所有问题的动态过程。在研究应急信息源的可信度过程中，将会面临截然不同的理论研究路线、不同学科的知识，如何将这些知识和研究者巧妙集合，形成新的研究体系，如何综合配置各个学科体系，高效、准确地对应急信息源可信度进行辨别、计算和评估，提高应急信息源的质量，提高应急事件管理能力，则需要有效的方法论的指导（葛洪磊，2012）。工程化是指将经验、技巧和知识等进行理论化、规范化，构建一个可重复创造有价值产品的最优体系。工程化思维下的应急信息源可信度研究体系的构建，是一项庞大的知识体系搭建，也即将相关的理论、知识、方法和研究逻辑进行系统化，构建一个有组织、可重复创造新知识的研究体系。

应急信息源具有一定的系统复杂性，而应急信息源可信度的研究，不仅涉及用户的需求、确定研究目的，还需要调查分析相关知识背景等诸多环节，整个流程需要各个部分之间的协作，所涉及的知识、理论和方法也横跨自然科学、人文科学和社会科学等学科，亦具有一定的系统复杂性。因此，基于系统工程方法来构建应急信息源可信度的研究体系，可以系统、全面地反映应急信息源可信度研究体系构建的各个方面，提高应急信息源可信度研究的系统性和广泛性，从而提高应急信息源的质量，促进应急信息的有效传播。引入研究对象为复杂项目系统的 WSR 系统工程方法论，可针对其系统复杂性和重要性，实现"物理""事理"和"人理"的最优化配置，具有一定的必要性、可行性和现实意义。

2.1.2　工程化应急信息源可信度研究体系构建范式分析

2.1.2.1　工程化思维的应急信息源可信度研究体系构建研究范式

中国科学技术信息研究所提出了情报工程的研究范式，也即"事实数据 + 工具方法 + 专家智慧"。这给应急信息源可信度研究提供了一条新的途径，将工程化思维与其完美融合，优化研究过程。应急信息源可信度研究同样适用于此范式，本书借鉴这种范式，从资源获取、方法工具与知识组合的角度展开分析，"事实数据"对应资源的获取，"工具方法"指知识分析的工具，"专家智慧"侧重知识组合，三者缺一不可，共同构成应急信息源可信度研究体系构建范式，如图 2 - 1 所示。

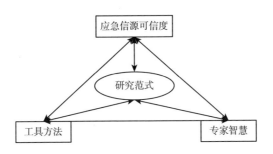

图 2 - 1　应急信息源可信度研究体系构建范式

（1）应急信息。

任何学科的研究都需要大量的数据、资料来分析、计算和论证。因此，科学的研究离不开事实数据的支撑，事实数据是科研产出的基础。一方面，研究者可以从大型数据库展开应急信息源的研究与论证，如国内外知名的文献全文数据库：Web of Science 数据库、CNKI 数据库等；另一方面，也可以访问专题数据库，进行特定事实数据的搜索，如兰德—MIPT 恐怖事件数据库、灾害应急专题数据库等，此外，还可以访问某些在该领域研究成果丰硕的机构（如大学、研究院等）的网站，查阅最新研究成果与进展。除了利用现有情报数据外，研究者还可以通过其他方式积累资源，如调查报告、专家访谈、数据挖掘等。例如，斯坦福研究所总部设在美国加利福尼亚，但却在华盛顿、新泽西、中东、日本等都设置分所，搭建起来自全世界的信息资源情报网，不仅丰富了该研究所的研究内容，也增强了其对研究工作的决策能力。当然，不同研究所、大学和学者之间也可以增强学术交流与共享，如推进数据期刊的进程，共享原始数据，加强对原始数据的质量监督与多次利用。然而，在实践过程中，数据不真实、数据缺失等问题仍然不可避免，因此，对事实数据的获取、共享和质量监管，是日后应急信息源可信度研究的可能努力方向。

（2）工具方法。

应急信息源可信度的研究，需要依附相关研究方法与研究工具的支持。在情报工程的研究范式下，方法、技术与工具都是其中不可或缺的方面之一。国际上很多机构都研究出其一系列的工具方法、评价体系、模型、算法等，并不断地验证、纠正与更新，如麦肯锡咨询公司的危机管理文本分析、定量战略计划矩阵等，兰德公司的投资组合分析工具、计算机辅助决策分析工具等。总之，应急信息源可信度研究应注重定量与定性的结合，宏观与微观的融合，打破传统研究局限，实现工程化的集成化与系统化。

（3）专家智慧。

研究产出是由众多学者的智慧产出，若将应急信息源可信度研究成果作为"输出"的话，专家智慧则是必不可少的"输入"。这些"输出"也并不是某一位专家单独的智慧结晶，往往是某一个团队所有成员的共同智慧的融合。研究者在其专业领域的专业素养、信息洞察力、论证分析能力等，都将发挥巨大作用，某些专家的见解、研讨、合作与交流甚至可能成为优质成果的关键。除了与本领域的专家进行合作外，跨学科、跨单位和跨领域学者的智慧搭配也尤为重要。不同背景、专业素养、研究角度的专家对某一应急信息源会产生不同的想法与判断，可以参考专家排名、综合评估、团队实力等方面进行智慧搭配，构建互动平台，也利于实现应急信息源可信度研究的全面性与系统性（李阳、李纲、张家，2016）。

2.1.2.2 应急信息源可信度研究体系构建 WSR 过程分析

WSR 方法论的一般工作过程可以理解为：①理解意图；②制定目标；③调查分析；④构造策略；⑤选择方法；⑥协调关系；⑦实现构想。基于工程化应急信息源的特征与科学研究过程，本书将应用于应急信息源可信度研究体系构建工作过程分为：①用户需求；②制定目标；③背景研究；④理论路线；⑤工具方法；⑥优化评估；⑦应用研究。WSR 方法论在西方被称为"超方法论"，主要指它在不同的场合，选择适用的方法与思路，协调各个步骤过程中的"物理""事理"和"人理"的关系（薛惠锋、周少鹏、杨一文，2012；张少杰、郭洪福、马蔷、程宏建，2015）。

了解用户的需求后，才能确定应急信息源的重要性和研究必要性，据此确定研究目标，在调查分析当前背景与研究现状的基础上，总结归纳不同学科的理论路线，搭建研究框架，选择相适应的工具、方法等，进行严谨而全面地论证、计算和研究，并对研究成果的优化预评估，提高研究内容和质量，并为推广应用和后续研究奠定基础。应急信息源可信度研究体系构建 WSR 流程图如图 2 - 2 所示。

基于以上论述，本书分析了不同阶段的研究目标与内容，具体如表 2 - 1 所示。

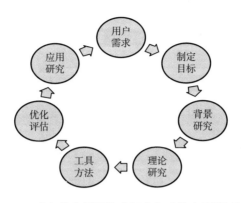

图 2－2　应急信息源可信度研究体系构建 WSR 流程

表 2－1　　　应急信息源可信度研究体系构建 WSR 过程分析表

工作过程	主题内容		
	物理	事理	人理
用户需求	预测不同类型应急事件背景下用户需求	了解不同类型应急事件与用户需求之间的关系	对用户做需求调查，了解相关用户在不同应急事件下的需求
制定目标	做可行性分析，确定应急信息员可信度的研究目标	理清涉及学科，对研究内容的相关关系做好梳理	确定各个目标所涉及的知识、学科和专家
背景研究	查阅相关应急信息源可信度研究文献，确定当前研究进展	根据研究内容确定所涉及的学科，对不同学科所涉及的内容进行梳理、整理与对比	对不同学科的相关研究人员、其研究重点与研究成果做整理
理论研究	根据以上步骤的了解情况，总结相关应急信息源可信度理论基础	整合相关研究框架和研究目标，将其具体学科化，形成理论体系	确定相关人员的分工，合理配置智慧组合，推进研究内容有序、合理开展
工具方法	根据不同学科领域的不同研究内容与重点，汇总相关工具方法	选择适当的研究系统模型研究方法，促成多学科、多方法、逻辑严谨的方法体系	充分考虑专家智慧的作用，合理分配不同专业、不同特征的专家人员，促进研究的全面化和系统化
优化评估	针对不同学科的研究进展，协调研究过程中的技术难题	协调相关学科的难题与冲突，促进跨学科合作，不断完善，不断优化	突出专家智慧冲突，求同存异，以促进人力资源方面的最优配置，充分发挥最优智慧组合
应用研究	针对不同场景、不同领域对应急信息源可信度具体应用做细致研究	合理促进涉及的各个学科知识内容的融合	协调相关专家的理念、利益冲突，将理论研究与实践结合

2.1.3　应急信息源可信度研究体系构建

基于工程化思维和 WSR 方法论以及对构建工程化应急信息源可信度研究体系的过程分析，本书提出了应急信息源可信度研究体系构建的 WSR 三维结构，该模型为："物理维"—"事理维"—"人理维"，如图 2-3 所示。"物理维"是在基础学科理论的基础上，考虑各学科的专业性和融合性，确定相关理论研究路线；"事理维"是分析各个学科间的联系，为应急信息源可信度研究构建坚实的知识基础；"人理维"是指专家智慧的研究逻辑结构与工具方法的选择，体现出研究员和专家的管理水平和知识结构。

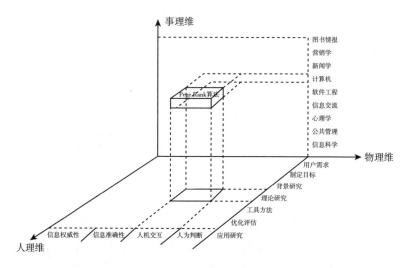

图 2-3　应急信息源可信度研究体系 WSR 三维结构

2.1.3.1　应急信息源可信度理论研究

应急信息源可信度理论路线的研究在三维结构中体现为"物理维"。基于前面的论述，应急信息源可信度可以从"权威性"与"客观性"两个方面着手。《大英百科全书》对"权威性"的定义包括两个方面：被作为专家引用或恳求帮助的个人；影响或者指挥想法、见解和行为的力量（2013）。Rieh（2002）指出人们可以通过个人、机构、文献类型以及内容等方面判断认知权威性。Alexander 和 Tate（1999）认为，权威性是人们肯定相关信息的来源或者机构在某一特定领域拥有的权威性知识的延伸。因此，发布信息的网站的性质和地位也被纳入信息来源权威性的评价之中。《大英百科全书》对客观性的定义是"不受个人感情、偏见或解释的影响地表达或者处理事实或条件，将主观因素影响控制到最低程度"。应急信息的发布与表达，一方面需要确定发布的目的，作为客观事实向公众通报应急事件相关信息，为其应急行为与应急决策提供客观依据；另一方面要确定信息阐述过程中是否明确表明其客观立场，除上述两个方面外，还需要考虑应急信息的时效性、完整性与其质量性。

此外，美国斯坦福大学劝服技术实验室的 Fogg（2003）提出用显著性和解释性理论（prominence – interpretation theory）来评估网站信息的可信度，其显著性主要表现在：用户的参与程度、网站的主题、用户的任务、用户的体验和用户的认知差异等方面，而解释性则主要是对网站的信息可信度做出判断。Petty 和 Cacioppo 提出的详尽可能模型（elaboration – likelihood model）也被用来评估信息的可信度。若信息接受者明确自己的行为目的，查阅相关主题方面的信息时，能够对相关主题有价值的信息进行仔细查看，此时用户态度的改变主要取决于信息的质量或者说服力，若信息接受者不能明确自己的行为目的，对相关主题信息分析能力较弱时，不太容易抓住核心信息，对信息可信度的明确认识不够高。

2010 年成立的 Storyful，是一家专注于突发事件社交媒体信源核实服务的网站，是迄今为止全球专业度和可靠性最高的信源调查网站。Storyful 拥有一套完整的社交信源服务链，即监测—核实—授权—交易。它利用自身研发的信息监测工具 Newswire，对 Twitter、Facebook、Youtube、Instagram 甚至 Pinerest 等主流社交媒体上的 UGC 内容进行实时监测，包括图片、视频等素材。随后，Newswire 将抓取到可能具有价值的素材送至人工编辑，人工编辑再凭借长期新闻工作经验，判断哪些内容具有可信价值和新闻传播价值。与此同时，人工编辑还会借助各种手段和方法对相关素材的真伪进行核实，确定其真伪性并与信源联系，为其打上"清楚""等待回复""已授权""无回复"等标签，以便更方便地卖给客户。人工编辑重点核查三点：时间、地点、目击者身份。编辑团队会审核上传人的历史记录，有过不实信息记录者将被记入黑名单。此外，编辑团队还会利用 Google 街景、卫星图等数据库数据进行地点信息的核实，随后进行内容与逻辑分析。对社交信源最为精准的核查能力，是 Storyful 拥有社交网络世界话语权的核心竞争力。虽然拥有核心的技术与工具，但是，人工编辑才是 Storyful 作为专门核实信源网站的王牌，也即 Little 提出的"人工算法"。该网站提供的信息源真实可信，为许多媒体核实信息源省去许多麻烦。

2.1.3.2 应急信息源可信度学科知识研究

应急信息源可信度的研究不仅涉及情报学科的相关知识，与传播学、计算机理论和通信工程等相关学科也密不可分，在三维结构中体现为"事理维"。本书以"Emergency""Information"和"Reliability"为关键词，对查找结果进行分析，得到 Web of Science 类别和研究方向部分记录如图 2 - 4、图 2 - 5 所示。

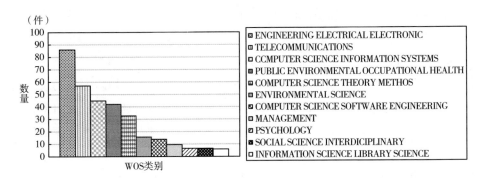

图 2 - 4　WOS 部分记录类别数量统计

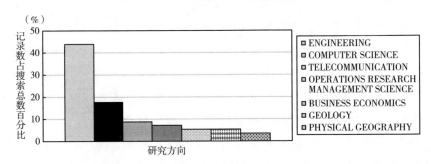

图 2 - 5　部分记录研究方向统计

根据图 2 - 4、图 2 - 5 显示，应急信息源可信度研究方向主要有：工程学、网络通信、计算机科学等，研究学科主要有电气电子、电子通信、计算机信息系统、公共管理、环境科学、软件工程、管理学、物理学、图书情报等方面。

按联合国科教组织编制的学科分类将以上涉及学科分类，涉及的基础学科有：数学、逻辑学、物理学、社会科学等。

不同的学科领域对信息源可信度的研究内容与侧重点也迥然不同。从现代新闻学可信度研究的发展史来看，基本是围绕信息源可信度、信息内容的可信度和媒介可信度的脉络发展，但其中缺乏某些概念的清晰定位和区分，如有的学者把信息源可信度研究作为媒介信息可信度的一个方面。而营销沟通领域，信息源可信度重点考察作为商业信息源的企业组织的可信度对消费者的影响。在营销沟通中，信息内容本身可信度的考察却没有具体的操作方法，当人们在思考某一信息是否具有可信度时，他们的思维按照信息传播的模式逆流而上，最终达到信息源，通过对信息源各个因素的考察而得出信息可靠性的判断，作为信息传播渠道的各个媒介组织在整个过程中也仅仅扮演一个载体的作用。在计算机学科领域，主要研究如何通过相关算法对信息可信度进行验证、优化和评估。马伟瑜（2011）通过量化网页信息的交互结构、隶属网站、主题相关度以及时间等因素，基于改进的 Page Rank 算法技术网页信息的可信度；钟诚（2009）基于本体概念分析了对信息本身所含概念的可信度，发布信息结点的可信度记忆其他结点对该信息的可信度的影响，并探讨网络文本信息的可信评测与计算等问题；李璐旸（2011）基于信息源及信息传播转载的特点，设计两层特征空间来从网络信息中抽取可信信息集，且通过信息源可信度分类和信息可信度计算来获取可信信息。在图书情报领域，学者对以社会化媒体为载体的某一类信息可信度的判断较为关注，如吕亚兰等（2013）在国内外网络健康信息质量评价相关研究基础上，建立以用户为评价主体的公众网络健康信息可信度评价指标体系，为公众网络健康信息查询和选择提供决策依据；王晟等（2012）提出使用微博信息发出的时间来估计微博（以五元组 {u, i, j, ti, tj} 表示用户 u 同时面对微博 i 和微博 j 时选择了 i，而没选择 j）的可信度，发出时间越接近的微博对，其可信度就越高。查先进（2015）运用信息质量和信源可信度双路径模型研究微博环境下用户的学术信息搜索行为，认为用户对行为的态度改变受到信息质量（中枢路径）和信源可信度（边缘路径）的影响；朱宁等（2011）从网络学术信息参考源的特征类型、判断依据和引用原则对其可信性进行分析，同时，深入研究学术信息可信度感知的影响因素，包括信源可信度（文献类型、发布者、作者单位、作者地位等）和信息内容可信度（用户需求相关度、参考文献相关度、研究时间等）。当然，各个学科并非独立发展，很多研究将会综合不同学科的相关知识，攻克思维和技术上的难题。
Walthen 和 Burkell（2002）基于心理学与信息交流学的相关理论构建迭代模型
指导用户判断信息可信度，整个过程分为三个步骤：首先用户通过对信息源
（如网站等）版式、色彩、图表、信息组织等方面做整体评估；其次对其信息
内容做准确性、时效性等方面的判断；最后结合自身的知识、经验和判断能力
做出最终判断。

2.1.3.3　应急信息源可信度工具方法与应用研究

应急信息源可信度工具方法与应用研究凝结专家和学者的智慧结晶，其思
维逻辑过程体现每一个研究的工作内容和思维程序，体现问题从无到有、从单
薄到丰富的过程，该流程并不需要每个环节单独进行，可能不同环节会重叠在
一起同时进行，也可能多次循环进行。专家的智慧是科学研究的核心，体现在
研究方法中的每一步。WSR 方法论是情报工程重要的研究方法之一，其工程化
思维强调定量与定性分析方法相结合，也强调相关工程技术方法的集成。在研
究论证过程中，可借鉴相关工程技术方法，构建专门的应急信息源可信度分析
模型和平台，使研究者充分发现潜在的信息与规律，更全面地构建应急信息源
可信度研究体系。科学研究需要多次严谨验证与推敲，应急信息源会因突发事
件和用户需求而呈现复杂性、系统性和多变性，其可信度研究更为细化多元。
海量应急信息源中蕴藏着巨大的挖掘和研究价值，这就需要不断评估与完善，
及时修正研究过程中的问题，以不断完善研究体系，为后续研究奠定坚实基础
（唐晓波、魏巍，2016），最终旨在引导广大民众科学、有效地对相关信息进行
判断，合理决策。Meola（2004）提出情境评估模型，建议用户使用三种不同
的技术去测评信息可信度，分别为：推广审评过去的相关信息资源，如利用信
息中介告知用户如何获取高质量、健康的信息资源；利用对比法比较所获取的
相关信息与过去同期的相比是否一致；通过查找多个不同网站去多角度验证信
息的方法来最终判断信息的可信度。Wathen（2002）研究了影响用户对信息可
信度的因素，并在"信息表面评估—信息可信评估—内容评估"的逻辑层面构
建信息评估体系来协助广大民众更好地判断信息可信度，最终满足民众的需
求。Lucassen 和 Schraagen（2011）以用户为中心，通过用户对信息源的经验、
知识结构和信息素养构建信息信任模型，通过信息的语义特征、信息的表达特
征和信息源特征三个维度构建 3S 模型指导用户对信息可信度的判断。

综合以上论证，总结出应急信息源可信度研究体系构建综合图，如图 2 - 6 所示。

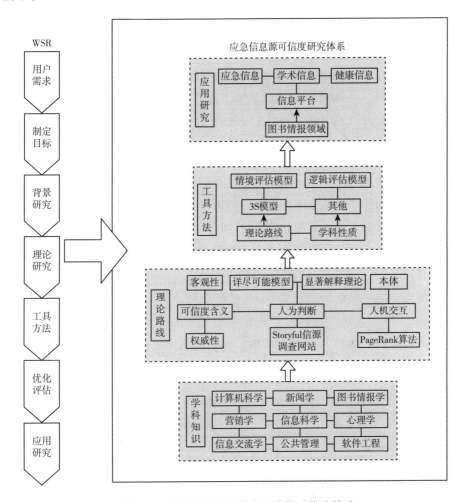

图 2 - 6　应急信息源可信度研究体系构建综述

总之，本书基于应急信息源的用户需求导向、系统复杂性和重要性的特点，对应急信息源可信度研究体系构建的研究范式进行分析，构建应急信息源可信度研究体系 WSR 三维结构图，从学科知识、理论路线、工具方法和应用研究四个方面总结应急信息源可信度研究体系构建综合结构图，为科学、全面地构建应急信息源研究体系提供一定的理论基础。

2.2　基于双路径模型的网络舆情
在社交网络上的传播机制

随着互联网的飞速发展，微博、微信、QQ等社交工具大批涌现，为人们提供了开放的、个性化的社交网络平台。借助社交网络，人们可以方便快捷地获取网络上的信息并产生互动。正是由于社交网络这种灵活、自由的社交媒体的出现，人们可以随时随地发表自己的看法和意见。这种交流方式加快了网络舆情爆发、传播的速度，同时也使网络舆情在社交网络上的扩散变得更为复杂。网络舆情的传播是从个体到群体的过程，每一个传播个体的行为对网络舆情的发生与发展都起到一定的作用，目前网络舆情的传播机制正是由于社交网络这种灵活、自由的社交媒体成为众多研究者关注的研究热点（朱毅华、张超群，2015）。

国外对于网络舆情的研究始于20世纪中期，相关研究更关注舆情传播方面的内容。其中Kling等（1999）提出由于互联网的及时互动以及匿名参与等特点，不仅加速了舆情的产生与传播，而且往往使舆情发展至不可控的事态；Centola（2010）提出基于社会加强效应的信息传播模型，发现信息在高聚类的规则网络上传播更快、更广。

国内关于网络舆情方面的研究相对较晚，且多关注舆情的本质及舆情监控、预警等方面（李金海、何有世、熊强，2014），对于舆情传播模型方面的研究也多以Bass模型、传染病模型和谣言模型等为模板。张立凡（2015）在SIR模型的基础上引入讨论机制，提出了SIaIbR模型，讨论了媒体干预下带有讨论机制的舆情传播；史周青（2008）利用蝴蝶效应理论研究了舆情的传播过程；李勇建等（2014）分析了舆情产生及传播的动力学机制。

国内有关网络舆情传播方面的研究较多借助传播模型来研究舆情的传播过程，而关于舆情传播过程中舆情信息质量、媒体干预和政府引导如何影响受众的网络舆情传播行为这一方面的研究有所欠缺。本书尝试建立舆情传播影响因素双路径模型，对舆情信息质量、媒体干预、政府引导如何影响受众的风险认知和情感反应进行研究，并进一步探讨风险认知和情感反应对受众舆情传播行为的影响，进而对社交网络上的舆情传播机制进行研究。

2.2.1　相关理论与概念

网络舆情是指公众借助网络，对自己感兴趣、与自己利益相关的事件或社会中的某种现象所发表的一种看法、意见和情绪的总和（朱恒民、苏新宁、张相斌，2011）。由于其所处传播环境的特点，网络舆情具有分散性、多样性、碎片化等特征（高歌、张艺炜、黄微，2015）。网络舆情能够快速直接地反映社会各方面的舆情状况，是一种目前较流行的反映民意的方式。

社会认知理论由格式塔心理学发展而来，是社会心理学领域重要的理论之一。社会认知是指人对环境的知觉、组织以及解释的过程。社会认知理论认为，社会认知影响人们对社会情境的反应，人的行为取决于他对社会行为的知觉与加工过程。社会认知理论的学说可归纳为认知一致性理论和归因理论两大类。认知一致性理论认为人的社会认知过程是一个由平衡到不平衡再到平衡的动态过程；而归因理论强调对行为原因的知觉，对原因的分析，并从可能导致行为发生的众多原因中认定行为的原因并判断其性质的过程。

双路径模型最初由 Petty 和 Cacioppo 提出，也称精细加工可能性模型，是社会心理学领域的重要理论之一。双路径模型对一个人在接收到一条新的信息时，这条信息的特征如何对人的态度产生影响，继而对人的行为产生影响的过程进行了描述，为理解信息中的基本认知过程提出了一个完整的框架。根据对信息进行认知加工程度的不同，双路径模型可以从中枢路径和边缘路径两条路径来描述信息是如何对人的态度及行为产生影响的（查先进、张晋朝、严亚兰，2015）。中枢路径是指人们在对相关的信息进行理解时，需要对信息与任务间的相关性、优劣性等进行仔细分析，对信息的内容进行精细的认知思考，进而依据认知判断产生相应的行为；边缘路径是指人们在产生相应的目标行为时仅仅是依据简单的推理和判断来做出决定，并不会花较多的时间和精力进行认知思考。

2.2.2　网络舆情在社交网络上的传播机制

社交网络的出现为人们提供了新的信息传播媒介，也使舆情爆发的可能性大大增加。由于社交网络开放性、匿名性、互动性等特点，使社交网络上的舆情传播具有爆炸性传播的特点，其传播方式具有一点到多点扩散式传播的特征。社交网络上的舆情传播受到多种因素的影响，本书主要从舆情信息质量、媒体干预和政府引导三个方面展开研究。

2.2.2.1 社交网络上舆情传播影响因素双路径模型的构建及实证分析

（1）模型的构建及假设的提出。

双路径模型认为信息接收者对所接收信息的态度会因其对信息精细加工的程度不同而不同。当接收者选择中枢路径对信息进行评估时，通常需要消耗更多的时间和精力对信息进行加工；而当接收者选择边缘路径对信息进行评估时，他们会相对降低对信息的精细加工程度（Luo，Wu and Shi，2014）。在网络舆情传播的过程中，人们对舆情信息的态度将会对舆情信息的传播产生影响，因此研究舆情信息质量如何影响受众的传播行为，对控制网络舆情的发展有至关重要的作用。本书把舆情信息质量看作是由典型性、可靠性、完整性、相关性等不同维度构成的反映式二阶变量（于家琦，2010；Gorla，Somers and Wong，2010）。利用社会心理学的经典模型——双路径模型来研究社交网络上受众的舆情传播行为影响因素，提出了舆情传播影响因素双路径模型，从中枢路径和边缘路径两条路径来研究舆情传播过程中舆情质量、媒体干预、政府引导如何影响受众的态度进而如何影响受众的舆情传播行为。根据双路径模型的构建原则，网络舆情信息质量的评估往往需要受众花费较多的时间和精力对信息进行精细加工，因此将舆情信息质量作为双路径模型的中枢路径，研究模型如图 2 - 7 所示。

受众对网络舆情的态度可以从多个维度来考察，如情感、风险认知等方面。根据 Bagozzi 和 Burnkrant（1979）的研究，本书提出的模型将受众的态度分为情感反应和风险认知两个不同的层面，从情感反应和风险认知两个维度来研究其对社交网络上受众的网络舆情传播行为的影响。其中，情感反应是指社交网络用户在接收到舆情信息时对舆情信息所形成的各种情绪反应；风险认知是指用户在接收到舆情信息时对舆情的风险感知程度。

在网络普及的时代，人们既可以是网络舆情信息的接收者和传播者，也可以是网络舆情信息的制造者。在开放式虚拟社交平台上人们可以自由地发表言论，表达自己的观点，这使社交网络上的网络舆情爆发的可能性剧增，舆情传播的速度也相对加快。因此，社交网络上的舆情信息质量应该受到人们广泛的

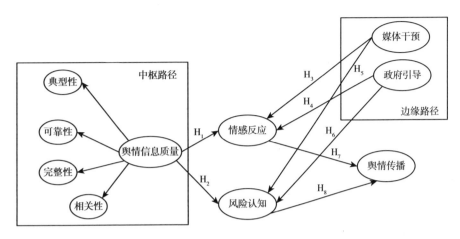

图 2 - 7　舆情传播影响因素双路径模型

关注。在社交网络环境下，当用户感知社交网络上的网络舆情信息是典型的、可靠的、完整的、相关的时，就会对舆情信息的质量作出较高的评估，进而用户会对社交网络上的网络舆情产生正向积极的情感反应，对舆情内容的信任程度会提高，同时对社交网络上的网络舆情信息的风险认知程度降低（Stvilia，Mon and Yi，2009；Kim and Benbasat，2009）。因此，本书假设：

H2 - 1：社交网络上的舆情信息质量显著正向影响社交网络上用户对网络舆情的情感反应。

H2 - 2：社交网络上的舆情信息质量显著负向影响社交网络上用户对网络舆情的风险认知。

网络舆情在传播的过程中总是避免不了媒体的干预。媒体的参与能提高网民参与度，加快网络舆情传播的速度，扩大网络舆情传播范围（李纲、董琦，2011）。同样，政府也是舆情传播的过程中必不可少的角色之一。政府在舆情传播的过程中起到调节和控制舆情传播的作用，通过采取一定的措施来调节人们对于舆情事件的认知，进而对舆情信息传播进行引导。因此，本书假设：

H2 - 3：媒体的干预显著正向影响社交网络上用户对网络舆情的情感反应。

H2 - 4：媒体的干预显著正向影响社交网络上用户对网络舆情的风险认知。

H2 - 5：政府的引导显著正向影响社交网络上用户对网络舆情的情感反应。

H2 - 6：政府的引导显著正向影响社交网络上用户对网络舆情的风险认知。

人的行为往往会受到其情感反应的影响，受众对舆情信息的风险认知是指用户在接收到舆情信息时发现舆情对自己可能造成的风险的感知程度。在本章中，舆情传播行为是指社交网络用户对网络舆情信息的点赞、评论、转发等行为。当受众对某一舆情产生的情感反应是积极的时，他们会对该舆情进行传播（张敏、霍朝光、霍帆帆，2016）；当受众对舆情的风险感知程度较高时，会降低他们对舆情传播的可能性（Ropeik，2009）。因此，本书假设：

H2－7：用户对社交网络上舆情信息的情感反应显著正向影响他们对舆情的传播行为。

H2－8：用户对社交网络上舆情信息的风险认知显著负向影响他们对舆情的传播行为。

本章数据来源于问卷调查，在模型中有 9 个一阶反应式变量，每个变量对应 2~3 个测量变量，问题采用李克特七级量表，1 表示非常不符合，7 表示非常符合。本章选取南昌大学的在校生为研究对象，共发放问卷 500 份，收回 480 份，有效问卷 469 份。

（2）测量模型的效度分析。

测量模型的有效性一般通过信度、收敛效度、区分效度来评价。潜在变量的组合信度和内部一致性通常被用来作为评价模型信度的指标，当潜在变量的组合信度（Composite Reliability，CR）和内部一致性系数（Cronbach's Alpha）值大于 0.7 时可认为模型具有良好的信度；收敛效度一般通过平均方差萃取量（Average Variance Extracted，AVE）来衡量，当 AVE 值大于 0.5 时就足以说明潜在变量具有较好的收敛效度；区分效度通过比较 AVE 平方根的值与潜在变量之间的相关系数来判断，若 AVE 的平方根大于该潜在变量与其他潜在变量间的相关系数，则认为测量模型具有较好的区分效度。本章使用 SmartPLS 软件建模并对调查数据进行分析，且利用该软件对测量模型的效度进行了分析，结果如表 2－2 和表 2－3 所示。由表 2－2 可以看出，Cronbach's Alpha 值最小为 0.744，CR 的最小值为 0.757，均大于 0.7，因此可以说明测量模型具有良好的信度。由表 2－2 中的 AVE 值一列可以看出，最小的 AVE 值为 0.517，大于 0.5，说明测量模型具有良好的收敛度。由表 2－3 可以看出，AVE 的平方根均大于该潜在变量与其他潜在变量间的相关系数，说明测量模型具有良好的区分效度。

表 2 – 2 模型的 AVE、CR 和 Cronbach's Alpha 值

潜在变量	题数	AVE	CR	Cronbach's Alpha
典型性	3	0.808	0.911	0.854
完整性	2	0.769	0.886	0.744
可靠性	2	0.661	0.907	0.796
相关性	2	0.517	0.786	0.769
情感反应	2	0.794	0.945	0.884
风险认知	2	0.530	0.863	0.781
舆情传播	3	0.648	0.908	0.849
媒体干预	2	0.663	0.881	0.747
政府引导	2	0.637	0.757	0.803

表 2 – 3 AVE 的平方根和变量间的相关系数

	典型性	完整性	可靠性	相关性	情感反应	风险认知	舆情传播	媒体干预	政府引导
典型性	0.899								
完整性	0.423	0.877							
可靠性	0.668	0.666	0.813						
相关性	0.595	0.791	0.757	0.719					
情感反应	0.385	0.515	0.503	0.568	0.891				
风险认知	0.691	0.519	0.529	0.521	0.887	0.728			
舆情传播	0.540	0.407	0.297	0.650	0.486	0.553	0.805		
媒体干预	0.217	0.060	0.029	0.085	0.025	0.163	0.119	0.814	
政府引导	0.170	0.324	0.380	0.307	0.110	0.242	0.176	0.198	0.798

注：对角线上的值为 AVE 的平方根。

（3）实证分析结果。

本章利用 SmartPLS 软件建模对数据进行分析，通过 PLSAlgorithm 进行显著性检验。最大迭代次数为 1000，收敛度取默认值，实证分析结果如图 2 – 8 所示。

由图 2 – 8 可以看出，舆情信息质量的典型性、可靠性、完整性、相关性的路径系数均大于 0.7，表明本章将舆情信息质量看作二阶反映式变量构建的舆情信息质量二阶模型是合理的；情感反应、风险认知、舆情传播的 R^2 分别

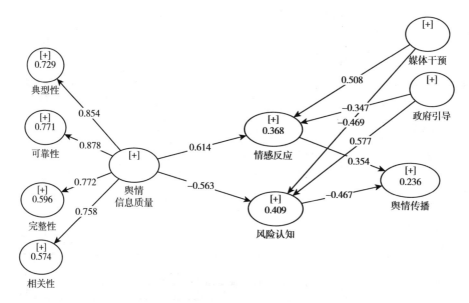

图 2 - 8　舆情传播影响因素双路径模型实证分析结果

为 0. 368、0. 409、0. 236，表明本模型具有良好的拟合优度，预测效果良好。从实证分析结果可以看出，本章所提出的假设均由实验结果得到了验证。舆情信息质量作为中枢路径和媒体干预、政府引导作为边缘路径同时影响受众的情感反应和风险认知，从而进一步影响受众的舆情传播行为。

偏最小二乘结构方程模型分析结果显示，舆情信息质量对情感反应的路径系数为 0. 614，舆情信息质量显著正向影响用户的情感反应；舆情信息质量对风险认知的路径系数为 - 0. 563，舆情信息质量显著负向影响用户的风险认知；这与 Nicolaou（2006）、Yi（2013）等人的研究结果是一致的。舆情信息质量的高低直接影响用户对该舆情信息信任程度的高低；受众对舆情信息质量感知越高，信任程度越高，情感反应越强烈，同时舆情信息质量的提高能有效降低受众对该舆情信息的风险感知程度。

媒体干预对受众情感反应的路径系数为 0. 508，对受众风险认知的路径系数为 - 0. 469；媒体干预显著正向影响受众的情感反应，显著负向影响受众的风险认知，结果进一步验证了朱恒民等的研究结论（朱恒民、刘凯、卢子芳，2013）。媒体的干预会加大舆情的热度，提高网民的参与度，同时能增强受众对舆情的情感反应，使更多的网民加入讨论，提高受众对舆情内容的信任程度，降低受众对舆情的风险认知，进一步扩大舆情传播范围。

政府引导对受众情感反应路径系数为 - 0.347，对受众风险认知的路径系数为 0.577；政府引导显著负向影响受众的情感反应，显著正向影响受众的风险认知。在舆情传播过程中，政府的及时引导能够提高舆情受众的风险感知程度，降低受众的情感反应，引导舆情受众理性思考。情感反应对舆情传播的路径系数为 0.364，风险认知对舆情传播的路径系数为 - 0.467；受众的情感反应显著正向影响其对网络舆情的传播行为，受众的风险认知显著负向影响其对网络舆情的传播行为，研究结果与赵金楼等的研究结论相符（赵金楼、成俊会，2014）。当受众对舆情的情感反应越强烈时，会增强其对舆情传播的意愿，而受众对舆情的风险感知程度增强则会降低其对舆情传播的意愿。

从图 2 - 8 可以看出，中枢路径对受众情感反应的影响大于边缘路径对受众情感反应的影响；边缘路径中政府引导对受众风险认知的影响大于中枢路径对受众风险认知的影响。由于本章的研究对象为网络舆情，出现这样的结果是合理的。受众在接收到某一舆情信息时，舆情信息与自己生活或利益的相关程度等因素往往对受众的情感产生较大的影响，而政府在舆情传播过程中能引导受众对舆情信息做进一步的认知。舆情信息质量作为中枢路径和媒体干预与政府引导作为边缘路径对受众的情感反应和风险认知均有较大的影响。在舆情的传播过程中，受众对舆情的传播行为受到来自舆情信息质量、媒体、政府等方面的影响。

2.2.2.2　社交网络上网络舆情传播机制

网民、媒体和政府是社交网络舆情传播过程中的三大主体。从图 2 - 8 可以看出，媒体干预和政府引导对社交网络上舆情受众的情感反应和风险认知均有较为显著的影响，从而影响受众的舆情传播行为，进一步对社交网络上舆情的扩散产生影响。根据以上实证分析结果，本章得出社交网络上的舆情传播机制，如图 2 - 9 所示。

在舆情产生初期，由于受众对舆情内容的关注、评论、转发等行为扩大舆情传播的受众范围，同时会引起主流媒体对舆情事件的关注。随着媒体的进入，舆情受众范围进一步扩大，引起更多网民对该舆情事件的讨论，加速舆情的传播速度，使舆情快速发展为社会关注的热点事件；同时在舆情传播过程中受众对舆情的态度和意见会产生分歧，可能导致媒体关注和报道的焦点发生转

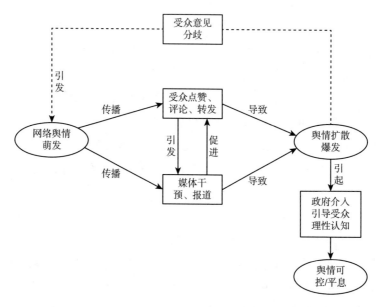

图 2-9 社交网络上的舆情传播机制

移，进而引发新舆情的产生。当舆情发展到白热化阶段时，政府往往会引起对该舆情事件的重视，揭露事件的真相。政府的介入引导受众对舆情的理性思考，疏导受众的情绪，使舆情发展至可控的状态最终平息。

由图 2-8 和图 2-9 可知，舆情信息质量可靠性的路径系数为 0.878，说明受众在对舆情信息质量感知时，更多地关注该舆情信息是否可靠。媒体在舆情传播过程中往往会起到加速舆情扩散的作用；媒体的参与能够引起网民对舆情的兴趣，提高网民对舆情的关注度，降低受众对舆情的风险认知。同时，在舆情传播过程中，政府能够引导受众理性思考，引导舆情向良性方向发展，使舆情得到较好的控制并逐渐平息。风险认知对舆情传播行为的路径系数大于情感反应对舆情传播的路径系数，说明受众在多数情况下对舆情进行传播之前会进行理性的思考。政府在舆情治理过程中，不仅要加大对媒体的管理力度，防止媒体对事件的不实报道，同时也要善用媒体的公信力，及时客观公正地披露事实真相，准确掌握舆情的发展态势，疏导社交网络上用户的负面情绪，引导用户对网络舆情的理性认知。

2.3 应急信息质量与信源可信度
客观评价与主观评价的一致

2.3.1 应急信息质量客观评价指标的提取

应急信息质量评估指应急信息用户、应急服务人员、政府部门或应急机构对所接触到的或搜寻而来的应急信息的质量高低程度进行主观与客观上不间断性的分析与判断的过程。其目的是精准地认识灾害，把握灾情，高效应急，持续预警，做到防患于未然，保障居民日常工作与生活安全。本章针对我国目前应急信息质量存在的缺陷和不足，依据成熟的指标评估原则，提取应急信息质量客观评价的影响变量。从而帮助公众更便捷地接触到与灾害应急相关的全面系统有效的应急信息，丰富公众应急知识储备并加强日常防范意识，保障公众生命财产安全。

（1）应急信息质量评估的原则。

①科学性原则：应急信息质量评估指标体系的指标要基于已有研究，征求专家意见，在多方面考查实际灾情的基础上拟订。

②目标导向性原则：应急信息质量评价标准的制定要结合已有标准规范和准则。因此，要以目标导向性为前提，制定应急信息质量评估指标体系要严格注意导向性。如应急专业术语要合理，以提高应急信息评估体系的使用价值等。

③可操作性原则：可操作性是指在设计应急信息评估指标体系时，一是要结合已有文献和前人经验，在指标值的测量和数据搜集工作中要切实可行，切忌主观盲目设计新指标，在以成熟理论为指导下，指标的测量要有实际可操作性。二是考虑到应急信息特性，如应急信息有随时变更的特性，就要考虑到实时性这一指标。

④可比性原则：评估指标必须具有可比性（魏萌萌，2012）。各个评价指标以及二级指标，首先，无论在纵向还是横向上的对比，都应有明显的差异性；其次，在时间跨度上也应具有可比性，不同应急阶段的信息应有不同的评价指标。

⑤代表性原则：由于灾害应急事件种类繁多，应急信息质量更是一个广泛的概念，涉及很多方面。因而，在设计应急信息质量评估指标体系时，应以典型性、通用性、代表性为原则。在设计二级指标时，一定要从具有代表性的不同侧面来反映一级指标。

⑥系统性原则：应急信息质量评估指标在大局观上要具有系统性。一级指标与二级指标要分类明确，具有层次性，定位要明确且要有一定的相关性、整体性。

（2）信息质量评估方法。

Maffei（1958）提出，信息质量的评估是十分艰巨的，主要在于：首先，信息质量的测量标准对于不同用户有不同的侧重点，用户的主观因素很难解决；其次，数据的庞大与纷繁复杂性使评估需要耗费大量的精力财力，而抽样调查并不能全面反映信息质量情况，对评估的精准度有很大影响；最后，信息来源渠道多样，接收到的信息很可能受到污染，信息来源的不明确性使信息很容易造成内容的残缺以及质量上的偏差。目前国内外在信息质量测评的既有文献中，主要介绍了评估法、评估标准与工具两个方面。

第一，问题分析与评估方法。

通过阅读中外文相关文献和查询数据库，发现针对应急信息存在的质量问题的研究，国内外的研究学者一般从应急信息质量评估理论以及特定灾害信息（如地震、火灾等）两个方面制定具体的评估指标以期对其评估。

如前所述，对于信息质量评估的研究，早期主要关注数据质量评估与数据质量存在的问题（Codd，1979；Wang and Strong，1996；Klein，1998；Dasu and Johnson，2003；Strong，Lee and Wang，1997）。到了20世纪，研究学者开始由数据质量的研究转变到关于信息质量评估指标的研究。

20世纪初期，Naumann等（2004）在以3种不同导向的划分层次的基础上，结合用户的个人主观感受，客观地进行了数据的收集分析，提出了基于评估导向的信息质量标准的评估体系并验证了所提出的评估方法的可行性，该研究较为全面地概括了信息质量评估涉及的主观与客观两个层面，形成了较为系统的信息质量指标划分方法。Yang（2011）构建了名为AIMQ信息质量评估方法。AIMQ涉及3个层面的体系划分：一是强调服务功能的模块——PSP/IQ，此模块将信息质量标准划分成4个分支标准；二是基于用户与信息管理者特点设计了评估问卷，结合具体情景并考虑到了个人的主观影响因素；三是借助2

种分析手段纵向对比同种系统间信息的差异，以及横向对比跨组织之间调查结果的差异。同时，通过数据分析软件分析 PSP/IQ 模型中 4 个分支之间的相互关系。该评估方法的提出为企业系统了解其信息质量存在的问题提供了便利，为企业提高生产效率，优化企业管理奠定了基础。该评估体系随后被 Beverly K. Kahn 等用于进一步研究，结合信息服务的特性，Beverly K. Kahn（1976）以信息产品视角和管理规范来管理信息，使该评估体系得到了进一步的延伸。国内学者查先进（2015）在信息质量评估的研究中，针对信息资源的评估，从信息本身特性到信息系统的整体性上综合系统的考虑，拟订了信息质量评估的 4 个一级指标，并在此基础上细分为 16 个二级指标，通过调查讨论了指标构建的有效性和实用性。

第二，评估标准与工具。

Yang（2011）认为信息的准确性和全面性是信息质量评估的两项重要的标准，并设计了基于抽样的信息质量自动化评估方法。但此方法局限于人工数据输入，较为耗时，准确性也会受到一定的影响。Xitongli 等（2011）在设计互联网信息资源质量的评估标准时，引入了信息响应时间这一指标，用于预测各个时间段单位时间内数据量的变化，从而反映互联网响应时间，并以此作为信息质量评估的一个方面。Leopipino 等（2004）将数据质量的评判尺度划分为 3 种具体形式，涉及具体的数据处理与整体的比重分配，提出将主观评价和客观评价相结合的方式评价信息质量。Rita Kovac 等（2002）在进行信息质量测评时，在前人研究的基础上进一步提出了关于系统通用性、响应时间、信息完整性、信息准确性和数据波动性的规范定义，扩展了信息质量评估原有标准。Beverly K. Kahn 等（1976）提出以信息产品控制矩阵作为评估信息产品可信度的测量工具，并以期货市场作为对象进行了信息指令评估的实证分析。Stuart Madnidc 等（2007）提出数据质量可以从可再生性和可理解性角度进行评估。国内学者如周毅等（1999）从信息内容加工深度不同的角度出发，将信息质量分为普通信息产品与服务、中等初加工信息产品与代理服务以及高等深加工信息产品与开发性服务。这三个层次的划分为信息质量评估指标的设计提供了新的视角。

（3）应急信息质量评价指标客观提取。

随着互联网时代的到来，信息化、数字化、大数据以及云计算的高速发展，应急信息来源渠道多样化，信息量爆发式增长，严重缺乏有效的评估机制与过滤机制，因而，建立行之有效的应急信息质量评价方法成为应急研究领域研究学者面临的当务之急，本书本着科学性原则、目标导向性原则、可操作性原则、可比性原则、代表性原则、系统性原则，意图建立高效、客观、完整、权威的应急信息评估体系，以过滤掉低质量的、有偏差的、虚假的、无效的、错误的应急信息，将高质量的应急信息传递到用户、政府、企业等个人或组织。在应急信息过滤处理的过程中，应急信息的质量评价已经成为提升应急管理能力必不可少的因素之一（袁维海，2016）。由前面文献梳理可知，应急信息质量的高低不仅由信息本身的特性决定，还受到用户个人的个性需求的影响，应急信息内容由居民、政府、企业等各个渠道来源生成，并且应急平台对于谁将发布什么样的信息以及何时发布缺乏有效控制，因此，居民对应急信息质量的感知将有别于对传统信息质量的感知。在对相关文献和理论进行总结和概括的基础上，通过对应急信息质量的特性进行总结提炼，综合考虑多种灾害应急信息在应急不同的时间阶段等具体特点，通过多次征询专家学者的意见，构建应急信息理论评估模型。

依据信息评估指标设计原则，结合前面文献中关于应急信息指标的梳理，笔者初步拟订应急信息质量评估指标，然后，在相关专家学者的指导下，进行修改，最终拟订了2个层面共计8项指标变量。

维度一：应急信息一般特性。

①准确性。指标描述：准确性也可以称为科学性，应急信息必须正确地反映灾害实际情况，信息内容必须建立在事实或实验依据基础之上，如灾害发生的具体时间、地点、灾情等必须真实准确。

②全面性。指标描述：该指标主要是指应急信息所涉及的某个领域研究的广度和深度。

③新颖性。指标描述：新颖性主要从信息的创建日期、发布日期以及最后修改日期方面等进行判断。

④时效性。指标描述：应急信息内容传递到用户时是否及时，如在火灾抢险时，时效性是最为关键的指标。

⑤客观性。指标描述：应急信息的内容是否有偏差，或者有其他利益相关者的卷入，所阐述的信息是否符合事实依据、是否科学公正、是否有态度偏见或倾向等，都是客观性应该注意评估的问题。

⑥实用性。指标描述：应急信息内容传递到用户，其是否可以了解到对自

身有实际价值的信息。

维度二：应急信息特性指标。

①可理解性。指标描述：应急领域专业术语较为生僻，可理解性是指应急信息编辑是否采用比较通俗易懂的语言以达到应有的目的。

②权威性。指标描述：权威性指的是应急信息的可信性，一般政府、专家发布的信息权威性较高，公众接受信息的可能性更大，权威性是公众在搜寻应急信息时最为关心的指标之一。

（4）专家咨询结果。

本章在初步构建应急信息质量评估指标体系后，邀请该研究领域专家学者提供了修改意见，包括指标是否具有科学性、合理性、全面性、系统性，层次结构是否存在偏差等。

根据已了解的应急信息质量评估指标变量并结合已有研究文献的基础上，本章共邀请 15 位该领域专家学者，填写了问卷，专家的基本情况见表 2 - 4。

表 2 - 4　　　　　　　　专家基本情况调查

项目	分类	人数	比例（%）
性别	男	9	60
	女	6	40
年龄	≤30 岁	3	20
	31 ~ 45 岁	6	40
	≥45 岁	6	40
学历	本科及以下	6	40
	硕士	2	13.3
	博士	7	46.7
专家所在领域	灾害研究	2	13.3
	灾害杂志	4	26.7
	应急教育类	9	60
从事工作年限	≤5 年	3	20
	5 ~ 10 年	5	33.3
	10 年及以上	7	46.7

根据专家提出的改进意见，维度一中的客观性指标应该去掉。客观性指标变量评估困难，因涉及用户的主观判断，应舍弃。最后综合考虑专家学者讨论

的意见，确定应急信息质量评估指标 7 个，具体指标说明如表 2 - 5 所示。

表 2 - 5   应急信息质量评估指标

层次	序号	指标名称	具体解释
维度一	A1	准确性	准确性也可以称为科学性，应急信息必须要正确地反映灾害实际情况，信息内容必须建立在事实或实验依据基础之上，如灾害发生的具体时间、地点、灾情等必须真实准确
	A2	全面性	发布的应急信息是否论述了灾情应急所涉及的各个方面，专业术语是否给出了明确的解释，罕见的灾情是否给出了明确的说明
	A3	时效性	应急信息是否及时，过时的应急信息是没有实用价值的
	A4	新颖性	新颖性主要从信息的内容、创建方式、发布形式等是否比较出奇、出彩等方面进行判断
	A5	实用性	应急信息内容传递到用户，其是否可以了解到对自身有实际价值的信息
维度二	A6	权威性	权威性指的是应急信息的可信性，一般政府、专家发布的信息权威性较高，公众接受信息的可能性更大，权威性是公众在搜寻应急信息时最为关心的指标之一
	A7	可理解性	应急领域专业术语较为生僻，可理解性是指应急信息编辑是否采用比较通俗易懂的语言以达到应有的目的

如表 2 - 5 所示，本章重点关注应急信息质量评估的 7 个维度，将应急信息质量评估设计成二阶潜在变量，由准确性、全面性、时效性、新颖性、实用性和权威性、可理解性 7 个一阶变量构成，并设计二级评价指标。根据双路径模型理论，用户在应急信息质量的评估中往往投入较多的时间和精力，因此将其作为中枢路径来探讨。

此部分在前面的理论指导下研究应急信息质量客观评价的技术与方法。一是考察并梳理在国内外主流的信息质量评估方法，如 Wang 和 Strong 基于分级法的信息质量评估方法、Wand 和 Wang 基于本体论法的信息质量评估方法、Naumann 和 Rolker 基于元数据的信息质量评估方法、Kahn 等基于产品与服务的信息质量评估方法、Bovee 等基于数据使用顺序的信息质量评估方法。这些信息质量评估方法主要应用在各类政府与企业信息资源分析与信息系统采用与内化领域。此外，本环节考察基于双路径模型的应急信息评估的框架模型中关于应急信息质量客观评价的一般方法和步骤并具体设计了应急信息质量客观评价体系，以及提取了适用于多个应急信息使用场景的应急信息质量客观评价指标。

2.3.2　应急信源可信度主观评价方案

2.3.2.1　信源可信度内外影响因素和作用分析

信源可信度的测评指标第一次被比较全面的提出并进行研究的是 Hovland 等（1953）学者，他们指出专业性和可信赖性是必不可少的两大指标维度，其中专业性指的是信息发布者所从事的工作、身份是否是该信息领域特有工作者，能否以专业的角度发布信息内容；可信赖性指的是信息传播过程是可保障的、不受污染的。Hovland 等人的研究拉开了信源可信度研究的序幕，但由于受当时环境等因素的限制，使该研究并没有应用到实践中加以检验，其适用性和可推广性尚待进一步推敲；McCroskey（1974）在探讨个体传播者信源可信度的调查研究中，通过对受众关于演讲者所谈内容的可信度调研发现，权威性和性格两个影响变量尤为关键，并通过后续研究进一步验证了这两个变量；Giffin（1967）通过对前人研究的梳理，总结了关于信源可信度的研究成果，归纳出影响信源可信度的 5 个变量：信息权威性、信息专业性、个人动机、个人活力性以及吸引力。Giffin 的成果是 20 世纪 70 年代最具代表性的信源可信度研究成果，为后续研究提供了很好的理论基础；除 McCroskey 外，Briller（2001）在借鉴以往研究文献的基础上，通过开放式的访问，归纳出了用户评估信源的可信度时最关注的指标，并将这些指标归类总结，然后采用大规模的调查，对已总结的指标进行评估，并进行主成分因子分析，得到 4 个指标，分别是：安全性、权威性、活力性和社交性。此外，Singletary 等（1976）在调查影响新闻可信度的研究中，采用调查问卷的形式，调查符合适用于可信度评估的指标变量，最终统计当地多名大学生的问卷为调查样本，通过样本的分析与筛选，得到了 6 个"信源可信度"指标：知识性、吸引力、可信赖性、清晰性、对抗性、稳定性。

从 20 世纪 70 年代末开始，电视、报纸、广播等大众媒介机构的信息传播开始受到信源可信度研究者的关注，他们发现，仅仅通过人际环境中获得的"信源可信度"指标来测量大众传播中的"媒介可信度"概念是不合理的。相关学者在调查影响电视和报纸可信度的研究中，通过访谈、问卷、电话访问等形式，对已拟订的指标进行评价，并对问卷进行分析统计，最终归纳出 12 个影响指标：公平性、公正无偏见、内容完整性、报道准确性、尊重个人隐私、关心受众兴趣、居民社区福利影响、意见和事实的区分、信任、有无利润涉及、是否尊重事实、记者职业素质（Gaziano and McGrath，1986）。21 世纪以来，研究者对于信源可信度指标的探讨则更多地集中到具体的媒介机构如网络媒介可信度的研究上，从这些研究可以看出，对于"信源可信度"研究指标的探讨开始逐步细化。

就"信源可信度"研究指标本身而言，我们可以作出以下归纳：专业性/能力、可信赖性、动机是研究者们采用最多的信源可信度指标。Meyer（1988）建构的五维度：公平、无偏见、内容完整、报道准确、能被信任是经验证后信度效度最高的测量媒介机构可信度的指标，也是被此后研究者采用最多的指标。以上文献的梳理为我们考察应急信源可信度指标提供了理论探讨的起点。

2.3.2.2　应急信源可信度评价指标

经过细致的文献梳理，笔者发现，信源可信度评价的影响因素受到用户个人特征包括性别、年龄、受教育程度、社会地位、从事职业、价值观念、认知需要、媒介知识、人际信任等，以及对应急信源使用情况包括对应急信源接触时间、信源传播渠道接触种类、媒介依赖和应急信源使用经验、应急信源使用的动机等。因此，本书将重点围绕这两个方面的基本属性，在本书的实际研究中，重点考察这 2 个变量是否对应急领域信息的"信源可信度"指标构成影响，进而检验指标的效度如何。

（1）用户个人特征。

用户个人特征是被中西方研究者考察最多的"信源可信度"影响因素，并且各研究者在该变量上的发现具有很大的差异。

Westley 等（1964）在研究影响公众信源可信度的影响因素的调查中，第一次系统地考察了公众个人特征的影响，包括年龄、性别、受教育程度、所处环境、社会阅历与所从事的职业、收入等多个变量。Westley 通过问卷调查随机选取了 1000 余名受众进行测评，调查发现，公众受教育程度与社会阅历是"信源可信度"最重要的预测变量，问卷统计分析中发现，受教育程度越高，社会阅历越丰富，对报纸这一信源的信赖度就越高，其中男性且年龄偏大，具

有较高社会地位的受众占了大多数，而年龄偏小的女性所占比例极小。继
Westley 之后，一些学者进一步针对受众的年龄、性别、受教育程度、媒介使用
情况等变量与"信源可信度"之间的关系做了更深入的探讨分析。结果显示，
年龄、性别、受教育程度都是"信源可信度"重要的影响因素。与 Westley 的
研究结论一致，同时有学者将上述自变量交互分析，发现性别是最重要的影响
因素，而受教育程度与年龄的影响，在年龄偏小的受众调查中发现，呈现出来
的影响效果并不明显。在 Mulder（1981）的研究中，虽然同样考察了性别、年
龄、受教育程度、受访者社会地位对"信源可信度"的影响，但 Mulder 的调
查发现与 Westley 等研究者的观点出现差异。Mulder 发现，性别、年龄、受教
育程度、受众社会地位这些影响因素对于受众对报纸的可信性的影响与 Westley
的结论正相反。

在 20 世纪 80 年代的研究中，一些学者有关用户个人特征对"信源可信
度"影响的分析也各持己见。有的学者强调了性别因素的作用，而有的学者研
究则发现，除了年龄、性别外，其他个人特征因素对"信源可信度"影响并不
明显（李晓静，2005）。Johnson 等（2004）全面地考察了公众的年龄、性别、
所从事的职业和受教育程度对网络可信度评价的影响，发现除了职业因素外，
另三个用户个人特征与网络可信度都呈负相关，年龄越小的女性、社会经济地
位一般、教育程度较低的受众更倾向于相信网络这一信源，在这些影响因素
中，年龄变量最为显著。

从前面有关用户个人特征的总体研究情况来看，我们可以发现，性别、年
龄、受教育程度、社会地位、职业这 5 个变量是影响"信源可信度"的核心用
户个人特征，也是研究者最集中探讨的 5 个变量。而职业、成长环境等并不是
"信源可信度"的重要影响因素。所以在本书的研究中，也将重点考察这 5 个
用户的个人特征。

（2）信源使用情况。

公众在实际工作生活中对信源的使用情况在"信源可信度"的影响因素研
究中同样是一个难以定量分析的变量。Rimmer（1987）曾考察了公众信源使用
情况对信源可信度的影响，其将受众的信源使用测量类型细分为三类：信源使
用频率和时长测量、信源选择与偏好、近期信源的使用情况，并分别考察了三
个变量与"信源可信度"之间的关联。经过专家访谈与文献梳理，本书发现，
信源使用变量除了 Rimmer 分析的三种类型之外，一些学者提出的信源使用的

动机、信源使用经历与经验等变量也影响着信源的可信度。我们将研究者在信源使用变量上的主要发现归纳如下：

第一，信源接触时间与近期使用情况。

有学者认为，受众接触信源的频率、时长以及近期使用的经历会影响受众对所接触的信源的依赖性，即潜在意识里增强了对该信源的可信性。但是，相关学者在这一信源使用变量上得出的结论并不相同。一些研究者发现，信源接触的时间、周期以及使用经历正向影响着"信源可信度"的评价。但也有学者提出，信源接触的频率、时长以及使用经历对"信源可信度"虽有一定影响，但并不突出。他们发现，常看看电视的受众并不一定相信电视内容，只是日常消遣的一种方式，该观点也得到后续研究者的证实（邓发云，2006）。因而，此变量不做后续研究考虑。

第二，信源偏好。

信源偏好是指受众偏爱用何种信息源来获取信息，这一观点受到国内外学者的认同，且信源偏好正向显著影响着"信源可信度"的评估。显然，受众的信源偏好比信源接触的时间、周期以及使用经历对"信源可信度"具有更高的预测效果。调查发现，那些把某种信源作为首选信源的受众，更倾向于相信这种信源，反之亦然。例如，偏爱从书籍获取信息的受众，在有电视、报纸提供信息时，更倾向于从书籍中寻求验证。由此可见，信源偏好属于受众的主观情感倾向，而信源接触与使用经历仅仅是受众生活工作中不可避免的一种行为方式，并不具有情感倾向，因而，信源偏好是影响信源可信度的一项重要指标且受众的信源依赖因素比信源接触与使用经历因素对"信源可信度"具有更高的影响效应。

第三，信源使用的动机。

如前所述，"适用于使用"的理论告诉我们，公众个人情况的差异对于应急信息存在着各种各样的需求，用户应急信息搜寻是出于不同的需求与动机的，信息搜寻的过程就是满足信息需求的过程，因此，在探讨"信源可信度"的影响因素时，不少研究者发现，受众接触信源的动机对于他们评估"信源可信度"有着显著影响。同时，信息来源渠道的多元化发展，使受众对信源有了更高的标准要求，从而间接导致受众主观上降低了对已接触信源的可信度评价。

2.3.2.3　信源可信度主观评价方案

根据双路径理论，信源可信度的评价作为边缘路径，偏向于受众情感认知的简单处理，因而，结合以上参考文献，本书归纳出影响应急信息信源可信度评估的指标为以下两个维度：第一，用户个人特征即个人倾向性（包括年龄、性别、教育程度、社会经济地位、从事职业）；第二，信源特性即信源依赖（具体归纳为：信源偏好、使用动机），详见表 2-6。

表 2-6　　　　　　　　　　　信源可信度主观评价指标

信源可信度评价指标	个人倾向	年龄	不同年龄分段的用户对信源媒介的倾向性不同
		性别	不同性别的用户接触的信源媒介不同，影响着对信源的可信度的高低
		教育程度	教育层次不同所带来的认知不同，对信源可信度的看法也会出现差异
		社会经济地位	用户社会地位的不同，对不同信源提供的信息倾向性会有所差异
		职业	用户个人职业不同，如企业家、普通员工、教师，学生等将影响所接触信源的可信度
	信源依赖	信源偏好	用户的主观判断
		使用动机	用户的主观判断

基于上述三部分分析所取得的研究成果、理论与方法，分析影响应急信源可信度的内外因素和作用机理等，结合双路径模型中应急信息质量与信源可信度关联关系，重点分析并确定了应急信源可信度评价方案。

2.3.3　基于双路径模型的应急信息质量与信源可信度主客观一致性检验

2.3.3.1　研究模型和假设的提出

个人态度包括情感和认知等方面，研究学者普遍认为态度是一个多元变量。Bagozzi 和 Burnkrant 指出，在预测行为意愿和行为方面，态度的二元情感认知模型的契合性是十分完备的（查先进、张晋朝、严亚兰，2015）。其中情感指受众对事态的浅层次的主观感受，是人们态度行为作出反应的初始判断，是影响人们对信息判断的一项关键的干预因素；认知是受众对事态更加偏向理性地判断，是用户行为的主导因素。通过文献梳理，本书将态度分为情感干预和认知需要两个层面，分别考察这两个变量对用户应急信息搜寻行为的影响作用。

结合双路径模型理论与影响公众态度的情绪与认知这两个信源可信度的判断标准，本书探究应急信息质量和应急信源可信度这两个路径的不同影响对公众应急信息搜寻行为的影响。本书提出的技术路线模型图如图 2 – 10 所示。

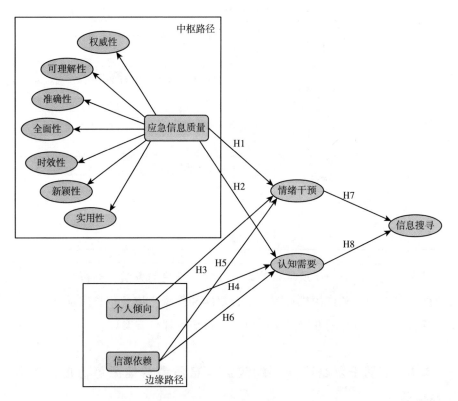

图 2 – 10　应急信息质量与信源可信度双路径模型

根据研究模型，本书假设：

H2 – 9：应急信息质量显著正向影响用户对应急信息的情绪反应。

H2 – 10：应急信息质量显著正向影响用户对应急信息的认知需要。

H2 - 11：应急信源个人倾向显著正向影响用户对应急信息的情绪干预。

H2 - 12：应急信源个人倾向显著正向影响用户对应急信息的认知需要。

H2 - 13：应急信源依赖显著正向影响用户对应急信息的情绪干预。

H2 - 14：应急信源依赖显著正向影响用户对应急信息的认知需要。

H2 - 15：用户对应急信息的情绪反应显著正向影响用户的应急信息搜寻行为。

H2 - 16：用户对应急信息的认知需要显著正向影响用户的应急信息搜寻行为。

2.3.3.2　问卷发放与数据统计

结合已有文献，本章初步设计问卷，邀请灾害应急领域和信息质量分析领域的专家学者对问卷进行修改完善，删除或更正模糊的题项，保证调查问卷的有效性、可行性，本章构建的模型涵盖了 12 个一阶反应式潜在指标题项，同时每个潜在指标题项包括 2~4 个二阶评估指标项。本次调查问卷的设计使用了李克特 7 级量表，1 表示非常不认同，7 表示非常认同。调查问卷详见附录 1。本次调研问卷的发放采用网络调研与实地调研相结合的形式，网络调研采用问卷星平台，邀请接触到应急信息的用户填写，实地调研主要到访社区应急人员、居民、应急领域专家、学者等。本次调研共计发放问卷 300 份，回收有效问卷 287 份，调查对象的基本情况见表 2 - 7。

表 2 - 7　　　　　　　　　　调研对象基本信息统计

基本信息	题项	数量	百分比
性别	男	136	47.39%
	女	151	52.61%
年龄	<18 岁	1	0.35%
	18~25 岁	219	76.31%
	26~30 岁	48	16.72%
	31~35 岁	9	3.14%
	36~45 岁	7	2.44%
	46~55 岁	2	0.70%
	>55 岁	1	0.35%

续表

基本信息	题项	数量	百分比
学历	高中以下	2	0.70%
	大专	32	11.15%
	本科生	114	39.72%
	硕博士生	137	47.74%
	其他	2	0.70%
关注应急信息时间	<1 年	32	11.15%
	1~2 年	76	26.48%
	2~3 年	107	37.28%
	3~4 年	43	14.98%
	>4 年	29	10.10%

2.3.3.3 数据处理与结果分析

通过对双路径理论模型研究文献的阅读可知，模型的有效性通常由内容效度、收敛效度和区分效度来判定（查先进、张晋朝、严亚兰，2015）。由于本次评估变量与问卷设计均在借鉴已有文献的基础上，并邀请了业内专家学者进行修改完善，因而有理由认为本章的模型测量内容是有效且可靠的；一般认为，数据抽取的平均方差 AVE 大于 0.5，说明潜在指标变量具有很好的收敛效度，从表 2-8 可见，本次问卷统计数据的 AVE 值均大于等于 0.684，表明测量模型具有很好的收敛效度。此外，由表 2-9 数据分析显示，数据抽取的平均方差 AVE 的平方根大于其潜在变量相关系数，可见该模型的区分效度是可以接受的。最后，潜在变量的 CR 值（组合信度）和 Cronbach's Alpha 值（内部一致性系数）达到 0.7 是测量模型具有验证模型信度的一般标准，由表 2-8 数据分析显示，本次调查问卷的数据均符合该标准，表明本测量模型信度较为理想。

表 2-8　　　　数据分析的 AVE，CR 和 Cronbach's Alpha 值

潜在变量	AVE	CR	Cronbach's Alpha
权威性	0.816	0.921	0.842
可理解性	0.735	0.913	0.835
准确性	0.891	0.942	0.807
全面性	0.863	0.926	0.923

续表

潜在变量	AVE	CR	Cronbach's Alpha
时效性	0.807	0.921	0.922
新颖性	0.684	0.872	0.842
实用性	0.702	0.843	0.800
个人倾向	0.802	0.952	0.798
信源依赖	0.733	0.917	0.944
情绪干预	0.931	0.904	0.902
认知需要	0.877	0.935	0.946
信息搜寻行为	0.875	0.964	0.867

表 2 - 9　　　　　　　AVE 平方根以及各个指标之间的相关系数

	权威性	可理解性	准确性	全面性	时效性	新颖性	实用性	个人倾向	信源依赖	情绪干预	认知需要	应急信息搜寻
权威性	0.899											
可理解性	0.702	0.872										
准确性	0.446	0.527	0.940									
全面性	0.598	0.652	0.532	0.913								
时效性	0.421	0.398	0.547	0.512	0.906							
新颖性	0.543	0.457	0.595	0.586	0.629	0.925						
实用性	0.489	0.613	0.468	0.477	0.472	0.511	0.878					
个人倾向	0.526	0.528	0.571	0.636	0.588	0.463	0.347	0.896				
信源依赖	0.467	0.463	0.484	0.599	0.607	0.479	0.568	0.552	0.974			
情绪干预	0.632	0.559	0.424	0.544	0.497	0.439	0.560	0.597	0.622	0.962		
认知需要	0.542	0.576	0.564	0.469	0.519	0.589	0.576	0.566	0.573	0.713	0.902	
应急信息搜寻	0.487	0.602	0.577	0.523	0.584	0.557	0.610	0.544	0.676	0.645	0.778	0.922

2.3.3.4　数据分析结果

本次调查问卷利用偏最小二乘结构方程建模方法进行数据统计分析，同时，显著性检验采用 bootstrap 重复抽样方法进行，重复抽样数为 1000。模型指标数据分析结果如图 2 - 11 所示。

由模型数据分析结果显示，情绪干预指标的被解释方差为 0.402，认知需

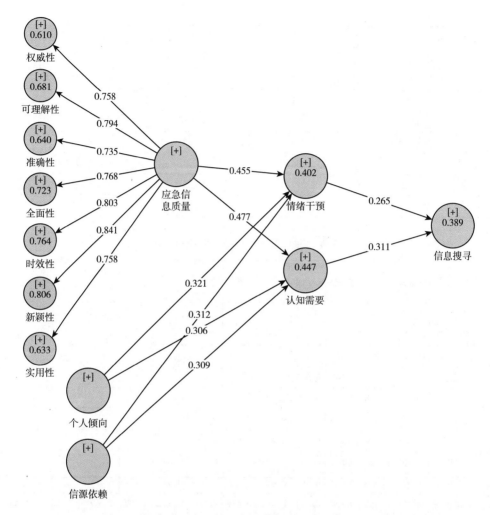

图 2 – 11　模型指标数据分析结果

要指标的被解释方差为 0.447，以及应急信息搜寻行为指标的被解释方差为 0.389，由此可见，本模型的设计具有较为理想的评估效果。应急信息质量的各项指标变量——权威性、可理解性、准确性、全面性、时效性、新颖性、实用性的路径系数都在 0.7 之上，有效地验证了应急信息质量二阶模型的构建是合理的。此外，由于各项指标数据均为正数，表明前面笔者的每项假设均是正确的。可见，作为中枢路径的应急信息质量和作为边缘路径的个人倾向与信源依赖都影响着用户情绪的变化与认知需要，从而进一步对用户的应急信息搜寻行为产生影响。

2.3.3.5　用户应急信息搜寻行为模拟

前面的研究验证了影响用户应急信息搜寻行为的各项指标的合理性，在此基础上，本书试图进一步探析具体影响某一用户的应急信息搜寻行为中，各项指标变量随着时间推进等因素的变化对用户应急信息搜寻态度的影响。基于Agent 的建模与仿真（ABMS）是研究复杂系统的有效途径和建模仿真方法学，通过对 Agent 个体及其相互之间交互行为进行模拟，观察各个主体整体作用的结果而找到整体的规律，以此来描述复杂系统的宏观行为。ABMS 是当前最具有活力、有所突破的仿真方法学，已经成为系统仿真领域的一个新的研究方向（刘春年、刘宇庆，2017）。应急信息搜寻行为是复杂的，影响用户态度的应急信息质量与信源可信度的各项因素也具有复杂性特征，因此，笔者引入 ABMS方法进行建模仿真研究。

依据多主体（Agent）建模原则针对灾害应急环境下用户应急信息搜寻行为进行建模与仿真，实验在以下假设条件下进行：第一，本次仿真分析只限于本次实际调研数据；第二，忽略用户彼此间的交互性，忽略同时存在的其他信息的干扰；第三，用户随机抽取；第四，应急信息的及时性均随时间推移而降低。

仿真交互规则设计如下：

应急信息质量的各项指标变量权威性、可理解性、准确性、全面性、时效性、新颖性、实用性和用户信源可信度个人倾向和信源依赖的评估值由用户给定，数值范围为 1~7（本次数据问卷采用的是李克特七级量表），且设定及时性这一指标变量随时间推移而降低（每过一个时刻即 −1），由于个人倾向和信源依赖两项指标由用户主观判断决定，则设定其值不变，而权威性、可理解性、准确性、全面性、新颖性、实用性随着用户认知的不断深入，其值可能上升或下降，则其数值变换设为随机（ +1 或 −1）。且当每项数据变为最大值 7或下降到最小值 1 时，则其值不再变化。选取 1~7 的中间值 4 为衡量用户应急信息搜寻行为的评价指标，大于 4 则视为用户态度表现为积极，小于 4 则视为用户态度表现为消极。一旦用户应急信息搜寻行为均值低于 4 时，用户出现消极认知，则用户行为终止，若初始值低于均值时，说明用户对此条应急信息并不关心甚至抵触，拒绝接受，则信息搜寻行为直接终止。

本次用户应急信息搜寻行为分析的实验数据来自本次调查问卷，从中随机抽取 100 个样本，每个样本数据实验 20 次，并对仿真结果进行记录分析。创建仿真模型界面如图 2 – 12 所示，某一数据分析记录如图 2 – 13 所示。

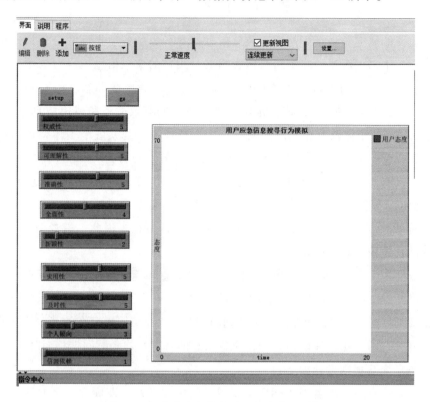

图 2 – 12　用户应急信息搜寻行为仿真模型

应急信息的需求主要是伴随着突发事件的发生而产生的。其特点是"不用不急、用则急需"。为了让公众对应急需求的认识走在灾难前面，使应急信息为社会大众的生命安全起到更好的保驾护航作用，有必要对影响公众应急信息搜索行为的因素作出研究（刘春年、刘宇庆、刘孚清，2015）。本章综合考虑了用户的情绪干预因素认知需要因素，以应急信息质量和应急信源可信度双路径为视角，探讨了在灾害应急环境下影响用户应急信息搜寻行为的因素。由前面数据分析可知，中枢路径到认知需要的路径系数为 0.447，大于边缘路径对认知需要的影响（0.306 和 0.309）。中枢路径到情绪干预的路径系数为 0.455，大于边缘路径对情绪干预的影响（0.321 和 0.312），结合本书之前关于用户对于应急产品信息搜寻行为的影响因素研究中的结论，本章的结果得到了验证。在应急产品消费者信息搜寻行为研究中，本书曾以消费者个人特征、消费者对应急产品知识的了解程度、不同应急产品固有特征、应急产品消费者对目标产

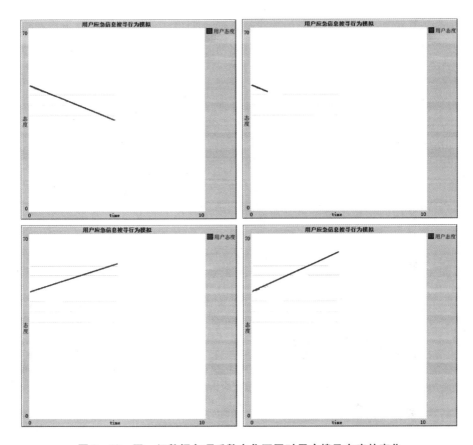

图 2 - 13　同一组数据各项系数变化不同时用户搜寻态度的变化

品信息的需求偏好、应急产品消费者风险感知、应急产品消费者购买应急产品的卷入程度以及消费者购买经验等 7 个因素作为切入点，来研究影响应急产品消费者信息搜索行为的因素。结果显示，消费者购买应急产品获取信息的主要来源是个人来源；其信息搜索行为主要受个人特征、产品特征、风险感知影响，而产品知识、信息需求、购买经验和卷入程度影响不大。其中个人特征、产品特征、风险感知等因素即本书中枢路径所包含的指标变量，而产品知识、信息需求、购买经验和卷入程度即本书提及的应急信息个人倾向与信源依赖。与常规商品信息相比，灾害应急信息是伴随灾害事件所产生的非常规的信息。用户生活中常用信息一般在大众眼里有了共识，则边缘路径即信源可信度的指标更容易影响用户的态度和信息搜寻行为。相反，灾害应急中的信息大多来自受灾现场，在这种特殊环境下，应急相关信息来源不明，且时效性很强，用户不太会关注应急信息的来源与传播途径，而是把更多的时间与精力花费在应急信息质量这一中枢路径。因此，应急信息质量即中枢路径的各项系数略比边缘路径大一些。

另外，应急信息作为公众社会生活中不可避免的一类信息，往往会产生公众生成信息内容，公众可以实时传达自身亲身经历的应急相关信息并发布出来，所生成的内容不会经过专业人员的审核，信息往往存在偏差，或由于传播路径的影响信息已经过时，质量严重下滑。此外，由于不同信息发布者受教育程度、职业以及所处环境的不同，应急信息的完整性、准确性受到挑战。即使用户可以使用的发布平台很多，如微博、网络社区、微信、网络论坛等，但这就要求用户投入更多的时间与精力来搜寻过滤信息，信息成本较大，因而，用户希望搜寻到的灾害应急信息是高质量的，符合自身需求的。结合前人学者的研究成果，本书设计了应急信息质量二阶评估模型。数据分析结果显示，本评估模型评价指标——权威性、可理解性、准确性、全面性、时效性、新颖性和实用性7个指标变量是比较合理的。

双路径理论认为，用户通过中枢路径深入思考分析形成的态度较为稳固，而通过边缘路径浅层次的思考分析产生的决定往往易受到其他因素的影响而改变。由于灾害应急信息存在准确性和实用性等因素，用户对应急信息的态度受到认知需要和情绪干预两个方面的影响。从数据分析可知，应急信息质量到情绪干预与认知需要两条路径的系数较大，表明用户无论是初步的主观感知还是客观上花费时间与精力，都对应急信息质量的关注度高于对应急信息源的关注。也就是说，用户对应急信息的来源的看重程度远远低于对应急信息质量本身高低的程度。此外，应急信息质量一级指标到认知需要的路径系数明显大于其到情绪干预的路径系数，表明用户在对应急信息质量进行判断时，多以客观深入的评价选择为首选。另外，个人倾向与信源依赖两个指标变量到用户情绪干预与认知需要的路径系数虽然较小但同样是正数，可见，边缘路径同样影响着用户的选择与判断，同时发现，个人倾向略高于信源依赖的路径系数，可见，用户在进行初步主观选择判断时，更受到自身日常搜寻应急信息的习惯影响。

应急信息对用户的日常生活和工作密切相关，从数据分析可知，情绪干预到用户应急信息搜寻的路径系数与认知需要到用户应急信息搜寻的路径系数均为正数，由此可见，用户态度的两项指标均影响着用户应急信息搜寻行为，也很好地验证了前面的假设。另外，认知需要到用户应急信息搜寻的路径系数大于情绪干预到用户应急信息搜寻的路径系数，在用户进行应急信息搜寻时，用户会更多地选择用理性的判断、深入的思考，投入更多的时间与精力。

随着互联网的普及，应急信息搜寻也进入网络搜寻时代。社交网络平台上公众个人、应急产品生产企业、应急领域专家、普通应急工作者等纷纷开设了个人微博账号以及官方微博账号等。一些博主为了吸引更多的关注度，在网络上发布的应急信息往往较为新颖，但涉及博主虚假报道行为存在的可能性，以及其他相关利益的卷入，且因不同博主个人知识水平的差异等因素，应急信息搜寻用户往往对这些信息存在质疑。社交网络平台的应急信息传播的价值还有待进一步挖掘。

随着时间推移，对于 100 名随机抽取的用户应急信息搜寻行为变化的多次模拟仿真发现，用户对应急信息初次接触的总体评估值对于用户后续的进一步深入调查影响很大，当初始评估值低于用户预期时，用户往往不会再对该信息进行进一步的调查认证；当初始评估值高于用户预期时，用户才会愿意花费一定的时间和精力对该应急信息进行进一步的考察。这也进一步表明，用户的初始主观判断对用户应急信息搜寻行为影响的重要性。另外，随着时间的推移，应急信息的及时性会显得尤为关键，当及时性指标下降到最低值时，则该应急信息已经没有价值，用户行为则会终止。且随着时间推移，个人倾向和信源依赖这两个信源可信度的指标影响越来越小，而关于应急信息质量指标的影响则会越来越明显，这也符合前面对模型数据结果分析的解释，即客观评价指标的影响会随着时间的推移而变大。同时得知，用户在哪个时间点对应急信息做出最终的判断也是影响仿真模型曲线变化的关键。

基于上述四部分分析所取得的研究成果、指标提取与方法构建了应急信息质量与信源可信度关联的双路径模型，并结合实际数据调查分析验证其合理性，并在此基础上，进行用户应急信息搜寻行为的模拟仿真，最后对分析结果进行了解读。

第3章 基于社交媒体的应急信息质量与信源可信度双路径模型研究

近年来，各类突发事件数量逐渐增加，影响范围扩大，复杂程度加深，造成人力、物力、财力等方面的严重损失，对经济发展与社会稳定构成巨大威胁。在突发事件发生前、发生时、发生后三个阶段，应急信息分别为公众提供实时监测与预警、迅速自救与互救、处理措施与防灾等内容，在突发事件中有着很大作用。突发事件发生之后，公众知悉突发事件真实情况，将有利于其了解事件并产生相应反馈，进而帮助政府针对突发事件做出正确决策。

学者从内容特征、传播渠道、分布领域等不同角度对应急信息进行了说明。

陈帅旗（2018）对以往文献进行总结归纳，提出应急信息是指危机发生前的预警信息、发生时的措施方案与发生后的相关启示等。Lamb 等（2011）提出官方发布的应急信息应该详细、准确、权威、精简和可靠。Glik（2007）提出，清晰、详尽、完整、明确的应急信息在减灾工作中发挥着重要作用。Allen 等（2016）调查发现，电视、互联网、广播、纸质信息和其他新型方式是公众在灾害期间获取危机信息的主要来源，且收入水平与教育水平更高的人们从互联网上获取信息的可能性更高。

随着互联网技术的进步与发展，各类社交媒体得到完善与普及，成为许多人日常生活的一部分，社交媒体的双向性、时效性和互动性使其成为突发事件中公众获得信息的重要手段（Vander Meer and Verhoeven，2013）。相较于传统渠道，应急信息在社交媒体中拥有更快的传播速度和更广的受众范围。宋建功等（2017）提出，互联网的应急信息为突发事件的实时响应和及时救援带来了可能性。Yates（2016）指出社交媒体在突发事件应急信息发布中是必不可少的一部分，社交媒体上传递的信息虽然在准确性上存在不足，但已经成为突发事件发生时至关重要的信息来源。Lu 等（2011）提出社交媒体的运用和普及有利于公众进行信息交换。

社交媒体在应急信息传播中的作用日益得到研究者的关注，并被理论化到模型中。例如，Liu（2011）实证评估了社会中介应急信息传播模型，发现应急信息的形式和来源的选择影响着公众的归因、独立和依赖情绪。Schultz（2011）建立了更全面的网络应急信息传播模型，通过实验分析传统媒体和社交媒体对应急信息接受者关于应急信息二次传播的反应的差异，这挑战了经典的危机传播理论，证明了所使用的媒介会影响应急信息传播。

然而当突发事件发生以后，由于应急信息的匮乏、公众对信息的渴求、在线社交媒体的广泛使用，谣言很容易被公众相信并快速、广泛地传播，加重事件造成的损失，给日常生活带来不良影响。突发事件不实信息的传播不仅会妨碍公众了解事实真相，还可能加剧恐慌，增大政府开展应急管理工作的难度。社交网络中的信息质量参差不齐，信息来源变得混乱，与此同时，网络用户评论逐渐取代了传统的监管和审核机制的地位（Arazy and Kopak，2011）。因此，系统地研究社交媒体中的突发事件应急信息质量与信源可信度问题是一件必要的工作。

社交媒体已成为当下流行的信息共享与交流工具，社交媒体中应急信息传播行为引起了各个领域学者的广泛关注。Zhou（2011）比较随机网络、WS 小世界网络、无标度网络等不同种类复杂网络中谣言传播情况的差异，发现网络拓扑结构显著影响谣言传播者的最终规模。Nekovee 等（2005）通过动态复杂网络谣言传播的一般模型对社交网络谣言传播动力学进行研究，发现该模型在随机网络中有谣言传播速率的临界阈值，在无标度网络中传播的初始速率比在随机网络中传播的速率快很多。Wang 等（2013）提出了一个遗忘率随时间变化的谣言传播模型，并在在线社交平台上进行数值求解，结果表明，初始遗忘率越大或遗忘速度越快，谣言传播的最终规模越小，且在可变遗忘率下谣言传播的最终规模比在恒定遗忘率下要大得多。Su 等（2015）根据社交媒体信息更新速度快、信息数据数量大、用户易遗漏特定信息等特征，建立了不完全阅读信息模型，提出阅读率是微博信息传播的核心影响因素。张彦超等（2011）基于 SNS 网络构建了信息传播模型，发现初始网络平均节点度正向影响信息传播，中心节点拥有较强的社会影响力。王超等（2014）在经典传染病传播模型的基础上融入了遏制机制与遗忘机制，并计算了影响模型网络状态的平衡点和基本再生数。黄宏程等（2016）结合了无标度网络结构与传播动力学模型的特点，考虑感染者衰减函数和易感者信息忽略概率，构建了符合社交媒体特征的信息传播模型。朱海涛等（2016）在分析微信朋友圈信息传播机制的基础上，对传统 SEIR 模型进行改进，并重点关注了用户相似度、信息时效性及其出现频次等要素对信息传播的影响。

综上所述，学者针对不同网络结构上的信息传播过程，提出了不同的理论方法，并在经典传染病传播模型的基础上，依据各自研究的侧重点构建了多种信息传播模型。但是由于社会关系的复杂性，仍有许多问题需要深入研究。

本书的选题背景是社交媒体中的应急信息传播。本书丰富了社交媒体应急信息管理研究领域的理论成果，可以更好地用于指导应急信息管理中的社交媒体应用，为社交媒体应急信息管理相关研究提供借鉴。

（1）理论意义。

在以往的研究中，国内外学者对于各类突发事件应急信息在不同社交媒体的传播情况进行分析、总结和升华，丰富了应急信息质量与信源可信度的相关理论，完善了社交媒体环境下的突发事件应急信息管理体系，但很少针对社交媒体用户应急信息传播行为问题进行深入研究。本书结合双路径模型与传播动力学理论，围绕应急信息质量与信源可信度双路径进行研究，能更完整、全面、系统地阐释社交媒体应急信息质量与信源可信度如何对用户认知评价和情感反应产生影响，继而如何影响用户信息行为绩效，拓展了社交媒体应急信息传播行为的研究视角，对应急信息质量与信源可信度的后续研究具有一定的启发意义。

（2）实践意义。

在社交媒体环境下，应急信息质量与信源可信度双路径对用户应急信息传播行为的研究，有助于加强应急管理相关部门对社交媒体用户应急信息传播行为的理解，增强社会意识形态的管理和控制，为优化社交媒体应急信息发布提供决策支持，为建设科学高效的应急信息发布系统提供依据，促进应急信息发布渠道的多元融合，具有一定价值的指导意义。

3.1　基于社交媒体的应急信息质量与信源可信度双路径理论模型构建

　　传播动力学的主要研究内容是探寻、阐述自然界中各种复杂网络的传播机理与动力学行为特征，是复杂网络领域的研究热点之一。传播动力学最初起源于传染病传播学。传染病动力学模型是通过构建仿真模型，将传染病传播抽象为一种反应扩散过程，以模拟传染病的动态传播。Kermack 和 McKendrick（1926）构建了最具代表性的两个经典传染病动力学模型：SIR 模型和 SIS 模型（Kermack and Mckendrick，1991；1937）。许多学者在面对某些具体的传染病时，会对经典传染病动力学模型进行简单变形，如改进群体分类的 SEIR 模型、改善传播机制的 SIRS 模型等。随着网络时代的到来，人们之间的信息交流更为密切，将传染病模型直接应用或修改后应用于社交媒体信息传播领域中的研究也逐渐获得学者的关注。SIS、SIR 与 SEIR 传染病模型为本书研究社交媒体中信息传播提供了理论基础。

　　SIS 模型把群体分为易感者（susceptible）和感染者（infected）两类。易感者未感染但与感染者接触后以 β 的感染率被感染者传染疾病，一旦感染就成为新的感染源；感染者具有传染疾病的能力，以 γ 的痊愈概率被治愈但不对该传染病产生免疫，仍有被再次感染的风险。该模型适用于感染者痊愈后仍可能患病的传染病，如淋病等，其动态传播过程见图 3 - 1。

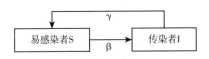

图 3 - 1　SIS 模型动态传播过程

　　SIR 模型把群体分为易感者（susceptible）、感染者（infected）和免疫者（removed）三类，在 SIS 模型的基础上增设了免疫者分类，这使易感者以 β 的接触感染率感染后，能以 γ 的概率被治愈，并成为终身免疫者。该模型适用于感染者痊愈后身体会产生相应抗体而不会再次患病的传染病，如水痘等，其动态传播过程见图 3 - 2。

图 3 - 2　SIR 模型动态传播过程

SIRS 模型的群体分类与 SIR 模型一致，但在传播机制上增加了失去免疫力的过程。也就是说，易感者以 β 的概率感染后，能以 γ 的概率被治愈并成为免疫者，但免疫力不一定是永久的，免疫者有 δ 的概率失去免疫力，其动态传播过程见图 3 - 3。

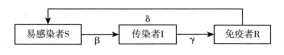

图 3 - 3　SIRS 模型动态传播过程

本书在经典传播动力学模型 SIR 模型的基础上进行修改，将主体根据应急信息传播状态分为不知情者（susceptible）、知情者（informed）、传播者（spread）、不参与者（unfollow）、不再关注者（resistant），验证社交媒体环境下应急信息传播规律仿真实验的有效性，并在此基础上调节参数以探寻更多规律。

3.1.1　概念模型构建

本书利用双路径模型描述社交媒体中用户接触应急信息时，应急信息如何通过信息质量与信源可信度双路径影响其态度的生成，继而如何引起其行为的变化。

（1）应急信息质量与信源可信度二阶模型的构建。

信息系统、图书情报等各个领域的大量研究对信息质量和信源可信度的潜在维度进行了研究，表 3 - 1 列出了将信息质量作为二阶变量的部分文献，它们分别从不同维度定义了信息质量；表 3 - 2 列出了将信源可信度作为二阶变量的部分文献，它们分别从不同层面定义了信源可信度。

表 3 - 1　　　　　　　　　　信息质量二阶模型

一阶变量	定义	二阶变量	文献来源
相关性	信息满足受众需求的程度	信息质量	Miller (1996)
及时性	信息快速形成并传递给受众的程度		
一致性	信息前后一致、内容连贯的程度		
准确性	信息的精度等级		
全面性	信息被认为包含各方面完整内容的程度		
可靠性	信息被认为值得信赖的程度	信息质量	Strong et al. (1997)
增值性	信息可用于提高竞争优势的程度		
准确性	信息被认为准确无误、完整可靠的程度		
完整性	信息包含的广度、深度和范围大小		
简明性	信息格式良好、简洁美观的程度		
易理解性	信息具备可读性和可理解性的程度		
可靠性	信息被认为真实和可靠的程度	信息质量	Kahn et al. (2002)
相关性	信息被认为与当下有关联的程度		
及时性	信息对当下而言充分更新的程度		
信息内容	信息的相关性、准确性和完整性	信息质量	Gorla et al. (2010)
信息形式	信息以容易理解的形式被提供		
可靠性	信息被认为可信赖和可靠的程度	信息质量	Zheng et al. (2013)
客观性	信息公平、公正、没有偏见的程度		
相关性	信息满足受众需求的程度		
及时性	信息新颖的程度		
形式	信息以一致和简洁的方式被展现的程度		

表 3 - 2　　　　　　　　　　信源可信度二阶模型

一阶变量	定义	二阶变量	文献来源
诚信	信源被认为诚实、公正、可敬、和蔼的程度	信源可信度	Bowers and Phillips (1967)
能力	信源被认为经验丰富、专业性强、能胜任的程度		
安全性	信源被认为安全、公正、客观、无私的程度	信源可信度	Berlo et al. (1969)
合格性	信源被认为权威、有技术含量的程度		
活力性	信源被认为精力充沛、积极主动、坦率的程度		
社会性	信源被认为友好、开朗、和蔼、善于社交的程度		

续表

一阶变量	定义	二阶变量	文献来源
可信赖度	信源被认为可靠、合格、有价值、有经验的程度	信源可信度	Simpson and Kahler (1981)
活力性	信源被认为积极、果断、精力充沛的程度		
专业性	信源被认为专业、聪明、熟练的程度		
社交能力	信源被认为友好、具有社交能力的程度		
吸引力	信源被认为有吸引力的、高雅的、迷人的程度	信源可信度	Ohanian and oobina (1990)
可信赖性	信源被认为可靠的、真诚的、值得信赖的程度		
专业性	信源被认为具有专业知识、合格、熟练的程度		

注：如果潜在变量与测量变量直接关联，那么这个潜在变量为一阶潜在变量。如果潜在变量先和较低层的潜在变量关联，再间接关联到测量变量，那么该潜在变量将依据其关联的层级成为二阶潜在变量、三级潜在变量等。

参照以上文献并结合社交媒体环境与应急信息特征，本书将应急信息质量与应急信源可信度构建成二阶潜在变量，重点关注应急信息质量的准确性、全面性、及时性、实用性、可理解性五个维度，以及应急信源可信度的专业性、可信赖性、吸引力三个维度。根据双路径模型理论，应急信息质量的判断需要花费更多的精力，因此作为中枢路径；应急信源可信度的推断需要花费较少的时间，因此作为边缘路径。

（2）双路径模型的构建和假设的提出。

态度是个体对事物的一般性评价，包括认知评价、情感体验两种组成成分（Maio，Esses and Bell，2000）。研究证明，在个体行为意愿预测方面，态度的二元情感认知模型比态度的单元模型的契合度要更高（Bagozzi and Burnkrant，1979）。Huskinson（2004）认为认知评价是指个体对事物的信念或认识，Schleiche（2004）认为情感体验是指主体对事物产生的正向或负向的情感。本书将态度分为认知评价与情感体验两个层面，分别考察这两个变量对用户应急信息传播行为的影响。

应急信息质量既依赖于信息的客观特征，也关乎于用户的主观感受。Lee（2008）发现信息质量显著影响信息技术接受过程中用户的态度。曾群等（2017）在研究网络舆情传播的过程中发现，信息质量会对受众的情感反应和风险认知产生影响。有理由认为，在社交媒体中，如果用户感知到应急信息是准确的、全面的、及时的、实用的、可理解的，就会给予应急信息质量较高的评价，对应急信息的价值和有用性产生正向的感知，对应急信息产生积极的情感。因此，本书假设：

H3 - 1：应急信息质量显著正向影响社交媒体用户对应急信息的认知评价。

H3 - 2：应急信息质量显著正向影响社交媒体用户对应急信息的情感体验。

信源可信度是用户感知到的信源可靠程度。Horai 等 （1974） 提出，高可信度信源的说服力大多数情况下比低可信度的信源说服效果更强。Albrigh （2010） 通过研究发现可信度较高的信源会容易得到用户更高的评价。有理由认为，在社交媒体中，如果用户感知到应急信源是专业的、可信赖的、有吸引力的，就会对应急信源可信度产生正面的认知，并对应急信源形成积极的情感倾向。因此，本书假设：

H3 - 3：应急信源可信度显著正向影响社交媒体用户对应急信息的认知评价。

H3 - 4：应急信源可信度显著正向影响社交媒体用户对应急信息的情感体验。

Upmeyer 等 （2012） 认为行为是潜在的态度的表达。Fazio （1984） 认为态度达到一定强度后会形成内部驱动力，继而引发相应行为。在认知评价方面，Liu 等 （2010） 证明网络消费者对信息价值的认知会影响其对反馈信息的采纳；在情感体验方面，Koufaris （2002） 提出个体的情绪状态会对行为产生影响。有理由认为，在社交媒体环境下，当用户接受应急信息并产生正面的认知评价和积极的情感体验时，他们会倾向于作出传播该应急信息的决策。因此，本书假设：

H3 - 5：社交媒体用户对应急信息的认知评价显著正向影响用户的应急信息传播行为。

H3 - 6：社交媒体用户对应急信息的情感体验显著正向影响用户的应急信息传播行为。

结合双路径模型、态度的二元情感认知模型与大量相关文献，本书提出的基于社交媒体的应急信息质量与信源可信度双路径理论模型如图 3 -4 所示。

3.1.2　问卷设计

本章以问卷形式收集数据，对社交媒体环境下应急信息质量与信源可信度对应急信息传播行为的影响进行实证研究。为了保证调查问卷的信效度，问卷

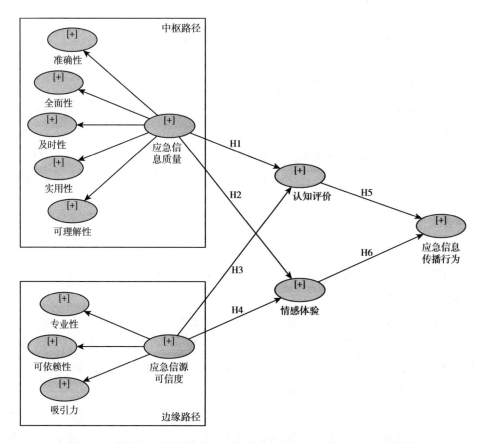

图 3 - 4　基于社交媒体的应急信息质量与信源可信度双路径理论模型

中各个测量变量均参考了国内外权威文献中信效度较高的量表，根据社交媒体环境与应急信息本身特点，对相关变量进行修改。

　　本章的问卷设计包含两大部分：第一部分用于调查被访者的基本情况，如性别、年龄、文化程度；第二部分以调查社交媒体环境下用户的应急信息传播行为为主要目的，设计了 13 个潜在变量，同时每个潜在变量包括 2～4 个测量变量，共 34 个测量题项。本次调查问卷采用 5 点 Likert 量表进行测量：1～5分别对应"非常不赞同""不赞同""一般""赞同"和"非常赞同"。问卷首先在各个社交媒体选取 20 名有浏览和传播应急信息习惯的活跃用户进行了预调研，根据反馈结果，对问卷中部分题项的表达进行完善，最终形成研究所用的正式问卷。通过网络调研的方式在问卷星平台邀请在社交媒体接触过应急信息的用户填写，进行大规模正式调查。调查问卷测量项见表 3 - 3。

表 3 – 3　　　　　　　　　　　　　调查问卷测量项设计

潜在变量	测量变量
应急信息准确性	Q1 我认为这条应急信息反映了实际情况 Q2 我认为这条应急信息是有事实依据的 Q3 我认为这条应急信息是准确无误的
应急信息全面性	Q4 我认为这条应急信息是完整的 Q5 我认为这条应急信息是全面的 Q6 我认为这条应急信息包含详细说明
应急信息及时性	Q7 我认为这条应急信息是最新的 Q8 我认为这条应急信息是及时的 Q9 我认为这条应急信息是实时的
应急信息实用性	Q10 我认为这条应急信息适用于当下的需求 Q11 我认为这条应急信息包含我需要的内容 Q12 我认为这条应急信息为我提供了帮助
应急信息可理解性	Q13 我认为这条应急信息是很容易理解的 Q14 我认为这条应急信息符合我的认知水平 Q15 我认为这条应急信息是具备可读性的
应急信源可信赖度	Q16 我认为这条应急信息的信息发布者是值得信赖的 Q17 我认为这条应急信息的信息发布者的信誉是良好的 Q18 我认为这条应急信息的信息发布者的态度是真诚的
应急信源吸引力	Q19 我认为这条应急信息的信息发布者是见解独到的 Q20 我认为这条应急信息的信息发布者是我比较熟悉的 Q21 我认为这条应急信息的信息发布者发布的内容是新颖的
应急信源专业性	Q22 我认为这条应急信息的信息发布者具有丰富经验 Q23 我认为这条应急信息的信息发布者具有相关知识技能 Q24 我认为这条应急信息的信息发布者是应急领域的专家
认知评价	Q25 我认为这条应急信息是具有价值的 Q26 我认为这条应急信息对我的帮助很大 Q27 我认为这条应急信息给我一定的启发 Q28 我认为这条应急信息非常契合我的需求
情感体验	Q29 我认为这条应急信息给我带来安全感 Q30 我认为这条应急信息给我带来信任感 Q31 我认为这条应急信息让我感觉有了依靠
传播行为	Q32 我愿意转发、评论或点赞该应急信息 Q33 我愿意增加该应急信息的传播范围 Q34 我愿意加快该应急信息的传播速度

3.1.3 数据采集与检验

3.1.3.1 数据采集

有学者针对样本量对统计分析的影响进行深入研究后发现，当问卷的测量变量与回收的样本数量比例达到 1∶5 以上才能得到较好的分析效果。本章共有 34 项测量变量，因此样本量要达到 170 份才能较好地进行数据分析。

通过线上渠道收回调查问卷 305 份，剔除不符合规范的问卷，最终得到 284 个有效样本，有效回收率为 93.1%。样本的基本情况见表 3 - 4。

表 3 - 4 样本基本信息统计

题项	选项	数量	比例
性别	男	152	53.52%
	女	132	46.48%
年龄	20 岁以下	10	3.52%
	20 ~ 29 岁	191	67.25%
	30 ~ 39 岁	43	15.14%
	40 ~ 49 岁	31	10.15%
	50 岁及以上	9	3.17%
文化程度	高中及以下	19	6.69%
	大学专科	53	18.66%
	大学本科	156	54.93%
	硕士研究生及以上	56	19.72%

由上述基本情况分析可知，在性别方面，男性受访者占 53.52%，女性受访者占 46.48%，男女比例差异不大；在年龄方面，20 ~ 29 岁占 67.25%，20 岁以下（3.52%）、30 ~ 39 岁（15.14%）、40 ~ 49 岁（10.15%）、50 岁及以上（3.17%）人数较少，说明应急信息关注者以中青年人群为主；在学历方面，大学本科比例最高，达到了 54.93%，其次是硕士研究生及以上（19.72%）、大学专科（18.66%）、高中及以下（6.69%），可知关注应急信息的人群受教育水平普遍较高。

3.1.3.2　信效度检验

（1）信度检验。

信度可以体现量表避免随机误差的程度，是研究结果一致性与可预测性的保证。信度检验一般使用 Cronbach's Alpha 值为测量标准，本章使用 SPSS 22 软件对各个变量及其测度项进行分析。当 Cronbach's Alpha 高于 0.7 时，通常认为数据可信度较高；当 Cronbach's Alpha 低于 0.7 时，通常认为数据可信度较低。

表 3 - 5　　　　　　变量及其测度项 Cronbach's Alpha 检验结果

潜在变量	测量变量	CITC	项删除后的 Cronbach's Alpha	整体的 Cronbach's Alpha
准确性	Q1	0.687	0.580	0.764
	Q2	0.532	0.755	
	Q3	0.574	0.707	
全面性	Q4	0.598	0.762	0.795
	Q5	0.699	0.654	
	Q6	0.620	0.741	
及时性	Q7	0.673	0.723	0.809
	Q8	0.635	0.761	
	Q9	0.667	0.730	
实用性	Q10	0.693	0.769	0.833
	Q11	0.693	0.768	
	Q12	0.693	0.768	
可理解性	Q13	0.627	0.677	0.773
	Q14	0.544	0.769	
	Q15	0.660	0.635	
专业性	Q16	0.719	0.714	0.823
	Q17	0.685	0.749	
	Q18	0.632	0.801	
可信赖性	Q19	0.537	0.529	0.710
	Q20	0.500	0.658	
	Q21	0.507	0.574	

续表

潜在变量	测量变量	CITC	项删除后的 Cronbach's Alpha	整体的 Cronbach's Alpha
吸引力	Q22	0.592	0.747	0.786
	Q23	0.629	0.707	
	Q24	0.662	0.671	
认知评价	Q25	0.596	0.824	0.837
	Q26	0.699	0.780	
	Q27	0.679	0.790	
	Q28	0.704	0.777	
情感体验	Q29	0.674	0.809	0.841
	Q30	0.704	0.780	
	Q31	0.738	0.746	
应急信息传播行为	Q32	0.684	0.837	0.854
	Q33	0.713	0.807	
	Q34	0.783	0.744	

由表 3-5 可知，准确性、全面性、及时性、实用性、可理解性、专业性、可信赖性、吸引力、认知评价、情感体验和应急信息传播行为的整体 Cronbach's Alpha 值在 0.710 ~ 0.854，均大于 0.7，说明数据信度较高，内部一致性较为理想。由以上结果可知，这些变量的某一项被删除后的 Cronbach's Alpha 值均小于其整体 Cronbach's Alpha 值，且 CITC 均大于 0.5，说明所有题项都有存在的意义，本研究问卷中的 11 个潜在变量、34 个测量题项都应该被保留。

（2）效度检验。

效度表示测量过程中不受系统和随机误差影响的程度，是测量的真实性和准确性的反映。效度检验主要包含内容效度和结构效度两方面的检验，其中结构效度又包括收敛效度和判别效度。本章的潜在变量和测量变量均基于大量已有文献进行改编，且问卷进行过小范围预调查，说明测量模型具有良好的内容效度。

在效度检验中，收敛效度主要是通过平均抽取变异量 AVE 和组合信度 CR 来评价。平均抽取变异量 AVE 是指每个潜变量解释测量项变异量的多少；组合信度 CR 是指由多个测量项组合的潜变量的可靠性。一般来说，当 CR 在 0.7 以上，而 AVE 也在 0.5 以上时，表明问卷具有良好的收敛效度。从表 3-6 看出，本章的 AVE 在 0.531～0.776，均大于 0.5，CR 值在 0.827～0.935，表明测量模型具有理想的收敛效度。

表 3－6　　　　　　　　　　变量的 AVE 与 CR 值

潜在变量	AVE	CR
准确性	0.682	0.865
全面性	0.710	0.880
及时性	0.724	0.887
实用性	0.750	0.900
可理解性	0.691	0.870
专业性	0.739	0.895
可信赖性	0.614	0.827
吸引力	0.701	0.876
应急信息质量	0.533	0.935
应急信源可信度	0.531	0.910
认知评价	0.672	0.891
情感体验	0.759	0.904
应急信息传播行为	0.776	0.912

进一步利用 SmartPLS3 软件对问卷数据进行判别效度检验。判别效度是指问卷各测量项之间的区别程度，即不关联程度，判别效度良好的问卷不同变量之间的相关系数不得高于各个概念变量的平均抽取变异量的平方根。各个潜在变量间的相关系数及潜在变量 AVE 的平方根结果如表 3－7 所示。

表 3－7　　　　　　AVE 平方根以及各个指标之间的相关系数

	专业性	传播行为	信息质量	信源可信度	全面性	准确性	及时性	可信赖性	可理解性	吸引力	实用性	情感体验	认知评价
专业性	0.860												
应急信息传播行为	0.564	0.881											
应急信息质量	0.730	0.662	0.829										
应急信源可信度	0.872	0.690	0.809	0.828									
全面性	0.627	0.529	0.827	0.687	0.843								
准确性	0.684	0.627	0.806	0.709	0.726	0.826							

续表

	专业性	传播行为	信息质量	信源可信度	全面性	准确性	及时性	可信赖性	可理解性	吸引力	实用性	情感体验	认知评价
及时性	0.579	0.501	0.825	0.643	0.560	0.674	0.851						
可信赖性	0.657	0.625	0.707	0.819	0.630	0.590	0.558	0.784					
可理解性	0.569	0.492	0.788	0.609	0.502	0.643	0.650	0.500	0.831				
吸引力	0.636	0.633	0.700	0.811	0.563	0.595	0.561	0.697	0.534	0.837			
实用性	0.570	0.590	0.822	0.702	0.654	0.630	0.552	0.644	0.539	0.642	0.866		
情感体验	0.608	0.689	0.729	0.763	0.632	0.642	0.516	0.641	0.526	0.761	0.692	0.871	
认知评价	0.612	0.715	0.773	0.766	0.625	0.661	0.573	0.665	0.594	0.743	0.744	0.831	0.820

注：斜对角线上的值是 AVE 的平方根。

由表 3 - 7 结果可知，潜在变量的 AVE 的平方根均大于该变量与其他变量之间的相关系数，表明测量模型具有较好的判别效度。

3.1.4　模型修正与检验

SmartPLS3 是进行结构方程模型（Structural Equation Modeling，SEM）分析的重要软件之一。结构方程模型的主要作用是通过路径系数来揭示潜在变量与测量变量之间、测量变量与测量变量之间的结构关系。SmartPLS3 软件的优势在于其对数据的正态性并不严格要求，收敛速度较快，计算效率较高，适用于较复杂的结构方程模型小样本研究，且比 LISREL、AMOS 等其他结构方程模型其他软件能更好地预测准确性。

本章运用 SmartPLS3 软件描绘社交媒体的应急信息质量与信源可信度双路径理论模型，并导入调查问卷采集数据，对收集到的数据进行拟合度检验和结构方程模型检验，对研究假设进行验证。

3.1.4.1　模型拟合度检验

对理论模型进行拟合度检验可以检测模型的拟合程度和解释能力。Smart-PLS3 主要提供了复平方相关系数 R^2、预测相关性 Q^2、标准化残差均方根 SRMR、拟合优度 GoF 这四种拟合指数指标。本章构建的社交媒体应急信息质量与信源可信度双路径理论模型的拟合指数计算结果如表 3 - 8 所示。

表 3 – 8 概念模型拟合指数计算结果

变量	R^2	Q^2		SRMR	GoF
		交叉验证的共同性	交叉验证的重叠性		
准确性	0.785	0.355	0.506		
全面性	0.684	0.399	0.461		
及时性	0.68	0.417	0.465		
实用性	0.676	0.457	0.481		
可理解性	0.621	0.37	0.406		
专业性	0.76	0.442	0.533		
可信赖性	0.772	0.253	0.452	0.085	0.529
吸引力	0.793	0.384	0.528		
应急信息质量	—	0.399	—		
应急信源可信度	—	0.397	—		
认知评价	0.655	0.433	0.412		
情感体验	0.619	0.472	0.443		
应急信息传播行为	0.541	0.497	0.393		

复平方相关系数 R^2 高于 0.67 表明模型的解释力很强，R^2 大于等于 0.19 表示解释力可以接受。由以上数据可知，潜变量与可测变量的 R^2 在 0.541 ~ 0.793，均大于 0.19，说明概念模型具有较强的解释力。

预测相关性 Q^2 是通过其他潜在变量预测观察变量以评估结构模型质量，Q^2 包括交叉验证的共同性（用于评估测量模型）与交叉验证的重叠性（用于评估结构模型）。Q^2 大于 0 表示模型的外生变量对内生变量具有预测相关性，且 Q^2 越大，其预测相关性越强。由表 3 – 8 中数据可知，交叉验证的共同性在 0.253 ~ 0.497，交叉验证的重叠性在 0.393 ~ 0.533，均大于 0，说明该概念模型的质量较好。

标准化残差均方根 SRMR，是模型拟合的绝对拟合指标，其值一般介于 0 ~ 1，当 SRMR 值小于 0.5 时则说明模型适配良好。由表 3 – 8 中数据可知，SRMR 为 0.085 < 0.5。

拟合优度 GoF 用于测量模型和结构模型的整体指标，提供整体模型的预测效用，由交叉验证的共同性指标与解释力 R^2 共同计算得出。GoF 高于 0.36 表明模型的适配度很强，GoF 高于 0.25 表明模型的适配度中等，GoF 高于 0.1 表明模型的适配度较弱。计算得到 GoF 为 0.529，大于 0.36，表明概念模型具有较强的预测效用。

综合拟合指数的计算结果可知，该理论模型具有理想的拟合程度和解释能力。

3.1.4.2 结构方程模型检验

本章选用偏最小二乘法（Partial Least Squares，PLS）结构方程模型对前面构建的理论模型进行检验。PLS 是统计学家 Wold 综合了多元线性回归、主成分分析和典型相关分析等统计方法得到的具有预测作用的结构方程模型统计学方法。SmartPLS3 软件通过路径分析进行结构方程模型检验。路径分析主要是分析多个变量之间的多种因果关系的相关程度，而路径系数则是反映模型中各变量之间相关性的强弱。若路径系数为正，则表明因素之间的影响是正向的；反之，若路径系数为负，则表明因素之间的影响为反向。而路径系数绝对值越大，则表明影响程度越大。

采用 SmartPLS3 中的 PLS 算法，将最大迭代次数设置为 300 进行运算，得到各个潜在变量间的路径系数，如图 3－5 所示。

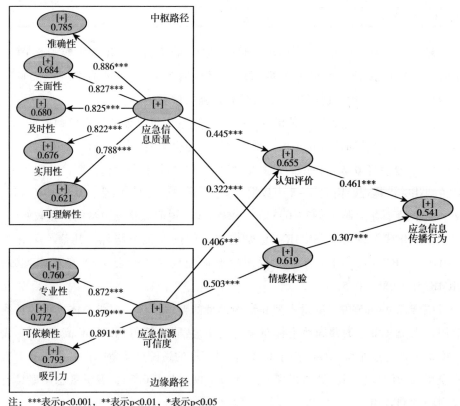

注：***表示p<0.001，**表示p<0.01，*表示p<0.05

图 3－5　概念模型标准化路径系数与显著性结果

运用 SmartPLS3 中的 Bootstrap 重复抽样方法进行显著性检验，重复抽样数为 5000 个。模型的显著性检验结果如表 3 - 9 所示。

表 3 - 9　　　　　　　　　模型潜在变量间路径系数及显著性检验

潜在变量间的关系	路径系数	T 值	P 值	显著性
应急信息质量→准确性	0.886	61.744	0	显著
应急信息质量→全面性	0.827	32.306	0	显著
应急信息质量→及时性	0.825	37.516	0	显著
应急信息质量→实用性	0.822	37.539	0	显著
应急信息质量→可理解性	0.788	29.485	0	显著
应急信源可信度→专业性	0.872	54.639	0	显著
应急信源可信度→可信赖性	0.879	51.16	0	显著
应急信源可信度→吸引力	0.891	57.429	0	显著
应急信息质量→认知评价	0.445	5.735	0	显著
应急信息质量→情感体验	0.322	3.68	0	显著
应急信源可信度→认知评价	0.406	5.205	0	显著
应急信源可信度→情感体验	0.503	5.893	0	显著
认知评价→应急信息传播行为	0.461	5.19	0	显著
情感体验→应急信息传播行为	0.307	3.203	0.001	显著

　　（1）应急信息质量与认知评价的关系：本书假设应急信息质量显著正向影响社交媒体用户对应急信息的认知评价（H3 - 1）。由数据分析结果可知，应急信息质量到认知评价的路径系数为 0.445，且通过了显著性检验，表明假设 H3 - 1 通过验证，应急信息质量会积极直接影响社交媒体用户对应急信息的认知评价。

　　（2）应急信息质量与情感体验的关系：本书假设应急信息质量显著正向影响社交媒体用户对应急信息的情感体验（H3 - 2）。由数据分析结果可知，应急信息质量到情感体验的路径系数为 0.322，且通过了显著性检验，表明假设 H3 - 2 通过验证，应急信息质量会积极直接影响社交媒体用户对应急信息的情感体验。

　　（3）应急信源可信度与认知评价的关系：本书假设应急信源可信度显著正向影响社交媒体用户对应急信息的认知评价（H3 - 3）。由数据分析结果可知，应急信源可信度到认知评价的路径系数为 0.406，且通过了显著性检验，表明假设 H3 - 3 通过验证，应急信源可信度会积极直接影响社交媒体用户对应急信息的认知评价。

（4）应急信源可信度与情感体验的关系：本书假设应急信源可信度显著正向影响社交媒体用户对应急信息的情感体验（H3 - 4）。由数据分析结果可知，应急信源可信度到情感体验的路径系数为 0.503，且通过了显著性检验，表明假设 H3 - 4 通过验证，应急信源可信度会积极直接影响社交媒体用户对应急信息的情感体验。

（5）认知评价与应急信息传播行为的关系：本书假设社交媒体用户对应急信息的认知评价显著正向影响用户的应急信息传播行为（H3 - 5）。由数据分析结果可知，认知评价到应急信息传播行为的路径系数为 0.461，且通过了显著性检验，表明假设 H3 - 5 通过验证，社交媒体用户对应急信息的认知评价会积极直接影响其应急信息传播行为。

（6）情感体验与应急信息传播行为的关系：本书假设社交媒体用户对应急信息的情感体验显著正向影响用户的应急信息传播行为（H3 - 6）。由数据分析结果可知，情感体验到应急信息传播行为的路径系数为 0.307，且通过了显著性检验，表明假设 H3 - 6 通过验证，社交媒体用户对应急信息的情感体验会积极直接影响其应急信息传播行为。

（7）应急信息质量二阶模型的合理性：本书构建了应急信息质量二阶模型。由数据分析结果可知，信息质量准确性、全面性、及时性、实用性、可理解性的路径系数分别为 0.886、0.827、0.825、0.822、0.788，均高于 0.7，且通过了显著性检验，表明应急信息质量是一个构建良好的二阶模型。

（8）应急信源可信度二阶模型的合理性：本书构建了应急信源可信度二阶模型。由数据分析结果可知，信源可信度的专业性、可信赖性、吸引力的路径系数分别为 0.872、0.879、0.891，均高于 0.7，且通过了显著性检验，表明应急信源可信度是一个构建良好的二阶模型。

（9）应急信息质量比应急信源可信度对认知评价的影响更大：中枢路径（应急信息质量）到认知评价的路径系数为 0.455，大于边缘路径（应急信源可信度）到认知评价的路径系数 0.406。

（10）应急信源可信度比应急信息质量对情感体验的影响更大：中枢路径（应急信息质量）到情感体验的路径系数为 0.322，小于边缘路径（应急信源可信度）到情感体验的路径系数 0.503。

本节首先对前人关于信息质量与信源可信度的维度的划分和定义进行了梳理，结合社交媒体环境与应急信息特征，构建了应急信息质量二阶模型和应急信源可信度二阶模型，并在此基础上，提出了应急信息质量与信源可信度双路径理论模型和研究假设。其次，本节对应急信息质量与信源可信度对社交媒体用户应急信息传播行为的影响进行了实证研究，通过问卷调查获得所需数据后，采用 SPSS 22 软件与 SmartPLS 3 软件检验数据的信效度，利用 SmartPLS 3 软件对模型进行修正与验证，得到了潜在系数间的路径系数，证实了本章所有研究假设。

3.2　基于社交媒体的应急信息质量与信源可信度双路径信息传播仿真

本节将基于前面构建的应急信息质量与信源可信度双路径理论模型，运用 Netlogo 可编程建模平台，模拟现实中社交媒体应急信息传播过程，以理论模型中各个路径的标准化路径系数作为仿真实验参数数值，建立与社交媒体真实应急信息传播情况相符的仿真模型。在验证仿真模型有效性的基础上，调节各个参数数值进行仿真实验，依据实验结果分析应急信息传播行为蕴含的内在机理。

3.2.1　仿真实验设计

基于 Agent 的建模与仿真是一种用于研究复杂系统的仿真方法学（廖守亿、陈坚、陆宏伟，2008），通过计算机模拟 Agent 的个体行为以及它们之间的交互行为，探究微观层面上个体行为与宏观模式之间的联系，有助于研究和解释人类社会中的规律。通过仿真实验研究社交媒体应急信息传播模型，定义社交媒体应急信息传播过程中信源与用户的主体属性与交互规则，有利于应急信息传播过程中应急信息质量和信源可信度交互作用、情感体验与认知评价交互作用、用户行为绩效改变等方面的深入研究。在应急信息传播过程中，信源、用户这两种参与主体都是具有情境性、自治性、适应性、社会性和交互性的计算机实体，可以通过彼此的影响和环境状态的变更来改变自己的行为，具备进行仿真研究的可行性。

3.2.1.1　仿真实验目标

本次仿真的两个主要目标：

（1）通过仿真实验验证前面构建的社交媒体应急信息传播理论模型的有效性：以前面构建的社交媒体应急信息质量与信源可信度双路径理论模型为原型确定研究对象和仿真目标，对主体的属性、参数、行为进行设定，通过 Netlogo 可编程建模平台设计模型并使其动态发展，获得突发事件中用户参与应急信息传播的可视化仿真图，与现实中的社交媒体应急信息传播过程相互印证，以验证模型的有效性。

（2）通过 Netlogo 平台调节各个参数值进行仿真实验，观察仿真模型运行结果的变化：在本次的应急信息传播仿真实验中，将对应急信息质量、应急信源可信度、信源连接用户数量、用户知情意愿和应急信息的及时性等一系列参数数值进行改变，观察仿真模型运行结果的变化。通过对仿真结果的对比分析，得出相关结论。

3.2.1.2　仿真逻辑描述

社交媒体应急信息传播是信源通过社交媒体发布突发事件应急信息，用户接受应急信息后迅速传播，应急信息在网络空间中由一个节点向整体扩散开来的过程。

结合社交媒体应急信息的传播情况，本节首先选择信源与用户作为仿真主体（agent）。其中信源主体包含颜色、形状、大小、信息质量、信源可信度、传播行为等；用户主体包含颜色、形状、大小、感知信息质量、感知信源可信度、认知评价、情感体验、知情意愿、传播意愿、传播行为等。之后，以瓦片（patch）构建世界表示信源与用户所处的社交媒体环境。其次，通过链（link）模拟现实社交媒体关系网络，主体随机分布在网络中。当信源开始传播突发事件应急信息时，与之相连的用户主体会依据知情意愿决定是否从不知情者转化为知情者，并由其感知信息质量与感知信源可信度计算得到认知评价与情感体验值从而得到传播意愿，根据其传播意愿大小决策是成为传播者向其他未参与者传播应急信息或是成为不参与者，传播者在一定时间后不再传播信息，成为不再关注者。在仿真实验中，不断地调整仿真参数与程序，观察仿真结果与现实情况的拟合程度。

在信源主体与用户主体的决策过程中，除了节点数量与网络结构外，一些社会因素与心理因素也会对应急信息的传播产生重要影响：

（1）知情意愿：传播者发送应急信息后，不知情者接受并浏览该信息的概率。传播者发送信息后，不知情者不一定能在第一时间收到应急信息。不知情者收到应急信息后，将通过概览对应急信息内容（如突发事件的严重性、突发事件可能造成的影响）做一个初步估计，通过比较浏览该信息的收益与成本，做出是否要知情的决策。

（2）传播意愿：知情者传播接受并浏览过的突发事件应急信息的概率。不知情者成为知情者后，将根据应急信息质量与信源可信度生成对应急信息的认知评价与情感体验，进而改变其传播意愿，再依据其传播意愿大小决定是否传播该应急信息。当知情者的传播意愿大于传播阈值时，知情者成为传播者，并传播应急信息；当知情者的传播意愿小于传播阈值时，知情者成为不参与者，不传播应急信息。

进行仿真实验时，首先需要建立仿真空间；其次，要创建信源主体、用户主体，使其随机散落在瓦片上，并设置信源主体属性与用户主体属性。复杂网络通常以节点度定义一个节点和其他节点之间链的数量，以平均节点度表示网络节点之间链的平均疏密程度，因此，在社交媒体中，可以通过设置网络平均节点度模拟现实的社交媒体关系网络。本次仿真实验流程如图 3-6 所示。

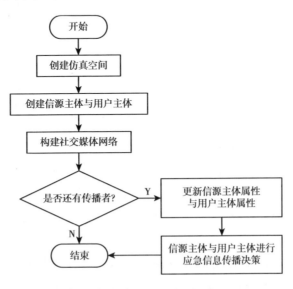

图 3-6　社交媒体应急信息传播流程

3.2.1.3 仿真交互规则

仿真实验基于以下五点假设构建：

（1）在应急信息传播过程中，信源与用户的关系网络稳定，且社交网络不会加入新的个体。

（2）用户均为较活跃节点，即不存在长期不登录社交媒体的用户，且用户的决策过程具有独立性。

（3）不考虑用户的态度倾向、影响力等因素对其他用户传播意愿的影响。

（4）用户获得突发事件应急信息的唯一渠道是社交媒体。

（5）对某一突发事件应急信息传播过程进行仿真，忽略与应急信息同时存在的其他信息的干扰。

仿真过程共设置了信源与用户两类主体。信源主体与用户主体的属性如表3－10所示。

表 3－10　　　　　　　　　信源主体与用户主体属性

	信源	用户
属性	信息质量 信源可信度 传播行为	感知信息质量 感知信源可信度 认知评价 情感体验 知情意愿 传播意愿 传播行为

（1）信源主体属性描述。

信源是信息的发出者，即最初传播应急信息的主体。应急信息质量与信源可信度共同影响用户主体的认知评价与情感体验，进而影响其信息传播行为。信源主体的属性函数表示为：

$F[SQ, SC]$

①SQ：表示信源发出的应急信息的信息质量。社交媒体应急信息质量涉及准确性、全面性、及时性、实用性、可理解性5个维度，在此暂不考虑用户个体的感知信息质量，根据具体突发事件应急信息的五个维度进行人工评分。SQ

在 $[0,1]$ 上取值。

②SC：表示发出的应急信息的信源的可信度，社交媒体应急信源可信度是由专业性、可信赖性、吸引力三个维度构成的。根据具体突发事件应急信源的五个维度进行人工评分。SC 在 $[0,1]$ 上取值。

（2）用户主体属性描述。

用户是社交媒体应急信息传播过程中的数量最多的参与者，扮演着应急信息接受者和传播者的角色。用户对突发事件应急信息的认知评价、情感体验会受到应急信息质量与信源可信度影响。用户主体的属性函数表示为：

$F[NSQ_i(t), NSC_i, NC_i(t), NA_i(t), SW_i(t), BE_i(t)]$

①$NSQ_i(t)$：表示用户 i 在时刻 t 的感知应急信息质量，通过前面实证可知，社交媒体应急信息质量是一个兼具客观特征和主观感受的概念，包括准确性、全面性、及时性、实用性、可理解性五个维度。其中，实用性和可理解性受个体的动机、能力、个人知识水平等个人主观因素影响，且及时性会随着时间的推移而降低。因此 $NSQ_i(t) \in [0,1]$，在 SQ 一定区间范围内随机取值，且随着时钟计数器增加按照设定的频率与数值降低。

②NSC_i：表示用户 i 的感知应急信源可信度。$NSC_i \in [0,1]$，在 SC 一定区间范围内随机取值。

③$NC_i(t)$：表示用户 i 在时刻 t 对应急信息产生的认知评价，受到用户 i 的感知应急信息质量与感知应急信源可信度的共同影响。$NC_i(t) \in [0,1]$，由 $NSQ_i(t)$ 和 NSC_i 经过计算得到。

④$NA_i(t)$：表示用户 i 在时刻 t 对应急信息产生的情感体验，受到用户 i 的感知应急信息质量与感知应急信源可信度的共同影响。$NA_i(t) \in [0,1]$，由 $NSQ_i(t)$ 和 NSC_i 经过计算得到。

⑤$SW_i(t)$：表示用户 i 在时刻 t 对应急信息的传播意愿，受到用户 i 对应急信息的认知评价与情感体验的共同影响。$SW_i(t) \in [0,1]$，由 $NC_i(t)$ 和 $NA_i(t)$ 经过计算得到。

⑥$BE_i(t)$：表示用户 i 在时刻 t 的应急信息传播参与状态，根据 true 和 false 两个布尔值判断是否为不知情、知情、传播、不参与和不再关注状态。

3.2.1.4　仿真程序设置

本次仿真实验在 Netlogo 6.0.2 软件中进行。Netlogo 是一个用于对自然现象与社会现象进行仿真的可编程建模环境，由 UriWilensky 于 1999 年发明，并在 CCL 中心进行持续开发。Netlogo 特别适用于随时间演化的复杂系统与个体或群体间互动性关系的仿真，能通过微观层面的现象，涌现出宏观层面的理论，在人口学、社会学、政治学等各个领域都得到了广泛应用。

Netlogo 是由主体构成的二维世界，在 Netlogo 软件中，模型随着时钟计数器（tick）的推进运行。在每一个时间步，所有主体并行异步更新，即每个主体在通过以往行为积累经验的基础上，与其他主体之间产生自主的交互行为，使主体与系统的状态随着时间产生动态变化。

本次建立的仿真系统界面如图 3-7 所示。

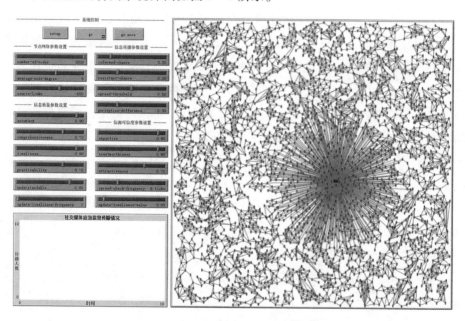

图 3-7　Netlogo 软件仿真界面示意图

仿真环境由 3 个开关、18 个滑动条、1 个主视图和 1 个绘图构成。在视图区中，信封形状的 Agent 代表信源，人类形状的 Agent 代表用户。本节参考 SIR 传染病动力学模型，将信源主体与用户主体的应急信息传播状态划分为不知情者（susceptible）、知情者（informed）、传播者（spread）、不参与者（unfollow）、不再关注者（resistant）。具体界面元素信息如表 3-11 所示。

表 3 - 11　　　　　　　　　　　　　界面元素信息表

种类	名称	含义	取值范围
按钮	setup	初始化	单次执行
	go	循环运行程序	持续执行
	goonce	运行一次程序	单次执行
滑动条	number – of – nodes	信源与用户的总人数	[0, 3000]
	average – node – degree	社交媒体网络平均节点度	[0, 10]
	source – links	与信源相连的链总数	[0, 1000]
	informed – chance	不知情者知情意愿	(0, 1)
	spread – check – frequency	传播者传播检查计时器	[0, 20]
	resistant – chance	传播者不再关注概率	(0, 1)
	spread – threshold	知情者传播阈值	(0, 1)
	perception – difference	用户感知差异	[0, 1]
	accuracy	应急信息质量的准确性	[0, 1]
	comprehensiveness	应急信息质量的全面性	[0, 1]
	timeliness	应急信息质量的及时性	[0, 1]
	practicability	应急信息质量的实用性	[0, 1]
	understandable	应急信息质量的可理解性	[0, 1]
	expertise	应急信息信源的专业性	[0, 1]
	trustworthiness	应急信息信源的可信赖性	[0, 1]
	attractiveness	应急信息信源的吸引力	[0, 1]
	update – timeliness – frequency	应急信息及时性更新频率	[0, 30]
	update – timeliness – value	应急信息及时性更新数值	[0, 1]
主视图	view	供观察者查看应急信息	pxcor ∈ [−50, 50]
		在世界中传播的瞬间图形	pycor ∈ [−50, 50]
绘图	plot	绘制应急信息传播数量	应急信息传播数量
		随时间变化的曲线	∈ [0, 3000]

在仿真实验中，绘图的属性设置如图 3 - 8 所示。X 轴代表时间轴，以时间步 ticks 为单位，Y 轴表示单位时刻与累积时长参与应急信息传播的人数，分别通过指令 plot（countturtleswith [spread?]）与 plot（countturtleswith [spread? orresistant?]）实现。

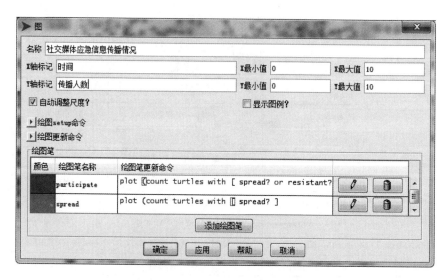

图 3 - 8 Netlogo 软件绘图属性设置

将突发事件应急信息在社交媒体的传播抽象为以下过程：信源在社交媒体发布突发事件应急信息，不知情的用户有一定概率接受并浏览信源发布的应急信息从而成为一名知情者。在初始化过程中，根据理论模型结果可知，准确性、全面性、及时性、实用性、可理解性五个维度和应急信息质量间的路径系数分别为 0.886、0.827、0.825、0.827、0.788，专业性、可信赖性、吸引力 3 个维度到应急信源可信度间的路径系数分别为 0.872、0.879、0.801。根据应急信息质量的 5 个维度与应急信息质量之间的路径系数与其在仿真实验中的参数数值计算应急信息质量，根据应急信源可信度的 3 个维度与应急信源可信度之间的路径系数与其在仿真实验中的参数数值计算应急信源可信度。关键代码如下所示：

askturtles

[setbreednetizens

setSQ((accuracy * 0.886 + comprehensiveness * 0.827 + timeliness * 0.825 + practicability * 0.822 + understandable * 0.788)/4.148)

setSC((expertise * 0.872 + trustworthiness * 0.879 + attractiveness * 0.891)/ 2.642)

become - susceptible]

由于用户对于应急信息质量与信源可信度的感知存在差异，需要设置用户的感知应急信息质量与感知信源可信度随感知差异值波动。关键代码如下所示：

```
asknetizens
[ setSQ( SQ + random − floatperception − difference − perception − difference/2 )
setSC( SC + random − floatperception − difference − perception − difference/2 )
ifSQ > 1 [ setSQ1 ]
ifSC > 1 [ setSC1 ]
ifSQ < 0 [ setSQ0 ]
ifSC < 0 [ setSC0 ] ]
```

根据理论模型结果可知，应急信息质量到认知评价的路径系数为 0.445，应急信息质量到情感体验的路径系数为 0.322，应急信源可信度到认知评价的路径系数为 0.406，应急信源可信度到情感体验的路径系数为 0.503，根据应急信息质量与应急信源可信度值和应急信息质量与应急信源可信度到认知评价和情感体验的路径系数计算认知评价和情感体验。关键代码如下所示：

```
asknetizens
[ setNC( ( 0.445 ∗ SQ + 0.406 ∗ SC )/0.851 )
setNA( ( 0.322 ∗ SQ + 0.503 ∗ SC )/0.825 ) ]
```

随着时间步推移，应急信息的及时性根据及时性更新频率与及时性更新数值降低，用户的感知应急信息质量、认知评价与情感体验都随之更新。关键代码如下所示：

```
toupdate − timeliness
ifticksmodupdate − timeliness − frequency = 0 and TM！ = 0
[ setTMTM − ( update − timeliness − value )
ifTM < ( update − timeliness − value )
[ setTM0 ]
asknetizens
[ setSQ( SQ − update − timeliness − value/timeliness ∗ OSQ )
setNC( NC − update − timeliness − value/timeliness ∗ ONC )
```

setNA（NA – update – timeliness – value/timeliness * ONA）］］

end

知情者将做出是否传播该应急信息的决策，当知情者决定传播该应急信息时成为传播者，知情者决定不传播应急信息时成为不参与者。由于在真实的社交媒体中，知情者对于应急信息的接受、浏览与传播行为几乎在同一时刻完成，即不知情者在成为知情者后会立刻决定是否传播该应急信息，因此，在进行仿真时，两者可视为同一时间步下的状态转移。根据理论模型结果可知，传播意愿受到认知评价与情感体验共同作用，认知评价到传播意愿的路径系数为0.461，情感体验到传播意愿的路径系数为0.619，根据用户认知评价与情感体验值以及认知评价与情感体验到应急信息传播行为的路径系数来计算用户传播意愿。关键代码如下所示：

```
askturtleswith［spread?］
［asklink – neighborswith［susceptible?］
［ifrandom – float1 < informed – chance
［become – informed］］］
askturtleswith［informed?］
［setSW（（NC * 0.461 + NA * 0.619）/1.274）
ifelseSW > = spread – threshold
［become – spread］
［become – unfollow］］
end
```

传播者在一定时间后不再传播信息，成为不再关注者。关键代码如下所示：

```
todo – spread – check
askturtles with［spread and spread – check – timer = 0］
［ifrandom1 < resistant – chance
［become – resistant］］
end
```

具体的状态转移过程如图3 – 9所示。

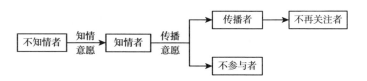

图 3 - 9　社交媒体应急信息传播仿真模型状态转移

3.2.2　样本选取与数据处理

3.2.2.1　样本选取

本节以中国地震台网速报于 2019 年 2 月 25 日发布的"四川省荣县地震"应急信息为背景展开仿真实验研究。首先对该突发事件做一个简单的回顾：2019 年 2 月 24 日至 25 日，四川省自贡市荣县境内连续发生了 3 次 4 级以上地震。在 4 次地震中，共 2 人死亡，12 人受伤。当第 3 次 4 级以上地震发生时，中国地震台网速报于 2 月 25 日 13 时 18 分在微博发布信息："#地震快讯#中国地震台网自动测定：02 月 25 日 13 时 15 分在四川自贡市荣县附近（北纬 29.49 度，东经 104.49 度）发生 4.5 级左右地震，最终结果以正式速报为准（@ 中国地震台网）。"并附上荣县所处地理位置图片。

3.2.2.2　数据采集与数据处理

通过编写爬虫规则，对该社交媒体应急信息的 880 条转发数据进行爬取。由于社交媒体中的部分用户进行定向转发，无法查看转发内容，因此共获得 837 条转发数据，包括用户名称、转发内容、转发时间等信息。对数据中重复、无效的数据进行清洗处理，最终得到 792 条有效数据。表 3 - 12 给出了部分爬虫获取到的转发数据。

表 3 - 12　　　　　　　　　　部分应急信息转发数据

用户名称	转发时间	转发内容
爬墙的芊语_	2 月 25 日 13：18	今天震两次了还让不让人活了……
旺财一定要赶快回来	2 月 25 日 13：18	我刚好在办公室
Sparrow	2 月 25 日 13：18	两天三次了晃得这么厉害

续表

用户名称	转发时间	转发内容
天师A_	2月25日13：18	果然
么什叫道知不	2月25日13：18	给我摇醒了
陈琪仁UIBE	2月25日13：18	一天两次
T - Fairywww	2月25日13：18	转发微博
杨杨的小柠檬	2月25日13：18	我想搬家
三途河的虾	2月25日13：18	转发微博
雪樱_Dee	2月25日13：18	这回好明显呀……
summer董小丸	2月25日13：18	我在威远，吓死了。今天摇了两次了
……		
露萍惠惠	2月25日14：52	转发微博
今年仍要保六争一	2月25日14：56	两天内第三次了吧……这频率解释一下？

通过对不同时间点对应的转发数据情况的统计，获得该条应急信息的传播情况。在转发时间数据的处理过程中，将13：18分记为1时间步，13：19分记为2时间步，进行其他时间数据统计时以此类推。部分应急信息传播情况如表3-13所示。

表3-13　　　　　　　部分应急信息传播情况

时间	时间步	单位时刻传播数量	累计时长传播数量
2月25日13：18	1	75	75
2月25日13：19	2	107	182
2月25日13：20	3	104	286
2月25日13：21	4	86	372
2月25日13：22	5	59	431
2月25日13：23	6	64	495
2月25日13：24	7	55	550
2月25日13：25	8	41	591
2月25日13：26	9	22	613
2月25日13：27	10	22	635

续表

时间	时间步	单位时刻传播数量	累计时长传播数量
2 月 25 日 13：28	11	15	650
2 月 25 日 13：29	12	20	670
......			
2 月 25 日 14：55	98	0	791
2 月 25 日 14：56	99	1	792
2 月 25 日 14：57	100	0	792

根据真实应急信息传播情况，绘制出社交媒体应急信息传播情况图，如图 3 - 10 所示。

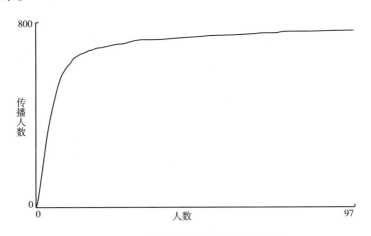

图 3 - 10　社交媒体应急信息传播情况

从图 3 - 10 的变化趋势可以看出，应急信息在传播过程中，随着时间推移总体传播趋势不断减弱，最大参与人数为 792 人。

3.2.3　仿真结果分析

3.2.3.1　模型有效性分析

根据应急信息与信源特征，将应急信息质量的准确性、全面性、及时性、实用性、可理解性五个维度的滑动条数值分别设置为 0.9、0.7、0.9、0.7、0.8，将信源可信度是由专业性、可信赖性、吸引力三个维度的滑动条数值分别设置为 0.9、0.8、0.6。采用控制变量法，保持一个或者多个参数数值不变，调整另一个参数数值，来探究参数之间的关系，反复进行仿真实验以减少误差，选取最具有代表性的参数及其结果进行分析。实验得出，当信源与用户总人数为 3000、社交媒体网络平均节点度为 6、与信源相连的链总数为 720、不知情者知情概率为 0.4、传播者传播检查计时器为 4 时间步、传播者不再关注概率为 0.3、知情者传播阈值为 0.4、用户感知差异为 0.3 时，仿真结果与实际情况最为相符。

从图 3-11 可以看出，应急信息在发布初期，迅速得到社交媒体用户的关注。应急信息从信源开始向外扩散，参与应急信息传播的人数呈现病毒式上升的趋势。

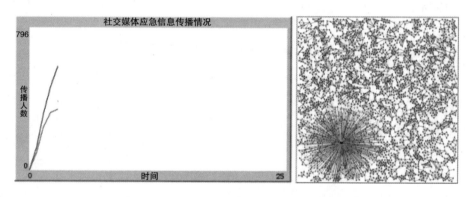

图 3-11　3 时间步时的程序运行情况示意图

从图 3-12 可以看出，应急信息的传播到达顶峰后有所回落，传播速度减慢。

图 3-12　9 时间步时的程序运行情况示意图

从图 3 – 13 可以看出，进一步运行程序，只有小部分用户仍在继续传播应急信息，在 31 时间步时应急信息停止传播。

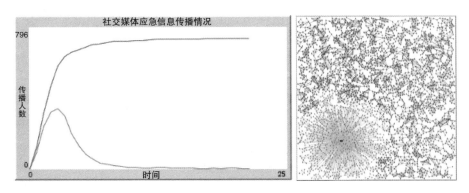

图 3 – 13　22 时间步时的程序运行情况

由图 3 – 10 与图 3 – 13 对比可以得出，从社交媒体应急信息传播开始到结束期间，实验仿真数据与真实数据的增长和衰减趋势基本吻合，说明仿真模型能较好地反映真实情况，具有一定的有效性。

3.2.3.2　不同实验参数的影响分析

得知本次仿真模型具有良好的有效性后，调节仿真模型中的各个参数，观察应急信息传播情况的改变。

（1）应急信息质量对应急信息传播的影响。

应急信息质量正向显著影响用户的认知评价与情感体验，进而影响用户的应急信息传播绩效。本节探究应急信息质量对应急信息传播的影响，在（0，1] 每隔 0.1 确定一个应急信息质量值，共 10 个状态，列出其中具有代表性的结果，如图 3 – 14 所示。

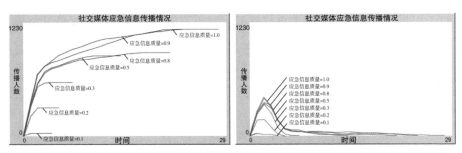

图 3 – 14　应急信息质量对应急信息传播的影响仿真结果

在（0，1］区间内，随着应急信息质量值升高，传播人数逐渐上升，传播时间逐渐增长。当应急信息质量为0.1时，用户对应急信息进行二次传播的意愿极低，只有极个别用户愿意传播应急信息，应急信息的传播寿命很短。在［0.1，0.4］区间，用户对应急信息的认知评价与情感体验升高并共同作用于传播意愿，应急信息传播范围逐渐增大，传播寿命得以增加，传播速度经历小幅度波动。在［0.5，1］区间，传播人数上升速度与传播时间增长趋势较为平稳。当应急信息质量为1时，随着传播时间的延长，应急信息具备的及时性降低，但处于网络边缘位置的部分用户仍愿意转发该应急信息，应急信息在网络中存在的时间很长。因此，在突发事件发生后，应在尽快发布应急信息以保障信息的及时性的同时，也要注意提高应急信息的准确性、全面性、实用性和可理解性。

（2）应急信源可信度对应急信息传播的影响。

应急信源可信度正向显著影响用户的认知评价与情感体验，进而影响用户的应急信息传播绩效。本节探究应急信源可信度对应急信息传播的影响，在（0，1］每隔0.1确定一个应急信源可信度值，共10个状态。列出其中具有代表性的结果，如图3-15所示。

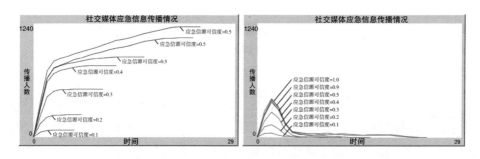

图3-15 应急信源可信度对应急信息传播的影响仿真结果

可以发现，应急信息信源可信度对应急传播的影响略大于应急信息质量对应急传播的影响。在（0，1］区间内，随着应急信息质量值升高，传播人数逐渐上升，传播时间逐渐增长。当应急信息质量在0.1时，几乎没有用户愿意传播该应急信息，说明信源可信度极低会导致用户对应急信息的严重不信任。在［0.2，0.4］区间，信源可信度升高，用户更容易做出传播应急信息的决策，应急信息传播范围逐渐增大，传播周期增长。在［0.5，1］区间，传播人数上升与传播时间增长趋势较为平稳。因此政策制定者应注重常用于发布应急信息的媒体微博、微信公众号等社交媒体账号平日的专业性、可信赖性和吸引力的提升。

（3）用户知情意愿对应急信息传播的影响。

本节探究知情意愿对应急信息传播的影响，在（0，1］每隔 0.1 确定一个知情意愿值，共 10 个状态。列出其中具有代表性的结果，如图 3 - 16 所示。

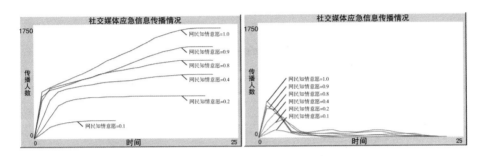

图 3 - 16　用户知情意愿对应急信息传播的影响仿真结果

由图 3 - 16 可知，用户个体的知情意愿会显著正向影响用户群体的知情情况。个体知情意愿越高，传播周期越长，传播范围越广，整体知情比例越高。应急信息在初期均得到大量快速传播，随着传播时间的推移和传播范围的扩大，在（0，0.5］区间仅有极少数用户继续传播，在（0.6，1］区间应急信息仍保持一定的传播数量。且当知情意愿高到一定程度时，整体知情比例的差别逐渐缩小。这和现实社会的情况是相符的，在真实世界中，吸引力越强的重大突发事件应急信息越可能对用户的知情意愿产生正向作用，越容易在短时间内被用户大范围传播。因此，在政策制定时，可以在发布突发事件应急信息时，思考如何在第一时间吸引用户的注意力，以刺激用户的知情意愿。

（4）信源连接用户数量对应急信息传播的影响。

在复杂网络中，相较于度数较低的节点，高度节点对其他节点有更大的影响。本节探究信源连接用户数量对应急信息传播的影响。在（0，1000］每隔 100 确定一个知情意愿值，共 10 个状态。列出其中具有代表性的结果，如图 3 - 17 所示。

当信源连接用户数量在区间［100，400］时，随着信源连接数量增加，传播初期传播峰值剧烈升高，然而传播时间保持不变甚至变短了，这可能是因为信源与用户之间的路径更多，导致网络连通性更强，更多的用户能在应急信息发布初期就接触到信息，加快了应急信息传播的速度。当信源连接用户数量在

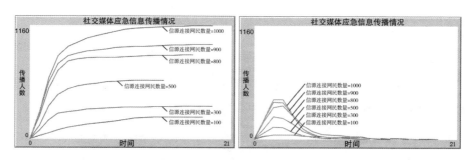

图 3 - 17　信源连接用户数量对信息传播的影响仿真结果

区间［500，1000］时，传播趋势倾向于稳定，信源连接数量越高，传播范围越广，传播周期越长。因此，政策制定者应在突发事件发生后，选取粉丝数量更多或粉丝活跃度更高的媒体微博、微信公众号等社交媒体账号发布应急信息，以达到更好的传播效果。

（5）应急信息及时性对应急信息传播的影响。

本节探究应急信息及时性对应急信息传播的影响。在（0，1］每隔 0.1 确定一个及时性，共 10 个状态。列出其中具有代表性的结果，如图 3 - 18 所示。

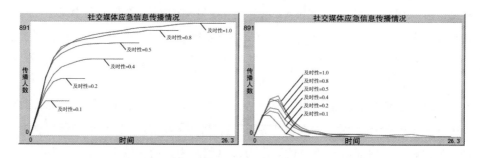

图 3 - 18　应急信息及时性对信息传播的影响仿真结果

当只改变及时性参数的数值时，可以发现在应急信息传播初期，用户应急信息传播速度较为一致，随着时间步的推移，应急信息的及时性逐渐降低直至减少到最低值，此时即便是在应急信息质量和信源可信度都较高的情况下，用户也不再做出传播应急信息的决策。由图 3 - 18 可知，当及时性处于（0，0.4］区间时，应急信息的及时性较快减少到最低值，应急信息尚未达到较广的传播范围就超出了有效的生命周期，不再能对当下发生的突发事件产生效用，当及时性处于［0.5，1］区间时，应急信息达到一定的传播广度后才逐渐失去时效性。因此，应急信息的发布必须迅速、及时、快捷、高效，否则应急信息的价值就会降低。

　　本节先设立了仿真实验目标、仿真实验逻辑、描述了仿真主体属性并建立了主体交互规则，以前面构建的理论模型的各个路径的标准化路径系数作为仿真实验参数数值，运用 Netlogo 软件模拟现实中社交媒体应急信息的传播过程，发现仿真模型具有理想的有效性，在此基础上调节应急信息质量、应急信源可信度、知情意愿、信源连接用户数量、应急信息及时性等参数数值进行仿真实验，依据实验结果分析应急信息传播行为蕴含的内在机理。

第 4 章　基于技术接受模型的应急网站信息利用率评估研究

　　应急网站的信息质量与信息利用效率理论与实践研究是应急信息管理领域一个持续引人关注而且具有显著价值的研究课题。在我国应急网站建设日趋完善的大背景下，本章从用户层面对应急网站信息利用率问题展开了深入的研究。本章主要以理论逻辑分析与实证研究相结合的研究方式，在对用户行为分析领域广泛应用的 TAM 模型的基础上加入网站信息质量、网站交互体验与主观范式三大潜在变量，构建了用于评价应急网站信息利用率的基于 TAM 模型的结构方程模型。本章通过问卷调查的总体技术方法进行了数据的采集，并运用数据分析软件 SPSS 对问卷数据进行信效度分析以保障问卷的整体可信度及适用性。接下来，本章将已通过信效度检验的问卷调查数据一一导入结构方程模型分析软件 AMOS 构建的测量模型中，对模型进行了全面的分析与检验。最后，本章对新构建的基于 TAM 模型的应急网站信息利用率结构方程模型以及模型中各变量间的标准化路径系数分别进行了分析讨论，得出系列结论。基于结论，本章提出了有针对性的建议，旨在提高应急网站信息利用效率，以使应急网站能最充分地发挥其作用。

　　人与威胁人们的灾害总是相伴相生的，在灾害发生时，它不但摧毁我们赖以生存的故土的面貌，对人类生命和财产造成的侵害也在日益加剧。经济社会的迅速发展导致生态环境变得不断恶化，频繁发生在我国以及世界各国的灾害事故严重威胁着人们的生存和社会的发展与进步，已经成为制约我国经济发展和社会稳定的重要因素，严重影响了我国的可持续发展。依据现代社会发展的特性，随着人类探索与控制世界能力的不断提高，人与人、人与自然之间社会关系愈加错综复杂，随之而来的是不断加剧的竞争与冲突。应急是指应对突发事件与危机事件。从我们站在这个世界的角度来看，这个世界上几乎每天都发生着各种不同的突发事件或者危机事件。因此我们总能通过各种途径看到形式各异的关于灾害事件的新闻报道。在国外，例如，1952 年，空气污染严重的伦敦遭受了持续 5 天的恐怖烟雾袭击，此次事件被列入 20 世纪十大环境公害事件之一。2001 年 9 月 11 日，美国的一起恐怖袭击震惊世界，此次事件中丧生的总数高达 3000 人，经济损失达 2000 亿美元，相当于当年生产总值的 2%（曹丹丹，2008）。2010 年，俄罗斯森林大火，俄罗斯境内共有森林着火总面积超过了 19 万公顷（霍春辉，2006），俄罗斯几乎投入全部的专业救火力量。据报道，俄罗斯总统普京架乘飞机亲自参与了指挥灭火行动，国际社会普遍都非常关注这起森林大火的实况。2011 年，日本发生 9 级超强地震并引发海啸，造成核泄漏危机事件引起了国际社会尤其是日本邻国的广泛关注（刘丽娟，2011）。核泄漏事件这一信息的传播，让人们开始重新评估人类处理危机事件的能力。2013 年印度北部连降暴雨长达半月之久，随之而来的是洪水泛滥、山体滑坡，无数受灾的民众只能被临时安置在丛林或较为偏远的上游地区。此次突发事故造成约 5000 人遇难，数百个村庄受灾，经济损失高达 11 亿美元（徐燕华，2012）。中国正处于极速城市化、经济迅猛增长化与对国际联系紧密化的"黄金发展期"，与此同时，又处于人与人、人与自然的社会关系和利益矛盾发生急剧变化的"亚稳定期"。发展期与亚稳定期的碰撞，使我国在自然领域和社会生活中都激发出许多新的矛盾，成为世界上受到各种灾害事件侵害最为严重的国家之一。例如，非典危机事件汹涌而来，全国人民团结一心抗击非典。这场被命名为 SARS 的突发事件自 2002 年年底开始在互联网上流传，当时国内并未有健全的危机应急网站来应对这场灾难进行权威的报道。网络上相关的评论异常混乱，谣言肆起，引发不必要的社会恐慌。在江西等地甚至出现抢购醋和板蓝根的情况。这场突如其来的危机事件对我国的政治状态、社会生活、经济生长都产生了至今无法权衡计算的影响。北京时间 2008 年 5 月 12 日，汶川遭遇了自中国 1949 年以来破坏性最强、受灾面积最广的一次地震。此次 8.0 级特大地震波及大半个中国，四川、甘肃、陕西等 9 个省遭受到巨大损失。据官方统计，此次突发事件共导致 69227 人死亡，374643 人受伤，直接经济损失高达 8000 多亿元人民币（刘冠美，2013）。损失影响之巨大，举世震惊，为此经国务院批准 5 月 12 日被定为全国防灾减灾日。2010 年，甘肃甘南藏族自治州舟曲城突降特大暴雨引发多个沟系特大山洪地质灾害。由于地质灾害具有隐蔽性、突发性、破坏性强等特征，使灾情难以排查出来（李卫平，2005）。政府第一时间整理了应急信息，对于此次突发事件的前因后果进行科学的论证后通过各大媒体进行准确报道。此举极其有效地避免了各种坊间传闻，消除了许多不必要的人为心理恐慌。

国内外重大灾害事件对各国经济社会有序快速发展与和谐稳定都造成了极为重大的影响。从国外的伦敦烟雾事件到国内的舟曲泥石流事件，均充分显示了各国对于应急管理水平的不足。如何对突发与危机事件进行强有效的管理已然成为世界各国都必须认真对待的重大问题（封燕，2009）。

我国正处于经济高速发展与社会转型的阶段中，体制机制弊端和结构性矛盾使我国面临的社会关系错综复杂。自然灾害、危机事件、社会安全、公共医疗卫生等各个方面均还存在不协调因素，各类突发性公共灾害事件随时有可能爆发（杨宇，2010）。对于灾害事件的应急管理工作正逐渐被我国政府所重视。

2016 年 1 月 22 日，我国互联网络信息中心（China Internet Network Information Center，CNNIC）发布了第 37 次《中国互联网络发展状况统计报告》。报告显示 2015 年 12 月，中国网民规模已冲破 6 亿大关。中国互联网普及率已经到达 50.3%，这意味着中国大多数的公众已成功体验互联网（刘东辉，2012）。网民规模增速的不断提升表明越来越多的民众喜爱并乐于接受网络途径提供的便捷服务。汶川大地震过后，CNNIC 开展了一起关于网络媒体对于社会大事件影响力的研究调查，调查报告显示，我国有 87.4% 的民众都是选择通过网络途径来查看与地震相关的即时新闻报道。网络平台潜在的庞大受众群体以及网络传播的广泛性、快捷性、互动性等传统途径不具备的特性给应急管理工作的开展带来了极大的便利。通过建设应急网站的途径进行应急信息的公开可全面扩大信息覆盖面。

截至 2016 年 3 月，基于本书的浏览访问统计，全国 31 个省（直辖市、自治区）已经有 21 个省份建立了应急网站或在政府门户网站中设有应急服务专题网页。据统计，全国 333 个副省级市及地级市中已有 292 个市建立应急网站或设有应急服务专题网页（CNNIC，2016）。有些省份虽然并未设置专门的应急网页却也提供了应急管理网站的链接。

由以上统计数据情况可知，目前我国应急网站建设情况已日趋完善。然而数量不等于质量。在拥有应急网站数量的前提下，如何进一步有效地提高应急网站信息利用率显得尤为重要。在关于对应急网站信息利用研究的诸多文献中，从用户层面出发，对影响用户的内部和外部因素研究明显不足。本章将对影响用户访问应急网站信息的因素进行归纳总结并建立理论模型，通过问卷调查的形式得到数据，以进行实证研究。通过实证研究对影响用户应急网站访问意愿的因素进行分析并提出建议，以使应急网站能最充分地发挥其作用。

　　本章在参考了大量的中外文献后，在技术接受模型的理论基础上构建了全新的基于应急网站信息利用率为研究背景的结构方程模型。运用统计软件 SPSS 和结构方程模型分析软件 AMOS，结合问卷调查的方式获取数据对应急网站信息利用率结构方程模型进行实证分析验证。根据软件分析结果，得出相关结论，并进一步提出针对性的应急网站建设与维护建议。

4.1　研究假设与研究模型

4.1.1　相关理论综述

　　应急是指应对突发事件和危机事件。在我国，每年由于突发事件或者危机事件发生所造成的经济损失约 9000 亿元，相当于 GDP 的 3.5%，此数据已远远高于同等发达国家 1% ~ 2% 的同期水平（阿不都米吉提·吾买尔，2009）。如何对灾害事件进行行之有效的应急管理已受到社会各界的广泛关注。对于应急管理的研究涉及的范畴甚广，有管理学、经济学、社会学和行政学等各大领域。国内外有大量的科研工作者从各方面对其进行了深入的研究。例如，高小平（2008）对应急管理体系建设进行了深入的探讨，他提出我国应急管理体系建设的着重点，总结起来是八个字：一个整体、四个结合。田军等（2014）则结合现实需求，运用能力成熟度模型对政府的应急管理能力进行了详尽的评估，他们提出我国在灾害事件发生后的动态跟进和研究工作存在不足，对于灾后重建计划和后续长期发展规划不够详尽。由于政府部门协调性不足，导致监督工作落实不够到位，应急信息共享受到了很大的制约（田军、邹沁、汪应洛，2014）。张海波等（2015）提出应急管理研究的研究对象应该是某一特定的灾害事件，这一灾害事件可分为自然导致的与人为导致的两种。应急管理这一重大管理体系始终需要政府扮演主要角色，才能从统筹全局的角度不断推进中国的应急管理系统化进程（张海波、童星，2015）。姚杰等（2005）从动态博弈的角度对应急管理进行了研究，他们对应急管理问题进行了抽象处理，建立了一个动态博弈的模型。该模型研究了灾害事件中应急管理者与动态的灾害事件本身之间的博弈过程。陈雪龙等（2011）对非常规突发事件的应急管理进行了深入的研究。非常规突发事件是指事件发生的前兆特征无法进行强有效的预测，无法使用常规的管理体系进行处理的事件。他们提出一种隐性的描述方法来阐述应急管理知识元属性间的关系可以解决描述工作量巨大、推理不完备的问题。

在国外，灾害事件的应急管理成为科学界的热门话题，涉及管理科学、经济社会学、政治学等多个学科领域。国外对于灾害事件的应急管理研究最初是从危机管理开始的。危机管理作为西方政治学中的传统课题，最初主要为政权与政府的变更、战争、政治重大改革提供理论决策分析。其中，Douglas Paton 等（2002）认为危机管理的最主要的目的是探寻政治危机的根源以维护政治稳定，减少人类社会悲剧的发生。1960 年，国外危机管理理论研究又掀起了一场高潮，研究的领域更加广泛。从之前的政治领域开始延伸到社会、经济领域，涉及国家危机研究、灾害研究、人际冲突等各种组织行为研究。危机管理渐渐成为一门具有一定深度的学问，引发人们的研究，并涌现了大量的著作。此外，危机管理研究也受到了众多科研人员的广泛关注。在众多的危机管理阶段分析方法中，芬克（Fink）的四阶段生命周期模型和最基本的三阶段模型影响最为经典。危机具有自己的一个生命周期，因而提出了基于潜伏期、暴发期、扩散期及解决期四阶段生命周期模型的危机管理方案（樊钊斐，2010）。潜伏期是一个社会矛盾等长期积累的过程，不具备明显的标志性源头，故不易被人们所察觉。暴发期是指矛盾积累到了一定的程度被突然暴发出来的一个时期，具有时间段、冲击大的特点。扩散期是指突发期暴发出来的危机虽然得到初步的处理但还是没能得到彻底解决，危机造成的影响还在。解决期是指这场危机得到了彻底的解决。最基本的三阶段模型通俗易懂地将危机划分为三个大阶段：危机前、危机、危机后（杜岩、于仁竹，2007）。每个阶段可包含不同的子阶段：危机前阶段包含危机前兆、危机侦查、危机预警等子阶段；危机阶段主要指采取系列措施来应对危机；危机后阶段包含危机后的恢复、不良影响的消除等。

大量的国内外学者对灾害事件进行应急管理研究将应急网站的建设问题推上了新的高度。自 2003 年的非典事件以来，我国正逐步完善应急管理体制，加快应急体系的建设。各级政府应急办的相继成立大大推动了向社会民众提供各类应急信息的应急网站的逐步建立。

截至 2016 年 3 月，基于本书的浏览访问统计，全国 31 个省（直辖市、自治区）已经有 21 个省份建立了应急网站或在政府门户网站中设有应急服务专题网页。据统计，全国 333 个副省级市及地级市中已有 292 个市建立应急网站或设有应急服务专题网页。有些省份虽然并未设置专门的应急网页却也提供了应急管理网站的链接。广东省是开设应急网站最早的一个省份，也是应急网站整体建设情况最好的一个省份。早在 2007 年 12 月 18 日，广东省就开通了我国第一个专业的应急网站。目前为止，广东省下辖地市有 73% 的地市已设立应急网站。已开通应急网站省份的网站建设数量情况见表 4 – 1。

表 4 – 1　　　　　　已开通应急网站省份的网站建设数量情况

序号	省份（直辖市、自治区）	已建设应急网站数（个）	序号	省份（直辖市、自治区）	已建设应急网站数（个）
1	北京市	1	11	浙江省	2
2	天津市	1	12	山西省	2
3	上海市	1	13	辽宁省	2
4	重庆市	1	14	陕西省	2
5	广东省	16	15	河南省	2
6	江西省	2	16	福建省	1
7	四川省	5	17	甘肃省	1
8	江苏省	4	18	河北省	1
9	新疆维吾尔自治区	5	19	广西壮族自治区	1
10	山东省	8	20	海南省	1

资料来源：韩松翰，郝艳华，尤佳. 中国政府应急办网站建设现状分析［J］. 中国公共卫生，2014，30（5）：637 – 740.

全国 31 个省区市加上 333 个副省级市或地级市共计应有 364 个政府网站，这些应急网站栏目内容设置方面各不相同。总体栏目设置可分为：应急工作类栏目、公众应急教育类栏目与法律法规预案类栏目。其中被设置最为频繁的栏目有：预案管理栏目共计 212 个、工作要闻栏目共计 162 个、政策法规栏目共计 121 个、机构设置栏目共计 117 个、应急演练栏目共计 103 个、应急常识栏目共计 100 个、科普宣传栏目共计 90 个、信息发布栏目共计 84 个、典型案例栏目共计 70 个。详细栏目设置情况见表 4 – 2。

表4－2　　　　　全国各省区市政府应急网站栏目内容设置情况

应急工作类栏目			公众应急教育类栏目			法律法规预案类栏目		
序号	栏目名称	数量（个）	序号	栏目名称	数量（个）	序号	栏目名称	数量（个）
1	工作要闻	162	1	应急常识	100	1	预案管理	212
2	机构设置	117	2	科普宣传	90	2	政策法规	121
3	应急演练	103	3	典型案例	70	3	自然灾害	48
4	信息发布	84	4	突发事件分类	34	4	事故灾害	41
5	网站导航	31	5	应急手册	32	5	公共卫生	38
6	应急动态	31	6	应急电话	29	6	社会安全	36
7	应急专家	18	7	应急培训	28	7	一网五库	10
8	图片信息	12	8	避难场所	23	8	一案三制	9
9	应急研究	10	9	预警信号	17	9	应急分类查询	6
10	政务信息	9	10	应急指南	16	10	研究资料	2
11	理论研究	8	11	视频	14			
12	经验交流	6	12	求救信号	9			
13	研究成果	6	13	家庭应急	8			
14	防震减灾	3	14	疾病防控	5			
15	应急处理	3	15	户外应急	4			
16	应急救援	3	16	热点问题科普知识	4			
17	应急管理成果展示	1	17	应急宣传	3			
18	救援队伍	1	18	公众教育	3			
19	人民防空	1	19	应急自助查询	2			
20	核应急	1	20	专题	2			
21	突发事件	1	21	互动论坛	2			
22	学术讨论	1	22	应急模拟	2			
23	应急书刊	1	23	应急示范	1			
			24	应急工具箱	1			
			25	献计献策	1			
			26	安全教育基地	1			
			27	应急专题	1			

资料来源：韩松翰，郝艳华，尤佳．中国政府应急办网站建设现状分析［J］．中国公共卫生，2014，30（5）：637－740．

由以上统计数据情况可知，目前我国应急网站建设情况已日趋完善，然而数量不等于质量。在拥有应急网站数量的前提下，如何进一步有效地提高应急网站信息质量显得尤为重要。本章旨在通过调查问卷的方式并结合概念模型进行实证研究分析应急网站信息利用率评估问题，以此来提出具体有效的提高应急网站建设质量的方案。

1989 年，Davis 提出用于解释使用者技术接受的理论模型，该模型被命名为技术接受模型（Technology Acceptance Model，TAM）。TAM 模型采用理性行为理论（Theory of Reasoned Action，TRA）作为模型的支撑理论。理性行为理论是由美国研究学者菲式本因（Fishbein）与阿吉兹（Ajzen）在 1975 年提出的，主要用于分析与预测人接受使用某种技术的行为过程。理性行为理论被认为是解释人类行为最基础且最具有影响力的理论之一。理性行为理论的基本模型见图 4 - 1。

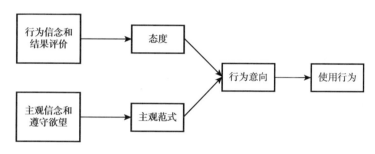

图 4 - 1　理性行为理论基本模型

理性行为理论的基本假设是人都是理性的，会在作出某一行为前利用自身所学知识来理性地对这一行为进行判断、控制与预测（Fishbein，1975；Ajizen，1991）。模型中行为信念是指行为人认为此举所能产生的后果。结果评价是指行为人对这一行为进行的最终评价，显示这一行为的重要程度。主观信念是指行为人感觉到周边人对自己是否应该采取这一行为的压力。态度和行为范式被认为是理性行为理论中的外部变量，其中态度是指行为人对做出这一行为所感受到的正面或者负面的评价，主观范式是指行为人感觉对自己行为有影响力的人认为自己是否应该做出这一行为。行为意向对实际使用行为的产生具有决定性的作用。行为意向是指对这一行为的主观意向的强烈程度。主观意向强烈程度越高则去尝试做出某一行为的概率就越高，反之则越低。

其一，理性行为理论的主要内容有：

态度决定对行为意向产生直接的影响。个人理性行为理论一经提出，获得了学者们的广泛研究，成为研究各类接受行为的理论基础。TRA 对个体行为研究的贡献在于，它从人类的内部心理变量对外部影响因素进行了归纳总结，认为最直接导致行为意愿改变的因素在于行为态度与主观范式（Ajzen，1985）。

（1）Davis 将理性行为理论应用到信息技术的研究领域，基于用户接受行为形成了技术接受模型（陈渝、杨保建，2009）。技术接受模型借助于行为科学的方法来对信息技术使用者的信息技术的态度、行为意向、实际使用行为进行了深入剖析。Davis（1989）进行了大量的研究发现，信息技术的使用者行为意向的影响因素中，使用者的态度的影响效果相比于主观范式要明显得多。在技术接受模型中，Davis 保留了态度这一变量，对主观范式却暂不考虑（Paul Legris，John Ingham and Pierre Collerette，2003）。另外，Davis 还通过模型建立对具体的环境进行了实证，建立了感知有用性（Perceived Usefulness，PU）和感知易用性（Perceived Ease of Use，PEOU）这两个基础性的中间变量，其他的一些因素被统称为外部变量（Davis，2000）。外部变量通过影响感知有用性与感知易用性这两个中间变量来进一步对使用态度、行为意向、实际使用产生层层影响。技术接受模型的组成结构如图 4 - 2 所示。

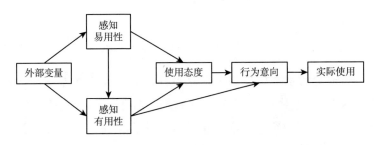

图 4 - 2　技术接受模型组成结构

（2）主观规范也能对行为意图产生直接影响。影响自己行为的人的说服力越强，或者行为人受到的社会压力越强，其行为意向就越高，反之则越低。

（3）行为意向是实际使用行为的决定因素。行为人感受到的行为意向越强，去尝试做出某一行为的概率就越高，反之则越低。

技术接受模型相关变量定义如表 4 - 3 所示。

表 4 – 3　　　　　　　　　　　技术接受模型相关变量定义

相关变量	定义
感知易用性	感知易用性是指信息技术使用者预测使用信息技术所需要付出的努力程度
感知有用性	感知有用性是指信息技术使用者预期感觉使用信息技术能提高他/她工作、学习或生活的绩效程度
使用态度	使用态度是指信息技术使用者在使用信息技术时对信息技术所自发产生的一种消极或者积极的情绪
行为意向	行为意向是指信息技术使用者使用信息技术的主观意向强烈程度
实际使用	实际使用是指信息技术使用者对信息技术的最终使用情况
外部变量	外部变量主要指一些可测的变量，依据研究环境的不同而不同

TAM 模型充当了外界复杂多样的变量与信息技术使用效果之间的桥梁（Mathieson and Kieren，2009），为揭示信息技术使用者自身行为和信息技术使用效果之间关系的研究提供了一个强有力的分析工具（汪雪芬，2008）。

其二，技术接受模型的主要内容有：

信息技术使用者对信息技术感知易用性会对感知有用性产生直接的影响。当使用者主观对信息技术觉得容易使用时，会激发内心进一步了解使用信息技术，从而影响其有用性的感知。此外，感知易用性会影响使用者对待信息技术的态度，感觉越容易使用，其态度则表现越正面，反之则越负面。

信息技术使用者对信息技术感知有用性与使用态度及行为意向产生正相关性。感知有用性越强烈，则使用态度越趋于正面，行为意向越强烈，反之则越负面，越消极。

信息技术使用者对信息技术的使用态度对行为意向产生直接的正相关影响。态度越趋于正面，使用信息技术的意向则越强烈，越有可能采取使用这一行为。

其中感知有用性与感知易用性这两个变量会受到外部变量的直接影响。外部变量主要指一些可测的变量，如培训时间、设计特征、使用环境、个人特性等。

多年后 Davis 等人在经典 TAM 模型的基础上将 TRA 模型中的外部变量——主观范式进行引进形成了技术接受扩展模型。主观范式是指个体感知对自己行为有影响的人或者对自己重要的人认为自己应不应该做出此行为。Davis 提出主观范式对感知有用性和使用意图具有直接的影响力。技术接受扩展模型还在实证分析的基础上引进了形象、任务相关度、产出质量、论证结果的可能性、经验与自发性这 6 个外部变量（王宝林，2008）。模型如图 4 – 3 所示。

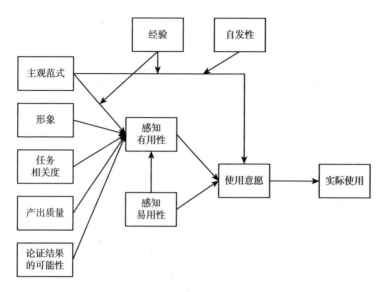

图 4 – 3　技术接受扩展模型

　　技术接受模型中外部变量的选取取决于不同的研究环境。在本书的研究环境下，利用应急网站信息的本质是人与应急网站之间进行交互的过程，所以对应急网站信息利用效率进行评价时，应该从两个方面入手。一方面是对于应急网站中所展示的信息进行评价；另一方面是对信息的载体即应急网站本身的属性进行评价，从用户层面阐释用户与网站进行交互时的体验。因此本章选取网站信息质量与网站交互体验两个变量作为此环境下理论模型的外部变量。其外部变量的构成如图 4 – 4 所示。

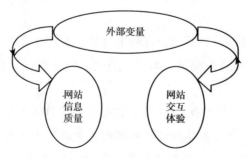

图 4 – 4　外部变量构成

灾害应急事件的特殊性决定了应急信息与一般网络信息的不同。应急信息在概念上可从狭义与广义两个方面进行阐述。狭义的应急信息是指在灾害应急管理工作中所涉及的所有信息，主要包括灾害信息、灾情信息、资源信息以及其他信息（黄弋芸，2013）。其中，灾害信息是指灾害形成的原因、前兆特征情况、灾害发生后的影响范围、灾害的变化情况、灾害发生地点、灾害开始的时间、灾害所持续的时间、灾害破坏的力度等信息（刘春年、王永隆、杨德惠，2012）。灾情信息是指灾害发生时人员伤亡情况、财产损失情况、物资情况等信息。资源信息是指灾害发生后灾害管理部门可供调度救灾抢险的人力、物力、财力情况。其他信息是指与灾害相关的应急常识、预案管理、科普宣传、政策法规、典型案例等信息。然而广义的应急信息是指与应急管理活动相关的全部信息要素的集合（刘春年、万晓，2012）。狭义的应急信息更加关注的是信息这一本体，广义的应急信息更注重的是所有应急相关要素的集合。应急网站是对应急信息这一本体的展示，因此本章研究的应急信息是指狭义的应急信息。

灾害应急信息具有以下几个特点：

（1）时效性强。

不同于普通的信息资源，灾害应急信息往往要求能够以最快的速度、最短的时间内被传递。只有第一时间将与灾情有关的信息及时地传递给应急决策者，才能有助于应急管理人员将灾害带来的人力、物力、财力方面的损失降到最低。灾害区群众只有获得及时的应急信息才能做出最正确的决策以减少灾害所造成的自身损失。当应急信息超出其有效的生命周期后，往往只能被当作历史信息成为大众的饭后谈资而不能为当前发生的灾害事件所使用。

（2）传播途径广。

当灾害发生后，人人都可能成为灾害事件信息的发布者。应急信息可存在于任何周边环境的各种网络渠道中进行传播以及不断扩散。这些渠道包括政府各应急网站、相关灾情发布网站、各大新闻网站、各类论坛、微博、QQ等。各种渠道发布方式不同，且经过不同渠道交互传递，再加上传播过程中各种人为因素的加入，这些复杂的信息传播难免会导致应急信息的流失或者失真。这就需要应急管理工作者对灾害应急信息进行仔细收集整理以能够准确、完整地在应急网站中对应急信息进行更新，为广大群众使用（刘春年、张曼，2014）。

（3）公共物品属性。

应急信息具有显著非排他性的性质，而且应急信息影响着社会环境下的所有公民，因此应急信息可视为一种公共物品。网络的快速发展加速了信息传播的速度，政府部门、应急管理部门、普通群众以及各类媒体均能够通过网络随时发布灾害相关应急信息。这时，不可避免一些不法分子通过网络发布虚假信息，然后通过一些并未了解灾情实况的群体、人云亦云的群体进行扩散传播从而造成不必要的心理恐慌。权威部门发布可靠的应急信息能够起到良好的消除谣言的功效。

（4）复杂性。

不同的群体通过不同的渠道进行信息的发布，决定信息的形态不同。打开电脑，搜索到的应急信息可能是单纯的文字资源，也可能是通过相机、卫星等设备拍摄的图片资源，也可能以视频的形态进行呈现。这些应急信息与数据具有不规范性与随机性，并不能很好地被人民群众接受和理解。因此，需要应急网站信息发布者从海量的应急信息中挖掘出有价值的数据进行再发现、再融合以提取出人们易于理解的信息。

只有充分了解应急信息的特征才能更好地对应急网站信息质量进行进一步的评估。本章是以应急网站这一特殊形体作为研究对象。网站最基本的功能就是进行信息的展示。因此，应急网站的信息质量可认为是影响应急网站信息利用率最为关键的外部变量之一。在网站使用的环境下，信息质量主要体现在信息使用者对信息进行获取、处理、应用的过程中对应急网站信息的总体评价。结合应急信息的特征，本章将从可理解性、可靠性、及时性、准确性、完整性五个方面来对应急网站信息质量进行评估。信息质量评估指标如图4－5所示。

其中，可理解性指各大应急网站发布的应急信息是容易被使用者所效用的；可靠性指应急网站发布的应急信息是值得相信的；及时性指反映相关应急网站对于应急信息的更新是否及时；准确性指各大应急网站发布的应急信息是完全符合实际情况的，数据是准确无误的；完整性指通过相关应急网站总是能完整地获取到相关灾害事件的情况。

对应急网站信息进行评估研究，不仅需要研究应急网站所承载的信息本身，还应该对应急网站本身的属性进行分析评价，从用户层面对用户与网站的交互体验进行研究。网站交互体验是指用户通过网站进行信息搜索所带来的用户体验度（邓胜利、张敏，2009）。其主要考察的是网络用户对网站的访问性

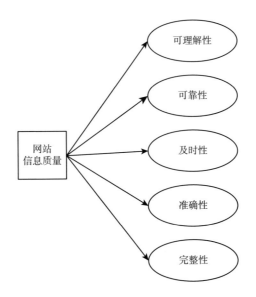

图 4-5 信息质量评估指标

能的评估，反映的是网站的运维质量以及用户的体验效果。结合本书的研究环境，网站交互体验被认定为当人们浏览应急网站时对网页界面美观度、链接的稳定性、数据的授权度、网页的可访问性等方面的体验度。网站交互体验评估指标如图 4-6 所示。

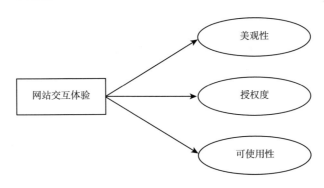

图 4-6 网站交互体验评估指标

其中，美观性是指人们访问应急网站时网页界面的设计美观度是否与用户心理预期相吻合；授权度是指在访问应急网站时，应急网站的应急信息的授权度是否与用户类型相吻合；可使用性是指人们访问应急网站时对网页链接稳定性与可检索性方面的体验。

4.1.2　模型构建

技术接受模型提出后，在个人行为研究领域获得国内外学者的广泛研究与应用，已然成为最为主要的研究工具之一。目前国内外对 TAM 模型的研究主要分为以下四种方向：

（1）技术接受模型与其他模型的比较或整合研究。

刘春济等（2013）对 TAM 模型与 TPB、DTPB 模型在我国出境游客旅行前的信息搜索行为意向的研究背景下进行详尽比较。研究结果发现，三个模型对游客信息搜索的行为意向都具有非常好的解释力。其中 TPB 模型在对模型的变异量、拟合度等方面的解释度较为合适，经过修正后的 TPB 模型能够对行为意向具有 75% 的解释度。Gillenson 等（2002）以网络购物参与意愿为研究视觉，运用 TAM 模型与 IDT 模型的整合概念模型对网络营销背景下消费者网络购物参与意愿进行了实证分析研究。在该研究中，作者以问卷调查的方法对 253 位网络使用者进行调查，通过实证分析发现网络营销背景下，整合的概念模型对消费者网络购物参与意愿具有非常强的解释力与预测效力。孙健军等（2010）将技术接受模型与任务技术适配模型进行整合后构建了电子商务用户接受理论模型。他们指出基于 TAM 与 TTF 模型整合的理论模型可以有效地弥补 TAM 模型在外部变量上的缺失与在任务相关方面的缺陷。吴利明等（2011）根据 TAM 与 TTF 的理论内涵，构建了基于 TAM – TTF 模型的大学教师信息使用行为影响模型。他们指出 TAM 模型更多的是从个人心理方向来对信息技术的使用行为进行研究，缺乏对于与环境相关的组织任务的构建；TTF 模型是出于对技术功能与任务特征方面的考虑，忽视了个人行为的内在机制的关注。因此对 TAM 模型与 TTF 模型的整合可以在任务技术与个人行为之间构建一座隐性的桥梁，实证研究结果表明其构建的模型对于教师信息使用行为具有更强的解释力。

（2）在技术接受模型的原模型中加入若干外部变量。

国外学者 Tion Fenech 以消费者网购的行为为研究背景，在技术接受模型的基础上加入了自我效验作为外部变量。经过假设检验、实证分析后发现，加入外部变量的技术接受扩展模型对消费者网购行为意向具有更强的解释力度。Fenech（1989）在研究结果中表明，自我效验与感知方便性、感知有用性均对消费者采纳网购行为具有显著影响。Lin lu 等（2000）将网站系统质量这一变量作为外部变量加入任务技术接受模型中对购物网站使用者的使用行为进行了良好的解释。他们以 139 位网站使用者作为问卷调查对象，通过构建概念模型进行实证研究。研究结果表明，网站质量的影响路径为：网站质量→感知易用性→感知有用性→态度与行为意向。因此网站的质量能够间接地影响网站使用者的态度与行为意向。杨晓梅等（2009）在技术接受模型中加入了网站信息管理、产品特性、买方特性、网页设计、卖方特性、运送特性六大外部变量，对中国 C2C 电子商务网站网络购物行为进行了研究。研究表明，加入了外部变量的扩展技术接受模型充分符合了电子商务网站的操作流程，同时还能有效地兼顾信用风险的规避。

（3）在技术接受模型的原模型中加入若干中间变量。

Pavlou 等（2000）在技术接受模型的基础上加入了信任与风险作为中间变量，对消费者是否接受电子商务这一行为进行了实证研究。通过问卷调查数据的理性分析表明，信任能够对消费者接受电子商务的行为产生正相关性，风险能够对消费者接受电子商务的行为产生负相关性。雷银枝等（2008）在技术接受模型的基础上加入了任务特征、技术特征、用户特征等中间变量，对网络信息资源的利用率问题进行了深入的探讨。井淼等（2005）以消费者网络购买行为为研究对象，在技术接受模型中加入感知风险作为中间变量构建了消费者网络购买行为研究概念模型。研究结果表明，感知风险对消费者的行为意向影响显著。

（4）在技术接受模型的原模型中同时加入若干中间变量与外部变量。

Cass 等（2003）在技术接受模型中引入个性、自我效验、网络认知风险及购物导向等变量，对网络零售行为进行了实证研究。他们对澳大利亚 202 名网络用户进行了问卷调查，数据分析表明引入了上述变量后构建的全新概念模型能很好地解释与预测消费者网络零售行为。明均仁等（2014）从界面特征、系统特征、个体差异三个维度在 TAM 模型的基础上加入了屏幕设计、导航、术语、相关性、系统帮助、可访问性、领域知识、自我效验等八个外部变量，同时还引入了社会影响、个体创新、感知成本、感知风险、感知信任、感知愉悦性等 6 个内部变量。他们通过问卷调查的方式，对扩展技术接受模型在移动图书馆的使用意愿背景下进行了实证分析。

经过众多学者在不同学科、不同领域的充分验证、广泛应用，技术接受模型已然成为在个体行为研究领域影响最剧烈、最稳健、最优秀、精简和通俗易懂的理论模型之一（陈坦、常江，2014）。所以本章选取技术接受模型作为理论基石，以建构应急网站信息利用率背景下的理论模型。

国内外学者对技术接受模型的广泛研究使模型研究对象不断丰富、模型结构不断完善、研究领域不断扩展。本章基于前人的理论研究成果，结合应急网站的研究背景，提出了基于 TAM 模型的应急网站信息利用率理论模型。模型图如图 4 - 7 所示。

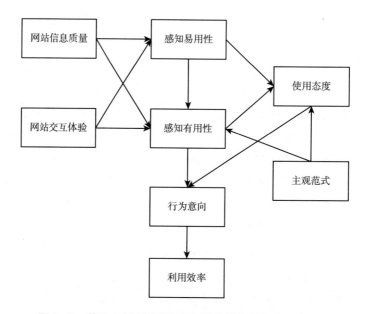

图 4 - 7　基于 TAM 模型的应急网站信息利用率理论模型

4.1.3　影响应急网站信息利用率的影响因素分析

4.1.3.1　影响应急网站信息利用率的外部变量

本书是以应急网站这一特殊形体作为研究对象。网站整体质量是影响网站信息利用率最为关键的外部变量（张玉林，2010）。对于网站质量的描述，国内外学者有各自不同的观点。梁君（2008）认为网站质量是指网站满足用户需求的程度，可反映在用户对于网站信息内容的感知与网页互动过程的感知等整体有效性。Joeng（1992）指出网站质量主要体现在网站给使用者传递信息的整体有效性。Plavia（1998）认为网站质量的评述应从用户的角度出发，对网站功能与网站的整体效能进行评价。Pairin Katerattanakul（2000）简单地认为网站质量就是指网站网页的设计是否适合于客户的使用。DeLone 等（2005）指出网站质量是指网站系统的质量与网站信息的质量。本书倾向于采取 DeLone 的观点，将网站质量的评价维度划分为网站系统质量与网站信息质量。其中网站系统质量主要是在网站形态、网站性能、网站技术等计算机方面的用户交互体验度对于网站外在质量的一种描述。网站信息质量是对于网站信息内容进行描述的变量（董靖，2006）。

主观范式是基于理性行为理论（Theory of Reasoned Action）而被提出的。其定义为行为人感觉对自己行为有影响力的人认为自己是否应该做出这一行为。主观范式的逻辑是：当行为人并不明确自己是否想要做出某一行为时，此时如果得知某个或某些对自己重要的社会人（如父母、领导或者令自己尊敬佩服的朋友）认为自己应该做出这一行为时，他们就会做出该行为。

本章采用网站信息质量、网站交互体验与主观范式三个变量作为研究应急网站信息利用率理论模型的外部变量。

4.1.3.2　影响应急网站信息利用率的中间变量

中间变量在模型中一方面受到外部变量的影响，另一方面又影响着其他中间变量以及最终的结果变量。在本章研究中，将感知易用性、感知有用性与使用态度这三个变量作为研究应急网站信息利用率理论模型的中间变量。

感知易用性被认定为 Davis 技术接受模型的核心架构之一（陈斯杰，2009）。在 TAM 模型中，Davis 将感知易用性定义为感知易用性是指信息技术使用者预测使用信息技术所需要付出的努力程度（林冬冬、姜永刚、李寅初，2011）。在研究应急网站信息利用率的环境下将感知易用性定义为应急网站使用者预测访问应急网站内容所需要付出的努力程度。

感知有用性在 Davis 创建的技术接受模型中同样被认定为核心架构之一。在 TAM 模型中，Davis 将感知有用性定义为：感知有用性是指信息技术使用者预期感觉使用信息技术能提高他/她工作、学习或生活的绩效程度（陈渝、刘丽娟、毛珊珊，2014）。在本章的研究环境下将感知有用性定义为应急网站使用者预期感觉访问应急网站内容能提高他/她工作、学习或生活的绩效程度。

使用态度也作为中间变量在 Davis 的技术接受模型中被提出。模型中，Davis 指出使用态度是指信息技术使用者在使用信息技术时对信息技术所自发产生的一种消极或者积极的情绪。在本书研究环境下将使用态度定义为应急网站使用者在访问应急网站内容时对应急网站所自发产生的一种消极或者积极的情绪。

4.1.3.3 影响应急网站信息利用率的结果变量

在原始技术接受模型中，Davis 把行为意向和实际使用两个变量设定为结果变量（孙元，2010）。但是，在后期国内外的学者研究中，不同的学者采取了不同的变量来进行结果变量的设定。某些学者仅构建行为意向这一个变量作为结果变量来对技术接受行为进行解释与预测，如 Brown（2002）、Amoako - Gyampah（2004）、Hu（1999）等研究。然而，有些学者持不一样的态度，他们认为不需要行为意向这一变量，仅仅通过实际使用这一变量就足以对信息技术接受行为进行解释与预测，如 Lederer（2000）、Nidumolu（1998）、Igbaria（1997）等研究。当然，还有很多的学者愿意同时使用行为意向与实际使用这两个变量来对信息技术接受行为进行横向或者纵向的解释与预测，如 Taylor Todd（1995）、Davis（1996）等研究。

有学者研究报告指出，行为意向并不能很好地单独作为结果变量来对实际行为进行解释与预测（Straub and Limayem，1995）。基于上述国内外学者的研究结果，本书认为单单采用行为意向作为结果变量可能存在一定的预测风险，毕竟有研究指出行为意向并不能很好地预测与解释实际行为。直接采用实际使用变量作为结果变量可能导致缺乏具有可靠预测力的行为变量这一中间变量而使研究结果不具备强解释力。因此，本书在应急网站信息利用率的问题背景下，利用效率便等同于实际使用这一变量。本书将同时采用行为意向与利用效率两个变量作为结果变量以避免争论。

在本书的研究环境下，行为意向是指应急网站使用者访问应急网站内容的主观意向强烈程度。利用效率是指应急网站使用者对应急网站内容的最终使用情况。

4.2　理论模型研究假设

4.2.1　网站信息质量的相关假设关系

网站最基本的目标即呈现各类信息。网站信息质量主要体现在网站访问者对于网站所提供的信息的质量感知（孙灵，2006）。目前已有不少研究基于TAM 模型证明了网站信息质量对于个体感知的影响。Liu 等（2000）以网站品质研究为背景，基于 TAM 模型探讨了网站信息质量对网站访问者接受程度的影响。研究结果发现，网站信息质量对感知易用性呈现相关性，感知易用性继而影响感知有用性最终影响态度与行为意向。Resadetal 等（2005）持网站的整体信息质量的高低程度可对顾客的有用感知进行直接的影响这一观点。Zeithaml 等（2002）就网站特征对消费者态度的影响进行了研究。在研究报告中，他们指出网络环境下信息质量的评估不仅仅只是信息的展示，还应该包括如何进行展示。信息质量可以帮助访问者比较产品信息，增加购买乐趣，做出更好的消费选择。在其报告中实证研究表明网站信息质量对于感知易用性与有用性都起积极影响。Shih（2001）基于 TAM 模型，将网站安全性、感知成本、信息质量、服务质量等变量引入模型构成全新的概念模型，通过问卷调查的方式实证了网站信息质量与消费者感知易用性与有用性具有强相关性。许金亮等（2015）以 TAM 模型为基础，对网络游戏的信息质量、感知有用性、感知易用性、态度等变量之间的关系进行了研究。研究结果表明网络游戏网站的信息质量与感知有用性和易用性呈现正相关性。

结合上述国内外学者的研究，有理由认为在应急网站信息环境下，当网站访问者感知信息质量较高时，会对网站信息的易用性及有用性产生正面、积极的认知反应。

本书假设：

H4 - 1：应急网站信息质量与感知易用性呈显著的正相关性。

H4 - 2：应急网站信息质量与感知有用性呈显著的正相关性。

4.2.2　网站交互体验的相关假设关系

网站交互体验是指用户通过网站进行信息搜索所带来的用户体验度。结合本书的研究环境，网站交互体验被认定是当人们浏览应急网站时对网页界面美观度、链接的稳定性、数据的授权度、网页的可访问性等方面的体验度。Dishaw 和 Strong（1989）提出，用户对于信息技术的有用性和易用性认知应该还包括来自用户对于网站交互体验度的影响。随着交互体验度的提升，一方面人们可以更加容易获取到信息以完成任务，另一方面交互结果与预期相符也是有用性的一种体现。

本书假设：

H4 - 3：用户网站交互体验与感知易用性呈显著的正相关性。

H4 - 4：用户网站交互体验与感知有用性呈显著的正相关性。

4.2.3　感知易用性的相关假设关系

感知易用性反映的是人机交互时个体内部方面的认知。依据 TAM 模型，感知易用性与感知有用性呈现正相关性。用户对系统感知易用并不能直接影响个体的行为意向，而是当个体对系统感知易用时可以有效减少个体对于系统的抵触心理，即对于系统持有一个积极的态度，进而产生感知的有用性。当应急网站信息使用者认知到网站信息是容易被使用的，使用者对网站信息的使用态度便能呈积极状态。因此也认为感知易用性与使用态度呈现正相关性。

本书假设：

H4 - 5：应急网站信息感知易用性与感知有用性呈显著的正相关性。

H4 - 6：应急网站信息感知易用性与使用态度呈显著的正相关性。

4.2.4　感知有用性的相关假设关系

Davis（2011）在提出 TAM 模型时指出感知有用性是影响个体接受信息技术的决定性因素，对于个体的行为意向与使用态度具有直接显著的影响。依据

TAM 模型的理论，当技术如果被感知是有用的，可以给个体学习、生活带来更多的绩效，用户的态度就会变得积极，就会更加倾向于接受系统。孙建军等（2011）学者基于 TAM 模型在不同的领域进行了实证研究，研究表明用户感知系统的有用性越高，其使用态度越积极，行为意向越强烈。

本书假设：

H4 – 7：应急网站信息感知有用性与使用态度呈显著的正相关性。

H4 – 8：应急网站信息感知有用性与行为意向呈显著的正相关性。

4.2.5　使用态度的相关假设关系

态度是个体对于某一特定行为持现的心理反应的倾向。Rosenberg 等人认为外部变量的刺激会产生个人态度的形成，而态度会进一步对个体的认知、情绪、行为进行影响（1960）。态度概念模型如图 4 – 8 所示。

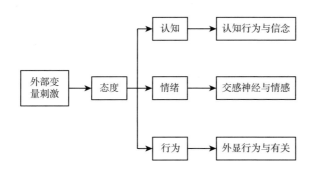

图 4 – 8　态度概念模型

在该模型中可以看出，合适的外部环境变量的刺激可以使个体产生态度的倾向，态度进而对个体的行为产生影响。态度可成为解释与预测个体行为意向的变量。国内外学者对于态度对使用意愿的决定影响这一观点进行了大量的研究，并均已获得证实。

本书假设：

H4 – 9：应急网站信息内容访问者使用态度对行为意向呈显著的正相关性。

4.2.6　主观范式的相关假设关系

主观范式在理性行为理论（theory of reasoned action）被定义为行为人感觉对自己行为有影响力的人认为自己是否应该做出这一行为。主观范式的逻辑是：当行为人并不明确自己是否想要做出某一行为时，如果得知某个或某些对自己重要的社会人（如父母、领导或者令自己尊敬佩服的朋友）认为自己应该做出这一行为，他们就会做出该行为。因此认为主观范式可对系统的使用态度产生积极的影响。当周边自己认为重要的社会人极力推荐使用应急网站访问应急信息时，可对个体感知应急网站信息有用产生积极影响。

本书假设：

H4-10：应急网站信息内容访问者主观范式对使用态度呈显著的正相关性。

H4-11：应急网站信息内容访问者主观范式对感知有用性呈显著的正相关性。

4.2.7　行为意向的相关假设关系

行为意向可以反映个人动机的驱动下对个人行为的影响。根据计划行为理论，当个体具有愈强烈的行为意向时，个体将会更加努力地去实现这种行为。

本书假设：

H4-12：应急网站信息内容访问者行为意向与利用效率呈显著的正相关性。

综合上述研究假设，对本章所设立的假设进行汇总，如表4-4所示。

表4-4　　　　　　　　　　　理论模型研究假设

自变量	编号	研究假设
网站信息质量 （WIQ）	H4-1	应急网站信息质量与感知易用性呈显著的正相关性
	H4-2	应急网站信息质量与感知有用性呈显著的正相关性
网站交互体验 （WIE）	H4-3	用户网站交互体验与感知易用性呈显著的正相关性
	H4-4	用户网站交互体验与感知有用性呈显著的正相关性

续表

自变量	编号	研究假设
感知易用性 （PEOU）	H4-5	应急网站信息感知易用性与感知有用性呈显著的正相关性
	H4-6	应急网站信息感知易用性与使用态度呈显著的正相关性
感知有用性 （PU）	H4-7	应急网站信息感知有用性与使用态度呈显著的正相关性
	H4-8	应急网站信息感知有用性与行为意向呈显著的正相关性
使用态度 （UA）	H4-9	应急网站信息内容访问者使用态度对行为意向呈显著的正相关性
主观范式 （SQ）	H4-10	应急网站信息内容访问者主观范式对使用态度呈显著的正相关性
	H4-11	应急网站信息内容访问者主观范式对感知有用性呈显著的正相关性
行为意向 （BI）	H4-12	应急网站信息内容访问者行为意向与利用效率呈显著的正相关性

4.3　数据采集与检验

本章主要通过问卷调查的方式来收集理论模型所涉及的各项变量数据。通过对问卷调查数据的统计分析来验证理论模型中的假设关系与理论模型的有效性，并据此实证分析以对所得结论提出相关有效建议。

4.3.1　数据采集

数据采集过程主要分为问卷初设计、预调研、问卷初稿信效度检验、问卷修订、最终问卷的发放与回收。数据采集过程如图 4-9 所示。

4.3.1.1　问卷初设计

在问卷设计上，各变量测量问项的设计均是参照前人的量表再结合应急网站的特点经过缜密思考后形成的。此外，在问卷设计过程中，曾与导师和同学进行多次沟通探讨，针对问卷内容与文字意义做了多次修订。最终形成的初问卷主要分为两大部分：第一部分主要是对受访者基本信息的调查，包括对性别、学历、职位的调查；第二个部分依据变量分为八个板块，分别是关于对应急网站信息质量的认知、关于对网站交互体验的认知、关于对应急网站信息感

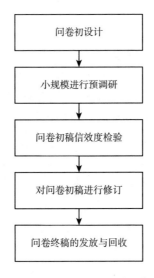

图 4 – 9 数据采集过程

知易用性认知、关于对应急网站信息感知有用性的认知、关于对应急网站信息使用态度的认知、关于对应急网站信息主观范式方面的认知、关于对应急网站信息使用行为意向的认知、关于对应急网站实际使用行为的认知。问卷采用李克特（Likert）7 级量表进行设置，受访者被要求根据自己的认知感受和实际经历，对相关描述语句的认可程度进行打分，其中 1 分对应"非常不同意"，2 分对应"不同意"，3 分对应"有些不同意"，4 分对应"一般"，5 分对应"有些同意"，6 分对应"同意"，7 分对应"非常同意"。

4.3.1.2 预调研

为了提升最终问卷数据的信效度，问卷初稿形成后进行了小规模的预调研。预调研的方式主要分为两步：第一步是访谈法；第二步是小规模问卷调查。

首先，本章选取了 6 位应急科研工作者进行面对面或者电话沟通交流。访谈主要针对问卷结构是否合理、各变量测项设置是否合理、问项措辞是否恰当、问项设置是否全面等方面进行展开。根据访谈结果，对问卷初稿的排版、措辞、句子结构进行了完善与修正，并增加了对于应急信息的名词解释以改善某些用户对于应急信息的概念模糊问题。

其次，进行了小规模的问卷调查以检验问卷的信效度是否满足要求。为了达到与受访者直接接触，以进一步了解问卷填写情况的目的，本次预调研发放的都是纸质版的问卷。预调研共发放纸质问卷 95 份，其中有效问卷 89 份，发放对象主要为南昌大学的本科及研究生。本章利用克朗巴哈 α（Cronbach's α）系数来对各个测量变量进行信度评估。数据分析结果表明变量感知有用性下的第三个题项（我发现各大应急网站的信息能提高我的工作绩效）内部一致性数据不佳，Cronbach's α 系数为 0.56，并未达到 0.70 的标准值。当删除这一题项后，感知有用性这一变量的整体 Cronbach's α 从 0.77 提升至 0.91。其他题项的 Cronbach's α 系数均达到了标准值予以保留。效度分析表明所有变量 KMO 值均介于 0.70 ~ 0.80，达到了效度检验标准。剔除 "我发现各大应急网站的信息能提高我的工作绩效" 这一问项后，问卷由之前的 29 个题项减为最终的 28 个。问卷终稿见表 4 – 5。

表 4 – 5　　　　　　　　　　　　　调查问卷

测量变量类别	变量名称	问项编号	测量问项	参考文献
外部变量	网站信息质量（WIQ）	WIQ1	应急网站发布的应急信息是容易理解的	Joseph Cronin（1992）；查先进（2015）
		WIQ2	应急网站发布的应急信息是可靠的	
		WIQ3	相关应急网站能够非常及时地更新应急信息	
		WIQ4	应急网站发布的应急信息是准确无误的	
		WIQ5	应急网站能完整地获取到需要的应急信息	
	网站交互体验（WIE）	WIE1	应急网站的界面美观性一般与我的心理预期相匹配	Loiacono（2000）
		WIE2	应急网站的应急信息数据授权度合适	
		WIE3	应急网站的可使用性强（主要指链接稳定性，可检索性方面）	
	主观范式（SQ）	SQ1	能够影响我行为的人认为我应该访问应急网站	Devaraj（2008）
		SQ2	我尊敬佩服的人（老师/领导/朋友）认为我应该访问应急网站	

续表

测量变量类别	变量名称	问项编号	测量问项	参考文献
中间变量	感知易用性（PEOU）	PEOU1	我发现应急网站容易使用	Moon（2001）
		PEOU2	我发现访问应急网站查找应急信息是不需要花费大量脑力的	
		PEOU3	我发现容易利用应急网站获取我想要的应急信息	
	感知有用性（PU）	PU1	在日常生活中，想获取应急信息时，通过访问应急网站能更快完成任务	Moon（2001）；Pedersen（2005）
		PU2	我发现各大应急网站的信息是有用的	
		PU3	应急网站信息有助于我的生活/工作/学习	
	使用态度（UA）	UA1	我认为访问应急网站获取应急信息是有效率的	Moon（2001）；Vijayasarathy（2004）
		UA2	我对应急网站的评价总的来说是正面的	
结果变量	行为意向（BI）	BI1	条件允许的情况下，我更愿意通过应急网站来获取应急信息	Venkatesh（2003）；Karahanna（2006）
		BI2	应急网站的应急信息让我很感兴趣	
		BI3	今后，我愿意更加频繁地访问应急网站	
		BI4	我愿意向亲朋好友推荐各种应急网站以了解应急信息	
	利用效率（UE）	UE1	我主要通过访问应急网站来获取应急信息	Venkatesh（2003）；Karahanna（2006）
		UE2	我经常访问应急网站	
		UE3	我访问应急网站的时间一般很长	

4.3.1.3 问卷发放和回收

在对初试问卷进行调整、修正后，形成最终的问卷调查定稿。此次主要采用了网络调查和纸质问卷调查两种调查方式。有学者对问卷调查的样本量进行了深入的研究，研究结果表明，为了达到比较好的数据分析效果，问卷调查问卷的测量问项与样本量的比例至少要达到1∶5，最好为1∶10。本次研究问卷共有测量问项28道，根据研究表明，样本量应该最好在280份，不得少于140

份。基于此，本次研究网络调查中，共发放在线调查问卷 250 份，回收 246 份，其中有效问卷为 217 份。纸质问卷总共发放 130 份，回收 118 份，其中有效问卷为 88 份。两种方式总共回收问卷 364 份，其中有效问卷数为 305 份，有效回收率为 80.26%。

4.3.2　数据统计分析

4.3.2.1　受访者基本情况

针对受访者基本信息，本章主要从性别、学历、职位三个方面展开。

（1）受访者性别。

本次问卷调查，由表 4－6 可知，受访者总数 305 位，其中 167 位男性，138 位女性，男女比例为 1∶0.82。

表 4－6　　　　　　　　　　　　受访者性别情况　　　　　　　　　　　　单位:%

		频率	百分比	有效百分比	累积百分比
有效	男	167	54.8	54.8	54.8
	女	138	45.2	45.2	100.0
	合计	305	100.0	100.0	

（2）受访者学历（包括在读学历）。

在 305 名受访者中，所占比率最多的为本科生与硕士及以上的学历。其中本科占比 32%，硕士及以上占比 33.8。受访者学历情况详见表 4－7。

表 4－7　　　　　　　　　　　　受访者学历情况　　　　　　　　　　　　单位:%

		频率	百分比	有效百分比	累积百分比
有效	本科	99	32.5	32.5	32.5
	初中及以下	4	1.3	1.3	33.8
	大专	81	26.6	26.6	60.3
	高中/中专	18	5.9	5.9	66.2
	硕士及以上	103	33.8	33.8	100.0
	合计	305	100.0	100.0	

（3）受访者职位。

在本次调研的受访者中，学生所占的比率最高，比率高达53.4%。其次是企业职员，共有60位企业职员受访。其他情况详见表4-8。

表4-8　　　　　　　　　　受访者职位情况　　　　　　　　　　单位:%

		频率	百分比	有效百分比	累积百分比
有效	企业职员	60	19.7	19.7	27.9
	私营业主/个体户	21	6.9	6.9	34.8
	学生	163	53.4	53.4	88.2
	政府机关/事业单位职员	36	11.8	11.8	100.0
	其他（创业）	2	0.7	0.7	7.2
	其他（打工）	1	0.3	0.3	7.5
	其他（无业游民）	2	0.7	0.7	8.2
	其他	20	6.6	6.6	6.6
	合计	305	100.0	100.0	

4.3.2.2　各变量描述性统计

本章对应急网站信息利用率理论模型中各变量进行了描述性统计分析，以了解受访者对应急网站信息的认知基本情况，具体数据见表4-9。

表4-9　　　　　　　　　　理论模型各变量认知情况

变量名	问项数	均值	标准差
网站信息质量	5	4.327	1.658059
网站交互体验	3	4.057	1.524793
感知有用性	3	4.275	1.591346
感知易用性	3	3.977	1.535331
使用态度	2	4.3	1.538824
主观范式	2	3.849	1.527055
行为意向	4	4.044	1.55237
利用效率	3	3.389	1.644396

由前面数据可知，各变量中网站信息质量的均值得分最高为4.327，表明受访者对应急网站信息质量评价较高。其次是感知有用性的认可度为4.275，

表明受访者普遍认为应急网站信息可为其学习、生活带来绩效等方面的改进。利用效率方面的认可度最低，仅为 3.389，说明受访者日常生活中普遍不常访问应急网站信息。

4.3.3　数据信效度检验

评判一份问卷的质量好坏，除了以难度、鉴别度等作为衡量标准外，最重要的衡量标准应该是具备良好的信度与效度。

信度（reliability）检测也称为可靠度检测，检测值主要反映量表数据的一致性或稳定性的程度。如果量表的信度不佳，则代表量表数据稳定性、一致性或真实性不佳就无法具备良好的代表性。影响信度的因素一般来自两个方面，即问卷设计者与受访者。问卷设计者方面容易导致信度测量误差的因素包括：遣词造句不当、问题形式不当、情境不当等。受访者方面的因素则可能是由于受访者年龄、受教育程度、个性等其他心理因素导致影响其作答的倾向性。基于不同的误差来演，信度主要有四种测量方法：再测法、复本相关法、折半法、克朗巴哈 α 系数（Cronbach's α）法。

再测法是指同一个受访者对同一份问卷在不同的时间段进行重复测验，求出该受访者两次分数的相关系数。相关系数越高，表明该问卷信度越高。

复本相关法也需要对同一受访者进行两次测验，不同之处在于两次测验的问卷是不一样的。受访者需要对内容相似、难易度相当的两份问卷进行作答。在问卷作答的时间间隔上既可以选择连续作答也可以选择答完 A 卷后间隔一段时间再进行 B 卷的作答。

折半法与复本相关法很类似。问卷设计者需要将统一问卷中测试项目内容相似、难易度相当的题项折半成两份（单数题、偶数题）再对受访者进行两次测试。

克朗巴哈 α 系数是指某一个维度内，不同题项间的一致水平。克朗巴哈 α 系数因其限制条件方面较为宽泛，因此较为常见，并渐渐成为各研究领域测量信度的标准。本章拟用克朗巴哈 α 系数作为信度测量的方法。克朗巴哈 α 系数信度标准如表 4 - 10 所示。

表 4 – 10 克朗巴哈 α 系数信度标准

克朗巴哈 α 系数值	信度标准
Cronbach's α ≥ 0.9	非常可信
0.7 ≤ Cronbach's α < 0.9	很可信
0.5 ≤ Cronbach's α < 0.7	可信
0.4 ≤ Cronbach's α < 0.5	稍微可信
0.3 ≤ Cronbach's α < 0.4	勉强可信
Cronbach's α < 0.3	不可信

效度主要指量表的正确性程度，反映的是该量表测量所需测量内容的能力与功能。只有能够达到测量目的的量表才是有效的量表。效度分为内容效度与建构效度。内容效度是指量表的测量内容的适合性与相符性，即量表能否合适地反映所需测量的心理特质。建构效度是指量表能够测量出理论的特质或概念的程度，若根据理论模型框架编制的量表，受访者的实际分数经统计分析能有效解释受访者的心理特质，则可以认为量表具有良好的建构效度。本次研究问卷量表的设计是基于应急网站信息利用率的理论研究构建的，因此适合于采用构建效度进行效度检验。本章利用 SPSS 19.0 中的因子分析作为工具，进行探索性因子分析以验证量表的建构效度。在进行因子分析前，首先需要考虑样本是否适合做因子分析。人们通常通过 Bartlett 球形检验和 KMO 值判断是否适合进行因子分析。当 Bartlett 球形检验呈现显著性时，表示适合进行因子分析；KMO 值的判断准则见表 4 – 11。

表 4 – 11 KMO 值判断标准

KMO 值区间	判别说明
KMO ≥ 0.9	非常适合进行因子分析
0.8 ≤ KMO < 0.9	适合进行因子分析
0.7 ≤ KMO < 0.8	尚可进行因子分析
0.6 ≤ KMO < 0.7	勉强可以进行因子分析
0.5 ≤ KMO < 0.6	不适合进行因子分析
KMO < 0.5	非常不适合进行因子分析

信度与效度被广大学者认定为评价问卷调查资料质量缺一不可的指标。信效度之间的逻辑关系为：量表的信度是量表的效度的必要条件不充分条件。即

一份量表如果需要具备较高的效度，必要条件是信度必须高，反之信度高不一定效度也高。

4.3.3.1　网站信息质量信效度检验

（1）信度分析。

对网站信息质量变量下的 5 个题项问卷数据进行信度分析，分析结果见表4-12。由表可知 Cronbach's α 系数值为 0.866，表明这部分问卷内容具有很好的内部一致性，具有较高的可信度，适宜做进一步实证分析。

表 4-12　　　　　　　　网站信息质量 Cronbach's α 系数

Cronbach's Alpha	项数
0.866	5

（2）效度分析。

运用 SPSS 19.0 对网站信息质量的 5 个问项进行 Bartlett 球形和 KMO 检验，得出结果 Bartlett 球形检验显著，KMO 值为 0.826。说明适合进行下一步的因子分析。

对网站信息质量的 5 个问项进一步做主成分因子分析，得到一个因子，共解释了 75.194% 的变异量。5 个问项的因子载荷均大于 0.5。具体数据结果见表4-13。由因子分析结果表明数据结果符合问卷设计的初衷，问卷具有较好的测量建构效度。

表 4-13　　　　　　　　　网站信息质量因子分析结果

因子	KMO 值	Bartlett 球形检验	特征值	问项	因子载荷	总体解释度
网站信息质量	0.826	近似卡方为 714.927 Sig. 为 0.000	3.260	WIQ1	0.812	75.194%
				WIQ2	0.766	
				WIQ3	0.807	
				WIQ4	0.844	
				WIQ5	0.806	

4.3.3.2　网站交互体验信效度检验

（1）信度分析。

对网站交互体验变量下的 3 个题项问卷数据进行信度分析，分析结果见表

4－14。由表可知 Cronbach's α 系数值为 0.790，表明网站交互体验这一变量具有很好的内部一致性。

表 4－14　　　　　　　网站交互体验 Cronbach's α 系数

Cronbach's Alpha	项数
0.790	3

（2）效度分析。

运用 SPSS 19.0 对网站交互体验的 3 个问项进行 Bartlett 球形和 KMO 检验，得出结果 Bartlett 球形检验显著，KMO 值为 0.807。说明适合进行下一步的因子分析。

对网站交互体验的 3 个问项进一步做主成分因子分析，得到一个因子，共解释了 70.637% 的变异量。3 个问项的因子载荷均大于 0.5，具体数据结果见表 4－15。数据结果表明这 3 个问项具有良好的测量建构效度。

表 4－15　　　　　　　　网站交互体验因子分析结果

因子	KMO 值	Bartlett 球形检验	特征值	问项	因子载荷	总体解释度
网站交互体验	0.807	近似卡方为 269.349 Sig. 为 0.000	2.119	WIE1	0.851	70.637%
				WIE2	0.836	
				WIE3	0.834	

4.3.3.3　感知易用性信效度检验

（1）信度分析。

对感知易用性变量下的 3 个题项问卷数据进行信度分析，分析结果见表 4－16。由表可知 Cronbach's α 系数值为 0.801，表明这部分问卷内容具有很好的内部一致性，具有较高的可信度，适宜做进一步实证分析。

表 4－16　　　　　　　感知易用性 Cronbach's α 系数

Cronbach's Alpha	项数
0.801	3

（2）效度分析。

运用 SPSS 19.0 对感知易用性的 3 个问项进行 Bartlett 球形和 KMO 检验，

得出结果 Bartlett 球形检验显著，KMO 值为 0.811。说明适合进行下一步的因子分析。

对感知易用性的 3 个问项进一步做主成分因子分析，得到一个因子，共解释了 71.619% 的变异量。3 个问项的因子载荷均大于 0.5，具体数据结果见表 4 - 17。由因子分析结果表明数据结果符合问卷设计的初衷，问卷具有较好的测量建构效度。

表 4 - 17　　　　　　　　　　感知易用性因子分析结果

因子	KMO 值	Bartlett 球形检验	特征值	问项	因子载荷	总体解释度
感知易用性	0.811	近似卡方为 285.947 Sig. 为 0.000	2.149	PEOU1	0.847	71.619%
				PEOU2	0.856	
				PEOU3	0.836	

4.3.3.4　感知有用性信效度检验

（1）信度分析。

对感知有用性变量下的 3 个题项问卷数据进行信度分析，分析结果见表 4 - 18。由表可知 Cronbach's α 系数值为 0.832，表明这部分问卷内容具有很好的内部一致性，具有较高的可信度，适宜做进一步实证分析。

表 4 - 18　　　　　　　　　　感知有用性 Cronbach's α 系数

Cronbach's Alpha	项数
0.832	3

（2）效度分析。

运用 SPSS 19.0 对感知有用性的 3 个问项进行 Bartlett 球形和 KMO 检验，得出结果 Bartlett 球形检验显著，KMO 值为 0.817。说明适合进行下一步的因子分析。

对感知有用性的 3 个问项进一步做主成分因子分析，得到一个因子，共解释了 75.046% 的变异量。3 个问项的因子载荷均大于 0.5，具体数据结果见表 4 - 19。由因子分析结果表明数据结果符合问卷设计的初衷，问卷具有较好的测量建构效度。

表4-19   感知有用性因子分析结果

因子	KMO 值	Bartlett 球形检验	特征值	问项	因子载荷	总体解释度
感知有用性	0.817	近似卡方为354.842 Sig. 为0.000	2.251	PU1	0.841	75.046%
				PU2	0.874	
				PU3	0.883	

4.3.3.5 使用态度信效度检验

（1）信度分析。

对使用态度变量下的 2 个题项问卷数据进行信度分析，分析结果见表 4-20。由表可知 Cronbach's α 系数值为 0.878，表明这部分问卷内容具有很好的内部一致性，具有较高的可信度，适宜做进一步实证分析。

表4-20   使用态度 Cronbach's α 系数

Cronbach's Alpha	项数
0.878	2

（2）效度分析。

运用 SPSS 19.0 对使用态度的 2 个问项进行 Bartlett 球形和 KMO 检验，得出结果 Bartlett 球形检验显著，KMO 值为 0.700。说明尚可进行下一步的因子分析。

对使用态度的 2 个问项进一步做主成分因子分析，得到一个因子，共解释了 81.813% 的变异量。2 个问项的因子载荷均大于 0.5，具体数据结果见表 4-21。由因子分析结果表明数据结果符合问卷设计的初衷，问卷具有较好的测量建构效度。

表4-21   使用态度因子分析结果

因子	KMO 值	Bartlett 球形检验	特征值	问项	因子载荷	总体解释度
使用态度	0.700	近似卡方为156.968 Sig. 为0.000	1.636	UA1	0.905	81.813%
				UA2	0.905	

4.3.3.6　主观范式信效度检验

（1）信度分析。

对主观范式变量下的 2 个题项问卷数据进行信度分析，分析结果见表 4-22。由表可知 Cronbach's α 系数值为 0.858，表明这部分问卷内容具有很好的内部一致性，具有较高的可信度，适宜做进一步实证分析。

表 4-22　　　　　　　　　主观范式 Cronbach's α 系数

Cronbach's Alpha	项数
0.858	2

（2）效度分析。

运用 SPSS 19.0 对主观范式的 2 个问项进行 Bartlett 球形和 KMO 检验，得出结果 Bartlett 球形检验显著，KMO 值为 0.706。说明尚可进行下一步的因子分析。

对主观范式的 2 个问项进一步做主成分因子分析，得到一个因子，共解释了 80.548% 的变异量。2 个问项的因子载荷均大于 0.5，具体数据结果见表 4-23。由因子分析结果表明数据结果符合问卷设计的初衷，问卷具有较好的测量建构效度。

表 4-23　　　　　　　　　主观范式因子分析结果

因子	KMO 值	Bartlett 球形检验	特征值	问项	因子载荷	总体解释度
主观范式	0.706	近似卡方为 141.343 Sig. 为 0.000	1.611	SQ1	0.897	80.548%
				SQ2	0.897	

4.3.3.7　行为意向信效度检验

（1）信度分析。

对行为意向变量下的 4 个题项问卷数据进行信度分析，分析结果见表 4-24。由表可知 Cronbach's α 系数值为 0.834，表明这部分问卷内容具有很好的内部一致性，具有较高的可信度，适宜做进一步实证分析。

表 4 – 24　　　　　　　　　　　行为意向 Cronbach's α 系数

Cronbach's Alpha	项数
0.834	4

（2）效度分析。

运用 SPSS 19.0 对行为意向的 4 个问项进行 Bartlett 球形和 KMO 检验，得出结果 Bartlett 球形检验显著，KMO 值为 0.760。说明适合进行下一步的因子分析。

对行为意向的 4 个问项进一步做主成分因子分析，得到一个因子，共解释了 76.867% 的变异量。4 个问项的因子载荷均大于 0.5，具体数据结果见表 4 – 25。由因子分析结果表明数据结果符合问卷设计的初衷，问卷具有较好的测量建构效度。

表 4 – 25　　　　　　　　　　　行为意向因子分析结果

因子	KMO 值	Bartlett 球形检验	特征值	问项	因子载荷	总体解释度
行为意向	0.760	近似卡方为 488.557 Sig. 为 0.000	2.675	BI1	0.791	76.867%
				BI2	0.843	
				BI3	0.829	
				BI4	0.808	

4.3.3.8　利用效率信效度检验

（1）信度分析。

对利用效率变量下的 3 个题项问卷数据进行信度分析，分析结果见表 4 – 26。由表可知 Cronbach's α 系数值为 0.780，表明这部分问卷内容具有很好的内部一致性，具有较高的可信度，适宜做进一步实证分析。

表 4 – 26　　　　　　　　　　　利用效率 Cronbach's α 系数

Cronbach's Alpha	项数
0.780	3

（2）效度分析。

运用 SPSS 19.0 对利用效率的 3 个问项进行 Bartlett 球形和 KMO 检验，得出结果 Bartlett 球形检验显著，KMO 值为 0.875。说明适合进行下一步的因子分析。

对利用效率的 3 个问项进一步做主成分因子分析，得到一个因子，共解释了 69.937% 的变异量。3 个问项的因子载荷均大于 0.5，具体数据结果见表 4-27。由因子分析结果表明数据结果符合问卷设计的初衷，问卷具有较好的测量建构效度。

表 4-27　　　　　　　　　利用效率因子分析结果

因子	KMO 值	Bartlett 球形检验	特征值	问项	因子载荷	总体解释度
利用效率	0.875	近似卡方为 279.091 Sig. 为 0.000	2.098	UE1	0.769	69.937%
				UE2	0.871	
				UE3	0.865	

4.3.3.9　综合变量信效度分析

（1）信度分析。

对问卷中 8 大变量下的 25 个问项数据进行信度分析，分析结果见表4-28。由表可知问卷的 Cronbach's α 系数值高达 0.950，表明问卷内容具有非常好的内部一致性，具有非常高的可信度，非常适合做进一步的实证分析。

表 4-28　　　　　　　　　问卷综合 Cronbach's α 系数

Cronbach's Alpha	项数
0.950	25

（2）效度分析。

运用 SPSS 19.0 对整个问卷的 25 个题项进行 Bartlett 球形和 KMO 检验，得出结果显示 Bartlett 球形检验近似卡方值为 5153.545，Sig. 为 0.000，且 KMO 值为 0.921，详见表 4-29。由此说明非常适合进行下一步的因子分析。

表 4 - 29　　　　　　　　整体问卷 Bartlett 球形检验与 KMO 值测度

取样足够度的 Kaiser - Meyer - Olkin 度量		0.921
Bartlett 的球形度检验	近似卡方	5153.545
	df	300
	Sig.	0.000

对整体问卷的 25 个题项进一步做主成分因子分析，共得到四个因子，共解释了 84.461% 的变异量。问卷中的 25 个问项的因子载荷均大于 0.5。特征值碎石图见图 4 - 10。

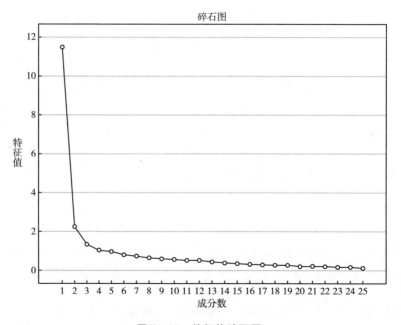

图 4 - 10　特征值碎石图

因此，因子分析结果表明整张问卷数据结果符合问卷设计的初衷，问卷具有较好的测量建构效度。

4.4　模型修正与验证

本章运用结构方程模型（structural equation model，SEM）和 SEM 分析软件

AMOS 17.0 来对理论模型进行分析与验证。

　　SEM 作为一种多元统计分析方法，又可称为协方差结构模型。SEM 主要运用线性建模技术并结合统计分析中的因子分析法和回归分析法来分析变量间的相互关系。SEM 作为一种实证分析模型，一般用来分析与检验潜在变量与观测变量、潜在变量与潜在变量间的关系。这些关系在概念模型中可通过路径系数（载荷系数）来进行体现。结构方程模型由结构模型与测量模型两个子模型组成。结构模型又称因果模型，反映的是潜在变量与潜在变量之间的因果关系。在模型中，潜变量之间的关系可以以线性图形的方式进行表示，这个图形也叫路径图。路径图成为模型评估和修正的必不可少的辅助手段。测量模型反映的是潜在变量与观测变量之间的关系（刘春年、邓青菁，2014）。测量模型可用于验证理论模型的内在模型适配度，主要评估参数的显著水平、拟合度两个方面。

　　AMOS（analysis of moment structures）软件是一款可视化软件，是一款运用结构方程式来对变量间的关系进行探索的软件。因此 AMOS 经常被当作结构方程模型分析软件。AMOS 受到各大领域研究者们的普遍喜好，被应用于社会学、行为学、管理学、经济学等各大学科研究。

4.4.1　模型的绘制

　　本章运用 AMOS 17.0 软件进行了应急网站信息利用率测量模型的描绘，如图 4-11 所示。在该图中，椭圆形图标标示的均为潜在变量，长方形图标标示的均为各个相对于的观测变量，变量间的关系用有向线进行表示。其中，有向线的线头方向标示由自变量指向因变量，潜在变量与观测变量之间的有向线表示该潜在变量的观测维度（姚国章，2007）。

　　该模型中网站信息质量、网站交互体验、主观范式为外源潜变量，感知易用性、感知有用性、行为意向、利用效率均为内生潜变量。其中，外源潜变量影响着内生潜变量，并不被内生潜变量所影响，内生潜变量之间存在着一定的相互关系（姚国章，2007）。前面所假设的各变量间的影响关系已在模型图中运用有向线进行表示。

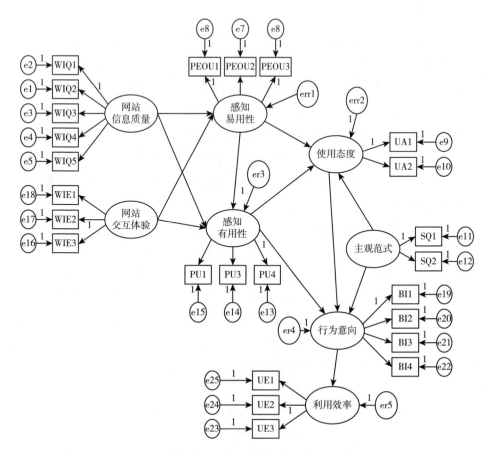

图 4 - 11　应急网站信息利用率测量模型

4.4.2　模型的修正

运用 AMOS 软件，将前面已通过信效度检验的问卷调查数据——导入构建的测量模型中以对模型进行路径分析并计算估计值。数据导入后，修正前测量模型路径系数图如图 4 - 12 所示。

本章运用 AMOS 软件作为数据分析工具，选取极大似然函数估计法来进行参数的估计。表 4 - 30 为非标准化回归系数估计值的检测结果。表 4 - 30 中"←"表示关系路径，反映了各变量间的关系；Estimate 是指非标准化系数（非标准化因素负荷载）；S. E. 表示标准化误差；C. R. 表示临界比率值，相当

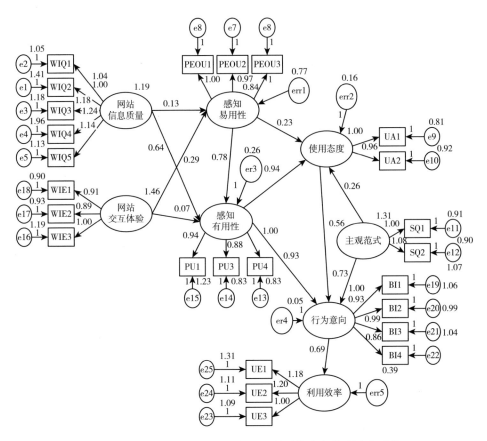

图 4 - 12　修正前应急网站信息利用率结构方程模型路径系数

于 t 值或者 z 值；P 表示显著性，＊表示 P＜0.05，＊＊表示 P＜0.01，＊＊＊表示 P＜0.001。表中路径系数值默认为 1 的关系路径不被检测。

表 4 - 30　　　模型修正前非标准化回归系数估计值的检测结果

			Estimate	S. E.	C. R.	P	Label
感知易用性	←	网站交互体验	0.643	0.100	6.441	＊＊＊	par_19
感知易用性	←	网站信息质量	0.130	0.095	1.367	0.172	par_28
感知有用性	←	网站信息质量	0.294	0.072	4.071	＊＊＊	par_18
感知有用性	←	感知易用性	0.779	0.090	8.677	＊＊＊	par_23
感知有用性	←	网站交互体验	0.074	0.090	0.820	0.412	par_29
使用态度	←	感知易用性	-0.232	0.083	-2.763	＊＊	par_20

续表

			Estimate	S. E.	C. R.	P	Label
使用态度	←	主观范式	0.264	0.070	3.783	***	par_21
使用态度	←	感知有用性	0.938	0.138	6.789	***	par_22
行为意向	←	使用态度	−0.562	0.200	−2.807	**	par_25
行为意向	←	感知有用性	0.934	0.237	3.932	***	par_26
行为意向	←	主观范式	0.733	0.121	6.068	***	par_27
利用效率	←	行为意向	0.693	0.065	10.648	***	par_24
WIQ2	←	网站信息质量	1.000				
WIQ1	←	网站信息质量	1.043	0.090	11.640	***	par_1
WIQ3	←	网站信息质量	1.180	0.108	10.945	***	par_2
WIQ4	←	网站信息质量	1.238	0.104	11.872	***	par_3
WIQ5	←	网站信息质量	1.143	0.104	11.012	***	par_4
PEOU1	←	感知易用性	1.000				
PEOU2	←	感知易用性	0.970	0.073	13.221	***	par_5
PEOU3	←	感知易用性	0.837	0.067	12.433	***	par_6
UA1	←	使用态度	1.000				
UA2	←	使用态度	0.958	0.067	14.312	***	par_7
SQ1	←	主观范式	1.000				
SQ2	←	主观范式	1.085	0.097	11.197	***	par_8
PU4	←	感知有用性	1.000				
PU3	←	感知有用性	0.881	0.056	15.662	***	par_9
PU1	←	感知有用性	0.935	0.065	14.364	***	par_10
WIE3	←	网站交互体验	1.000				
WIE2	←	网站交互体验	0.894	0.081	10.992	***	par_11
WIE1	←	网站交互体验	0.910	0.080	11.328	***	par_12
BI1	←	行为意向	1.000				
BI2	←	行为意向	0.929	0.072	12.896	***	par_13
BI3	←	行为意向	0.986	0.074	13.395	***	par_14
BI4	←	行为意向	0.864	0.066	13.020	***	par_15
UE3	←	利用效率	1.000				
UE2	←	利用效率	1.199	0.098	12.285	***	par_16
UE1	←	利用效率	1.180	0.134	8.827	***	par_17

由表 4 – 30 可知，该模型中网站信息质量与感知易用性之间的路径和网站交互体验与感知有用性之间的路径并未通过显著性检验，因此相关假设并不成立，其他假设均可获得支持。检验结果见表 4 – 31。

表 4 – 31　　　　　　　　应急网站信息利用率模型路径假设验证结果

编号	研究假设	验证结果
H4 – 1	应急网站信息质量与感知易用性呈显著的正相关性	不成立
H4 – 2	应急网站信息质量与感知有用性呈显著的正相关性	成立
H4 – 3	应急网站网站交互体验度与感知易用性呈显著的正相关性	成立
H4 – 4	应急网站网站交互体验与感知有用性呈显著的正相关性	不成立
H4 – 5	应急网站信息感知易用性与感知有用性呈显著的正相关性	成立
H4 – 6	应急网站信息感知易用性与使用态度呈显著的正相关性	成立
H4 – 7	应急网站信息感知有用性与使用态度呈显著的正相关性	成立
H4 – 8	应急网站信息感知有用性与行为意向呈显著的正相关性	成立
H4 – 9	应急网站信息内容访问者使用态度对行为意向呈显著的正相关性	成立
H4 – 10	应急网站信息内容访问者主观范式对使用态度呈显著的正相关性	成立
H4 – 11	应急网站信息内容访问者主观范式对感知有用性呈显著的正相关性	成立
H4 – 12	应急网站信息内容访问者行为意向与利用效率呈显著的正相关性	成立

由前面模型分析与假设检验，由于网站信息质量与感知易用性之间的路径和网站交互体验与感知有用性之间的路径并不成立，故依据模型的简效原则，将这两条路径进行删除修正。另外，为使模型与数据之间有更好的匹配度，本章根据 AMOS 的分析报告，通过建立误差值之间的共变关系对模型做了进一步的精细修正。修正后的最终模型标准化路径系数见图 4 – 13。

4.4.3　模型的验证

4.4.3.1　模型拟合度验证

将通过信效度检验的问卷调查数据导入 AMOS 构建的结构方程模型中进行路径分析后，AMOS 输出报告中有很多关于模型的拟合适配指标。人们普遍把主要的拟合适配指标分为三类：绝对适配拟合指标、增值适配拟合指标、简约适配拟合指标（姚国章，2007）。具体指标选取与各指标拟合标准见表 4 – 32。

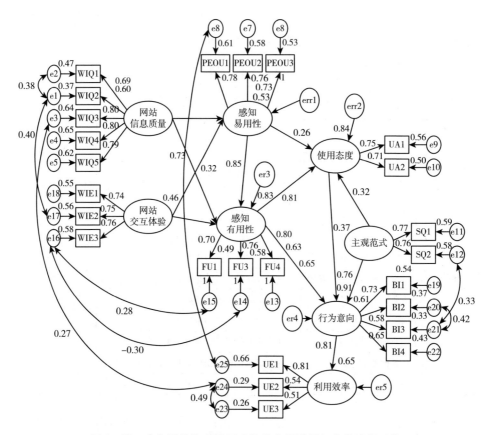

图 4 – 13   应急网站信息利用率结构方程模型标准化路径系数

表 4 – 32   应急网站信息利用率结构方程模型拟合指标计算结果

指标分类	拟合指标	拟合标准	检验结果	是否达标
绝对适配拟合指标	GFI	> 0.9	0.982	是
	RMR	< 0.05	0.014	是
	RMSEA	< 0.1	0.008	是
增值适配拟合指标	AGFI	> 0.9	0.923	是
	NFI	> 0.9	0.879	否
	CFI	> 0.9	0.917	是
	IFI	> 0.9	0.819	否
简约适配拟合指标	PGFI	> 0.5 以上	0.616	是
	PNFI	> 0.5 以上	0.665	是
	PCFI	> 0.5 以上	0.697	是

由上述分析结果可知，除指标 NFI 与 IFI 数值不能完美达标外，其他适配性拟合指标均达标。说明应急网站信息利用率结构方程模型拟合度情况良好、可信度很高，可以用于结构方程模型路径假设检验。

4.4.3.2　模型显著性验证

修正后应急网站信息利用率结构方程模型的路径系数与显著性情况见表 4-33。

表 4-33　　　　模型修正后非标准化回归系数估计值的检测结果

			Estimate	S. E.	C. R.	P	Label
感知易用性	←	网站交互体验	0.736	0.074	9.967	***	par_19
感知有用性	←	网站信息质量	0.401	0.075	5.363	***	par_18
感知有用性	←	感知易用性	0.812	0.070	11.586	***	par_23
使用态度	←	感知易用性	0.209	0.072	2.878	**	par_20
使用态度	←	主观范式	0.282	0.070	4.031	***	par_21
使用态度	←	感知有用性	0.911	0.140	6.487	***	par_22
行为意向	←	使用态度	0.371	0.124	2.978	**	par_25
行为意向	←	感知有用性	0.855	0.222	3.854	***	par_26
行为意向	←	主观范式	0.679	0.118	5.763	***	par_27
利用效率	←	行为意向	0.566	0.063	9.001	***	par_24
WIQ2	←	网站信息质量	1.000				
WIQ1	←	网站信息质量	1.105	0.090	12.330	***	par_1
WIQ3	←	网站信息质量	1.435	0.136	10.512	***	par_2
WIQ4	←	网站信息质量	1.411	0.130	10.823	***	par_3
WIQ5	←	网站信息质量	1.353	0.130	10.439	***	par_4
PEOU1	←	感知易用性	1.000				
PEOU2	←	感知易用性	0.962	0.072	13.397	***	par_5
PEOU3	←	感知易用性	0.834	0.066	12.715	***	par_6
UA1	←	使用态度	1.000				
UA2	←	使用态度	0.953	0.066	14.429	***	par_7
SQ1	←	主观范式	1.000				
SQ2	←	主观范式	1.029	0.101	10.146	***	par_8
PU4	←	感知有用性	1.000				

续表

			Estimate	S. E.	C. R.	P	Label
PU3	←	感知有用性	0.894	0.056	15.893	***	par_9
PU1	←	感知有用性	0.914	0.064	14.213	***	par_10
WIE3	←	网站交互体验	1.000				
WIE2	←	网站交互体验	0.893	0.076	11.785	***	par_11
WIE1	←	网站交互体验	0.871	0.073	11.894	***	par_12
BI1	←	行为意向	1.000				
BI2	←	行为意向	0.825	0.064	12.809	***	par_13
BI3	←	行为意向	0.793	0.067	11.839	***	par_14
BI4	←	行为意向	0.838	0.059	14.112	***	par_15
UE3	←	利用效率	1.000				
UE2	←	利用效率	1.172	0.102	11.516	***	par_16
UE1	←	利用效率	1.716	0.177	9.669	***	par_17

由表 4-33 可知，对模型进行修正后，所有潜在变量与其对应的观测变量间的路径均在 0.001 的水平上达到了显著水平，表明它们之间的关系获得了问卷数据的支持。在潜在变量与潜在变量间的路径系数估计值的检验上，感知易用性与使用态度和使用态度与行为意向这两条路径是在 0.01 的水平上显著，其他路径均在 0.001 的水平表现显著，说明各路径假设关系均获得了数据的支持。

本章针对研究结果，分两个方面进行总结：第一，结构方程模型相关路径假设结论，第二，经过数据实证分析后，结构方程模型中变量间的标准化路径系数分析讨论。

（1）结构方程模型相关路径假设结论。

经前面分析表明，以下路径假设得到了数据支持，路径假设成立。

路径 H4-2：网站信息质量与感知有用性呈显著的正相关性。

路径 H4-3：网站交互体验度与感知易用性呈显著的正相关性。

路径 H4-5：感知易用性与感知有用性呈显著的正相关性。

路径 H4-6：感知易用性与使用态度呈显著的正相关性。

路径 H4-7：感知有用性与使用态度呈显著的正相关性。

路径 H4-8：感知有用性与行为意向呈显著的正相关性。

路径 H4-9：使用态度对行为意向呈显著的正相关性。

路径 H4-10：主观范式对使用态度呈显著的正相关性。

路径 H4-11：主观范式对感知有用性呈显著的正相关性。

路径 H4-12：行为意向与利用效率呈显著的正相关性。

通过该模型，可得出以下结论：

①本章基于技术接受模型构建的结构方程模型是合理的，是经得起数据考验的。该模型总结了网络用户访问应急网站信息的影响因素，实现了对应急网站信息接收和使用行为的解释和预测。

②网站信息质量、网站交互体验是影响应急网站信息利用率的主要外部变量，它们通过影响感知有用性与感知易用性对行为意向以及最终的利用效率产生间接的影响。网站交互体验通过影响感知易用性进而影响感知有用性，可能是因为用户交互体验侧重的是应急网站基于网站技术以及点击操作给用户带来的感知上的一种体验，并不能是直接提供有用的信息或者服务。

③感知有用性、感知易用性、使用态度以及主观范式在模型中充当中间变量，起到调节的效用。其中，主观范式对用户的行为意向能够起到直接的作用，这意味着，当用户身边的人的积极建议能够直接影响其行为，最终影响应急网站信息利用率。口口相传，最大限度地在日常社会活动中对应急网站进行宣传，引起广泛关注，让人们都意识到通过访问应急网站可以全面、权威、及时准确地获得应急信息以应对身边的灾害事件。

（2）标准化路径系数分析结论。

应急网站信息利用率结构方程模型中，各变量间的标准化路径系数值表示的是该变量改变会引起其他变量改变的程度。故结构方程模型中的标准化路径系数值可反映出各变量间的关系及相互作用的强弱水平（姚国章，2007）。其中，标准化路径系数值越大，表明两变量间具有越强的影响关系。因此，根据结构方程模型中各标准化路径系数值的情况便可以找出影响应急网站信息利用效率的关键因素。

①潜在变量与观测变量间的标准化路径系数分析。

观察图 4-3 潜在变量与观测变量间的标准化路径系数，我们可以看到影响网站信息质量的 5 个指标中，应急网站信息的及时性、准确性的标准化路径系数值最大，均为 0.80，其次是应急网站信息的完整性，其标准化路径系数为 0.79。据此数据可以说明应急网站可以从信息及时发布、信息准确描述、信息完整传达三个方面着手来提升应急网站的网站信息质量。

网站交互体验下的 3 个指标所对应的标准化路径系数相差不大，分别为 0.74、0.75、0.76。据此可说明应急网站界面设计、数据授权度把控、链接稳定性建设对于应急网站建设同样重要。

另外，利用效率所对应的 3 个指标中，访问频度的标准化路径系数 (0.54) 大于访问时长 (0.51)。据此可说明提升应急网站信息利用率，从如何把控网民访问网站的频度入手显得尤为重要。

②潜在变量与潜在变量间的标准化路径系数分析。

同样观察图 4 - 3 中的潜在变量间的标准化路径系数，可以看到感知易用性、感知有用性和主观范式共同影响潜在变量使用态度，其中感知有用性对使用态度的影响最大，其标准化路径系数值为 0.81。据此实证数据可知，应急网站信息浏览者感知浏览应急网站能就自己的生活、学习产生绩效对提升网民对应急网站的评价显得尤为关键。

行为意向同样受到 3 个潜在变量的共同影响，分别为感知有用性、使用态度和主观范式。这 3 个潜在变量中，感知有用性的标准化路径系数值最高为 0.85，其次为主观范式的影响，其标准化路径系数值为 0.76。应急网站维护者应该从提升自我网站质量和加大宣传力度两个方面入手以提升应急网站的信息利用率。

将上述结论进行归总为以下 5 点：

①应急网站可以从信息及时发布、信息准确描述、信息完整传达三个方面着手来提升应急网站的信息质量。

②应急网站界面设计、数据授权度把控、链接稳定性对于应急网站建设同样重要。

③提升应急网站信息利用率，从如何把控网民访问网站的频度入手显得尤为关键。

④使应急网站信息浏览者感知浏览应急网站能就自己的生活、学习产生绩效对提高网民对应急网站的评价显得尤为关键。

⑤应急网站维护者应该从提升自我网站质量和加大宣传力度两个方面来入手以提升应急网站的信息利用率。

（3）应急网站建设与维护建议。

①提升应急网站信息质量的建议。

我国应急网站面临的主要问题是：各省区市应急网站难以利用、整合其所辖区域如气象局、地震局、农业局等相关部门的信息资源，使应急网站难以发挥其应有的综合性应急管理调度的作用（姚国章，2007）。本章认为其根本原因在于我国在法律层面没有做出相关职责、任务明确的分工协作的规章制度。我国各省区市建立的应急网站与其关联的相关业务部门并没有一条统一、明确的信息互通互享渠道，进而引发各部门信息"孤岛"现象。在国外一些发达国家虽然有些也有类似的情况，但是其国家的法律能够较为明确地对各级应急网站及其下辖业务部门相互之间的信息资源互通互享和业务协作流程进行了规定。基于此，本章建议应急管理相关政府部门有必要对各省区市应急管理部门和其关联的相关业务部门之间的关系进行细致的说明指导以实现应急信息资源的共建共享。只有将相关部门的应急信息进行互联互通才能够在应急网站中将完整、准确、可靠及时的应急信息进行更新发布。

此外，应急网站应该着力于满足用户当前的迫切需求为建设重点，加强应急信息资源的整合。将最能响应用户需求的信息，如应急动态、应急救援、应急手册、应急电话等与应急急切相关的信息进行着重展示，提高应急网站信息的有用性认知。

②提升应急网站交互体验度的建议。

充分考虑用户的需求提供应急信息资源是建设应急网站的第一要素。应急网站建设者应主动对用户的需求进行界定，优化网站服务导航栏，对不同的用户群体提供有针对性的全面、规范服务。例如，广东省建立的广东省人民政府应急管理办公室网站，在该网站中，针对不同的用户群体设置了不同的网站版本。针对文化程度低、识字能力弱的群体专门设置了无障碍辅助浏览版网站，只要用户将鼠标轻轻地移动到需要识别的文字上，网站就能即可播报出该条信息。对于视力障碍人群，该网站特意设置了语音版网站，只要打开该版本网站便能按照顺序一条一条地进行网站信息语音播报。此外，该网站还设置了英文版网站、中文简体版网站、中文繁体版网站，克服了某些群众语种不同、阅读不便的障碍。系列版本网站的建设，对不同的群体充分地体现了人文关怀，极大地提升用户与网站交互的体验度。

此外，网站提供的界面美观度以及网站的整体服务水平对提升用户满意度起着至关重要的作用。然而，网站界面以及网站整体服务水平的优劣在很大程度上都取决于该网站所采取的网络技术。当网络用户打开应急网站时，会对网站链接是否能及时响应、页面内容是否能及时加载完毕完整展示、网站中的链接是否都有效等内容进行一个直观的判断。应急网站如果想要提升用户与网站的交互体验度，并且持续地保有用户的忠诚度就需要对网站的网络技术进行不断更新以带来更加优良的服务水平。

③提升应急网站关注度的建议。

社会公众对应急网站的认知度和满意度是提升网站关注度的重要因素（赵戈，2010）。合适、广泛的社会宣传是提升应急网站关注度的有力手段。各省区市应急网站可结合社会民众在灾害事故中的实际需求，策划实用性强、吸睛度高的服务指南，并可以通过报纸、书刊、宣传手册等纸质媒体与电视、广播等网络媒体相结合的方式加强对于应急网站服务内容、服务功能的社会宣传工作，迅速提升社会公众对于应急网站的认知度和关注度。

2002年，我国出台了《关于我国电子政务建设的指导意见》，并在该指导意见的基础上指出了关于我国政府门户网站建设的相关规章制度（李广乾，2005）。该制度的提出将政府门户网站的建设情况推向了新的篇章。据此，本书认为要想让应急网站建设进入规范化建设章程，国家政府部门必须高度重视，并下发应急网站建设相关指导意见。只有应急网站的功能完善，才能有利于吸引社会公众的广泛关注。

网络用户参与应急管理的积极性对提升应急网站关注度也至关重要。应急管理相关部门可以从多个不同的角度采用多种不同的方式来提升网络民众参与的积极性，除了第一时间回复网民在应急网站中提出的问题外，应急管理的领导可以定期在应急网站中开通视频与网络民众实行实时在线的交流互动。该举措还可以更加全面地了解民众的需求，解决民众切身所需。例如，2009年，国家领导人曾通过网络手段与网络用户进行了实时的交流互动，取得了良好的响应。

④基于模型标准化路径值分析的建议。

基于对模型中变量间路径的标准化路径值分析得出的5点结论，本书提出以下有针对性的5条建议，旨在提高应急网站信息利用效率。

第一，应急网站的基本功能就是对应急信息的公开（常玲慧，2013）。应急信息完整传达的基本条件是基于信息资源的整合（迟琳琳，2008）。目前，绝大多数的应急网站均由政府进行建设与维护，丰富完整的信息资源整合离不开政府部门的支持。随着网络的普及、电子政务的兴起，我国已建成了覆盖全国各级地市的电子政务网站。借助于该条四通八达的网络可以非常全面地收集来自气象、交通、地质、海洋、农田、森林等各大领域的应急信息。对收集到的信息加工整理后以统一的数据格式存储到一个共同的应急信息数据库中。由专门的人员对应急信息数据库进行管理，并在各政府网站提供一个应急信息共享平台检索入口供广大网民查询。基于应急信息统一目录体系编纂的统一共享应急信息交互平台能够以标准化的响应方式来应对各应急管理部门的跨部门资源请求（秦军，2008）。标准、准确获得的响应应急信息资源或功能服务可有效应对各类灾害或危机事件。统一共享应急信息平台的建立解决了各大应急网站现有应急信息系统与业务系统数据库标准不一的问题，可实现各部门应急信息资源的交互、共享。应急信息与一般信息的不同之处在于"急"字，换言之，只有及时的应急信息才能充分体现应急信息的真正价值。因此，为提升信息发布的及时率与准确率，本书建议政府加强对于应急管理的重视，对政府建设维护网站相关部门建立绩效评估以调动相关工作人员的积极性。对应急网站进行绩效评估能够有效提升应急网站信息的服务水平，并能够保证信息的及时更新，信息的准确发布。通过互联网搜索可以发现，已经有各种组织机构多次组织网民对政府网站进行绩效评估，可见对于网站绩效评估技术研究已然比较成熟。只有加入对于应急网站的绩效评估才能有效地正确引导各部门对于应急网站信息的重视。

第二，在应急网站建设中，网页设计方面，建议应该提升网站的亲和力，让广大民众在网页浏览时体会到网站的服务意识。应急网站网页界面可采用动静结合的方式而非全篇纯文字来对信息进行展示，可在网页中加入文字、图片、视频等让网页丰富化展示。此外，还应该从网页布局、网页色彩选择、语言风格、栏目设置风格等方面进行改版以满足大多数民众的浏览习惯，使民众乐于登录应急网站。在网站中加入含地方特色的应急信息也是一项不错的选择。网页链接的稳定性主要靠技术人员的技术支持。与使用传统的办公软件不同，网站建设需要的技术软件对于技术普遍不足的政府应急管理部门来说是个全新的挑战。建议应急管理部门对应急网站管理人员进行专业的培训以保障应急网站的建设质量。在链接设置方面，应急网站建设人员也应该引起重视。建设形式简单、延展性差、内容官方、实用性不强的网站会大大降低民众对于应急网站的评价。建议应急网站在栏目下建立 3~5 级链接以逐步深入并具体地给广大民众提供应急信息。

第三，如何提升用户访问频度可从应急网站建设栏目设立入手。在应急网站中增设论坛、志愿者、在线举报等吸引公众参与其中的栏目。网站维护人员可在论坛中定期发布关于灾害或者危机事件的辩题,让网友与网友、网友与各界媒体之间,更有甚者网友可与该领域的应急专家进行轻松、权威的互动性评论沟通。或者也发布一下有趣的关于灾害或者危机事件的应对措施的投票,网友通过转发等形式提升网站的访问率。此外,政府主管部门也可通过议题讨论过程及结果或者投票结果进行归纳总结,发现问题并及时提出解决方案。当灾害事件发生时,人们还可以通过论坛发布身边事件的实时状况。志愿者栏目的设置是调动广大民众参与应急应对热情最有效的途径之一。网民通过访问应急网站中的志愿者栏目,进行个人信息的登记填写,应急管理部门对登记的网民进行统一的调度与安排,让普通民众为救灾抢险出一分力,提升民众参与度。此外,还可以设置在线举报栏目,民众通过在线举报救灾抢险中的不当行为来抒发自身的表达欲望,拒绝出现小事控诉无门现象。这一栏目的设置在起到良好监督作用的同时,政府部门还可以真实、有效、全面地搜集到普通民众的意见以投入应急管理的决策依据和行动导向中。

第四,在现代信息化的社会中,面对海量的各种信息,人们总是希望在有效的时间和精力里获取到更多更有助于提升自我绩效的信息。应急网站在栏目设置方面,可以按照广大民众的不同需求进行分类设置,按照民众的需求将对民众有利用价值的应急信息发布到应急网站中。此举不仅可体现网站对于公众需求的理解,还可让民众方便、快捷、有效地获取与自身需求一致的应急信息。另外,应急网站还可针对不同的用户群体开发设计多元化的网站模块,以可读性和趣味性吸引用户对应急网站信息进行浏览,以进一步获取到更多更有助于提升自我绩效的应急信息。如可在应急网站中设置家庭应急栏目,提供各类灾害事件的家庭应急方案,让民众意识到应急是与自己息息相关的事情。

第五,具备优良信息质量的应急网站,应该能对灾害事件提供及时有效的信息,避免谣言四起造成民众的心理恐慌。建设应急网站时应该更多地注重实用性信息,避免成为空有其型的"空白"网站。在页面设置上,建议将灾害预警发布、灾害实时跟踪、灾害应急方案等与灾害紧急相关的栏目放在网站醒目位置,一些与灾害应急工作并不十分紧密相关的栏目放在次要位置。另外,应急管理部门可以通过在应急网站上定期举办活动以提高应急网站的关注度。如定期组织举行有奖防灾减灾方面的知识竞赛、全民征集应急网站 LOGO、全民征集应急网站宣传口号、全民征集地方应急管理标徽等各类与应急网站相关的活动（曹露、计卫舸，2013）。还可以在应急网站中建立在线灾害应急演练，利用三维动画网页制作技术进行灾害事故现场的模拟，让网站在实用的基础上再添趣味性。通过这种类似电脑游戏的生动直观的模拟演练，大部分人在日后生活中遇到类似的灾害事件都能将模拟演练中学习到的应急信息应用到现实生活中。实用又具有趣味性的应急网站赢得民众的认可后自然能起到良好的宣传效果。

第5章　灾害数据质量评估

各行各业均离不开大数据的服务，传统的数据管理方法可能无法适应新时代庞大数量且多样化的新型数据，这将为数据质量管理带来新的挑战与发展机遇。这个飞速发展的时代特征，在灾害数据方面也有所体现，具体表现为数量规模巨大，产生速度快，数据来源与形式多样。我国国土十分辽阔，为多种自然灾害发生提供了一定的地理条件，2016 年我国总体遭受灾害情况与"十二五"时期均值相差不大，失踪人数比之前增长 11%，损失的财产增长 31%，相比 2015 年明显偏重，但是，受灾害人数减少 39%、房屋倒塌数量减少到先前的 24%（胡良霖、黎建辉、刘宁，2012）。灾害数据质量具有特殊的非凡意义，它不仅关系到人们对灾害种种影响的全面认知，也关系着政府部门的权威性和领导力，正确的、高质量的灾害数据不仅能够助力于抗震救灾，也有助于各级灾害管理部分做出正确的决策，制订长期的防灾抗灾计划，提升灾害管理能力，广大社会民众也能够提升灾害自我救助意识，增强自救知识，提高反应能力与抗灾能力。

本章围绕灾害数据质量评估，建立灾害数据评估框架，并分别从宏观和微观角度对国家统计局的国家数据平台和 EPS 数据平台中全国范围内的灾害数据进行全方位的实证分析。在宏观层面，构建灾害数据质量评估模型后，应用模糊评价法对两个数据平台综合评价；在微观层面，对两个数据平台样本的完整性、正确性和存储时间进行质量分析。总结出现阶段灾害数据质量评估在一定程度上受主观与客观因素的影响，存在缺乏具有针对性的质量标准体系、业务流程的间接影响和不能避免受人主观因素硬性的现状，提出建立完善的灾害数据质量管理标准体系、重视灾害信息员的培养，充分发挥自媒体的作用，使评估主体多元化的措施，以此提升灾害数据质量评估水平，充分发挥灾害数据质量的潜在价值。

5.1　引　言

5.1.1　研究背景与研究意义

"互联网＋"与云计算的推广与应用，伴随着各行各业的飞速发展与海量数据的产生。这个飞速发展的时代特征，在大规模数据方面也有所体现，具体表现为数量规模巨大，产生速度快，数据来源与形式多样。然而，并非海量的数据均能转化为有利的分析与结果，为人们创造巨大的价值。由于数据供应商、管理人员与客户等不再需要面对面接触，只须通过网络进行数据交换，没有对数据供应链上所有参与人员间的数据进行验证和核实，劣质数据质量可能很难被发现。Ventana 发布的报告 "Datain the Cloud" 中指出 "数据质量" 重要性的关注度超过 83%，位于第二名，而第一名为 "数据的可见性"，某种层面上也是数据质量的维度（陈劲松，2017）。据 Knight（1992）估计，由于数据库中的低质量数据，每年都会给美国工商部门和企业带来数十亿美元的损失。Hamblen（2000）指出，因处方、血样标记错误而造成的医疗事故，是美国死亡的第八大因素，每年的直接经济损失超过 170 亿美元。事实上，劣质数据不仅能造成有形的损失，还有很多无形损失难以估量。缺乏准确的估量，很多企业很难正确认识到数据质量将会给它们的运营情况带来的影响，也不会优先考虑对数据和信息质量进行测评和有效管理。可能使因为数据清洗工作而拖延工期、产生额外的费用，甚至可能造成合作伙伴丢失，影响员工对企业的信任度和对工作的热情。据 Redman（2004）估计，由于缺乏对数据和信息质量管理的规划，低劣数据等将会造成一个公司收益 20% 的损失。在当前时代背景下，各行各业均离不开大数据的服务，传统的数据管理方法可能无法适应新时代的庞大数量且多样化的新型数据。因此，对数据进行质量控制与管理，确保数据的有效应用实施，比过去更为迫切，这也将为数据质量管理带来新的挑战与发展机遇。

我国国土十分辽阔，为多种自然灾害发生提供了一定条件。2016 年，洪涝、台风、地质灾害等都在我国有不同频率和程度地发生，并影响到全国 1.9 亿人口、910.1 万人次的被临时安置，1432 人死亡，使 52.1 万间房屋摧毁，破坏 2622 万公顷农作物，290 万公顷面积颗粒无收，所有的经济损失达到 5032.9 亿元。2016 年总体我国遭受灾害情况与"十二五"时期均值相差不大，失踪人数比之前增长 11%，损失的财产增长 31%，相比 2015 年明显偏重。但是，受灾害人数减少 39%、房屋倒塌数量减少到先前的 24%（胡良霖、黎建辉、刘宁，2012）。灾害数据是指由于自然灾害产生的相关数据记录，能够表征出事件的状态、发生方式、发生地点等自然灾害事件的本身特性与外部相关联的状态与形式，也是人们所感知灾害事件的一种直观方式。自然灾害数据应该是由相关灾害管理部门提供的社会公共数据，社会各级管理与决策部门之间应该交换共享灾害数据，在防灾救灾抗灾的过程中能否发挥其最大的利用价值，能够发挥多大的利用价值，由各级政府部门的自身建设情况等其他因素决定。对于民众而言，面对灾害数据，能否对自身引起防灾意识，增强自身抗灾能力，也因人而异。换言之，灾害数据以它所记录的形态呈现在民众面前，如何利用，用在何处，会因为很多制约因素呈现参差不齐的状况。灾害数据质量的好与坏，也决定民众对其的利用效率。灾害数据的统计与保存，不仅是能对受灾受损情况的准确、全面的直接反映，更可以为抗灾、救灾、灾后重建与防灾提供科学依据，对突发的自然灾害具有更强的抵御力。各级政府管理部门对灾害数据也较为重视。目前，各级政府门户网站都设立灾害应急管理专门网站或模块，对相关地区的各类灾害发生的时间、强度、损失等进行记录与公开，并对发生自然灾害的环境、致灾因子等记录与分析，制订相应的应急预案与自救知识普及。但是，目前普遍的灾害管理实行平行制，相关数据信息部门职能交互，缺乏部门间的配合与协调，存在多次统计等灾害数据质量低劣的现象。2008 年汶川地震后，四川省崇州市交通局和旅游局在统计流失的钱物时，因重复统计，多出受灾损失达 12.34 亿元（张晓松，2009）。Meier 在 2010 年海地毁灭性的大地震后，与来自世界各国志愿者们一起合作建立应急网络信息资源——街道地图，短短几天拥有超过 100 万的点击量，为人们灾后自救和重建提供了极大的帮助（Meier，2002）。自然灾害对人类具有一定的伤害性与损失性，若灾害数据存在质量低下等问题，将会造成更多难以估量的损失。加强灾害数据检测意识，切实制订质量评估方案，对灾害数据进行有效管理，利用高质量灾害数据为人类服务，就能真正提高人类抵御灾害能力。

正确的、高质量的灾害数据不仅能够助力于抗震救灾，也有助于各级灾害管理部门做出正确的决策，制订长期的防灾抗灾计划，提升灾害管理能力，广大社会民众也能够提升灾害自我救助意识，增强自救知识，提高反应能力与抗灾能力。数据质量管理与评估等相关研究，一直是许多研究者的研究重点，试图从不同层次对研究对象进行有效管理。本书从自然灾害数据特点出发，针对现有影响自然灾害数据的各种因素，构建灾害数据质量框架，建立评估自然灾害数据质量的模型，并进行实证研究，根据实证结果提出切实有效地获得高质量灾害数据的建议，为灾害管理部门和广大民众理解实施数据质量管理，有效利用高质量灾害数据提供参考指南。

5.1.2　文献综述

5.1.2.1　信息质量相关研究

（1）信息质量内涵分析。

研究者逐渐接受信息质量的多角度性。Cappiello（2004）认为用户对所用的数据的满意程度作为信息质量的体现。Aebi（1999）指出，在信息系统中，模式（schema）和数据实例（instance）的一致性的实现程度，代表着信息质量。此外，高质量信息也代表它自身的正确性（correctness）、一致性（consistency）、完整性（completeness）和最小性（minimality）的实现程度。Rahm（2000）站在更高的角度来对信息质量进行诠释，分为内在质量（intrinsic DQ）、可访问性质量（accessibility DQ）、上下文质量（contextual DQ）和表达质量（representational DQ）四大类型，每个类型又分为一些细小的维度，扩宽对信息质量的理解范围。朱兰（1988）这位在信息质量领域具有一定权威的专家认为信息质量是指它的适用程度（fitness for use），质量的生成是个逐步提升与变好的周期，并提出"质量螺旋模型"。Strong 等（1997）从信息生产的角度，认为信息质量需要符合规范（conforming to specifications），便于建立合理的标准体系以保证信息的质量；从信息使用的角度，信息质量是指满足或超过用户的期望（meeting or exceeding consumer expectations）。这是对生产角度的信息质量含义的完善，对信息质量含义较为全面且抓住要害的诠释。

国内研究学者张辑哲（2006）认为，信息质量由信息的"质"和"量"两部分组成，将定性与定量相结合，对信息质量的定义较为全面。信息质又分为信息内容（如真实性、正确性、完整性和深刻性）和信息组织（信息载体、可靠性、不变性和确定性）两个方面。曹瑞昌（2002）基于三元结构，认为信息的内容、符号、表达和效用四个方面构成其质量维度。高智勇等（2006）从语法、语义和语用层次剖析，认为信息质量应包括其结构设置和实际所得到的信息数量，信息产品结构应该包括事物、时刻、情况、源头、承载体和表达形式。

（2）信息质量管理研究。

DasuT（2003）认为，基于数据的生命周期，可以有两个方式对数据质量加强管理。一种是防患于未然，在数据流的各个过程，都制订质量监管方案，提前防止低质量数据的产生，Shankaranarayanan（2000）改进信息—生产模型，增加 3 个新模块，并向每个模块添加描述部门/角色、位置、业务、数据构成等元数据，使 IP 图（information production map）包含详细信息，使管理员能够形象了解信息数据产品质量的核心阶段，并指出其中的待优化方面，从源头上实现对研究对象的质量监管；另一种是对低质量信息的检测与修正。LastM（2002）提出，有些数据与信息质量的管理，并不依赖相关业务流程，可以依据数据管理相关知识进行错误发现与修改，如数据拼写错误、格式不正确、对不完整数据的补充等。Low WaiLup（2001）则认为，在某些情况下，数据质量监管必须依靠相关业务流程，它们之间存在一定的相互依赖关系，需要借助业务流程来对数据之间的逻辑关系进行检验。20 世纪 90 年代初，Stuart Madnick 和 Richard Wang（2011）在麻省理工学院启动全面数据质量管理（Total Data Quality Management，TDQM）研究计划，旨在相关的学科基础上，建立一定的数据质量标准并且使之成为一个系统化的知识体系，并且每年都会组织信息质量国际会议，研究者可以就如何提高信息质量交换意见或者建议，如今已经成形成专门研究提高数据质量的知识体系。有些学者对数据质量从概念、特征等的视角进行归类与分析。Strong、Lee（1997）总结造成低质量数据的 10 个核心问题，其中包括：①多数据源；②数据生产中的主观判断；③对输入规则的不严格遵守；④数据量大；⑤分布式异构系统；⑥很难对非数值数据编制索引；⑦通过信息收集来自动化内容分析；⑧动态变化中的数据需求；⑨数据安全性和访问性的不兼容；⑩计算机资源有限。Yair Wand（1996）在本体概念的基础上，在理解数据质量的概念后提出，数据新鲜度（freshness）在分布式系统的数据利用中区别于其他情境下的数据质量的新特点，具有一定的重要性。

（3）信息质量评估研究。

很多学者都热衷于对信息质量评估进行研究，试图建立完整、适用性较强的信息质量评估模型。Wang（2011）认为，除了可以依据信息用户的直观判断对信息质量进行评判外，可以基于信息理论对研究对象的信息质量确立维度定性评估，此外，还可以通过用户数据统计分析来完成信息质量评估工作。Kahn（2002）总结出，信息质量包含产品质量和服务质量，也即 two - by - two 模型，并对评估标准的进行客观与主观的区分，认为信息要完整、独立、有用和能够使用。Eppler（2003）在分析 20 个质量评估模型基础之上，建立包含 4 个角度共 16 个维度组成的信息质量评估模型，相关主要指标有：①社区角度，完整、准确；②过程角度，及时、方便；③产品角度，通用、一致；④基础角度，可访问。查先进（2010）总结由 Jean Tague Sutcliffe 提出基于用户需求的信息顺序建立的信息链而评估信息质量的方法。其模型测度如下：

$$I(Tk(u)) = \log\Big[\sum_{i=1}^{k} \frac{n(i)}{n+1}\Big] \tag{5.1}$$

其中，$Tk(u)$ 为信息链中 K 的优先信息的子序列，$n(i)$ 为信息链中的第 i 种优先信息的信息记录号，n 为信息链中的信息记录总数。其中单个信息度的测度公式如下：

$$I(T(u)) = \{I(Tk(u)) - I(Tk - 1(u))\}/n(k) \tag{5.2}$$

虽然此模型为信息服务质量评估带来新的研究局面，但是仍不能避免评估主体的主观因素影响，且并不是对所有案例适用，具备一定的局限性。Lee 从数据抽取延误（currency）和原始数据更新频度（timeles）两个角度对数据质量进行评估，但并没有进行量化分析，拥有一定的主观性并且缺少一定的量化性。因此，很多研究者聚焦于定量评估。Parssion（1999）对两个样本数据库数学化计算，探究其质量对选择、投影、笛卡尔积和连接的重要性程度。这四个关系代数运算，较为广泛应用于数据库之间的关系探究。Motro（1970）判断数据质量的好坏，相比于传统的整片区的数据质量评估更为准确。这种方法存在很明显的缺点是：需要人工对数据库每一块区域的数据质量进行验证，将会耗费很大的人力与时间成本，在很多数据质量评估的应用场景下，不容易实现。Missicr（2006）认为，应该具体问题具体分析，在某些特定领域，可以引入元数据对数据质量视图（qualityview）进行诠释，来具体引导整个数据质量评估的过程。Evoke（2000）为揭示数据值分布、数据冗余与函数依赖之间的关系，应用数据挖掘技术，对数据的分布的特征进行总结归纳，为数据质量的检测与数据存在方式的优化提供帮助。Andritsos（2004）依据信息论，对数据进行聚类，发现不同模式的数据之间的函数关系，大大优化数据模式，解决类型不一的数据难以统一定义的问题。马小闳（2006）应用层次分析法对提出的质量评估模型进行指标权重的确立。裘江南（2012）综合 15 个页面质量评估指标，并依据 C4.5 决策树的页面质量评估模型，并开展检验与校正研究。信息质量评估能够定量分析研究对象，帮助相关人员了解质量状况，加强对信息质量的监管。

5.1.2.2　灾害数据质量评估相关研究

马费成（2005）认为，信息并不能与数据简单画上等号，信息应该包括数据和背景两个部分构成。数据，是构成信息系统中的信息的原始材料。早在 40 多年前，关于数据质量问题的研究已悄然展开。许多学者针对其自身研究方向的低质量信息的相关问题及解决方案进行研究。在统计学领域，如何利用计算机对数据进行修正与检查是众多研究者关注的问题之一。Mustert（1975）建议，若将某些数据记为"劣质数据"，最好采取以下三个方法之一来处理：①追溯"劣质数据"根源，并且进行修订；②依据一定原理与算法，进行合理的"数据估算修补"；③舍弃该数据。在图书情报领域，在线数据库质量是众多研究者研究许多年的问题。Toney（1992）介绍道，在一个历时两年的书目数据质量项目中，修改了 210 万个数据字段，因数据重复而删掉了 8.2% 的原有记录。在会计领域，如何最好地监测、修正财务数据中的错误，以及对错误数据的影响评估是众多研究者所关注的热点问题之一。信息系统审计与控制协会（Information System Audit and Control Association，ISACA，2003），提供如何保护公司数据资产和保证数据完整的合理化方案。

目前，国内外针对灾害数据质量评估研究并不是非常多，袁维海（2016）基于传统信息质量评价为基础，对不同的应急流程，筛选相应的信息评估指标，并运用模糊评价法实证分析。许振宁（2011）应用 SERVQUAL 模型，从性能、效益、成本、功能等六个维度，建立应急管理信息系统评价模型。马莲（2014）对贵州省地质灾害监测预警与决策支持平台中数据质量控制各个流程的数据质量控制的内容与方法分析。李珂（2011）以应急信息流为导向，对应急信息管理工作进行介绍，来提升应急管理的质量和水平，提高组织的应急对应能力。

　　郭路生（2016）在分析大数据时代的应急信息质量的现状和原因的基础上，对如何治理应急数据进行探讨。鲁蕴甜（2014）对应急监测的质量体系建设进行讨论，提出提升应急监测工作和水平效率的建议。贺晶（2012）基于组织、网络、信息、质量控制和评估预测建立完整的应急监测质量管理体系。李露（2016）结合大数据的特点，对应急管理中的情报信息融合从以下视角探讨：数据环境、业务流程和流程对比。李小青（2013）对贵州省盘县地质灾害数据库的位置精度、属性精度、时间精度、数据完整性等方面的数据质量控制进行详细分析。朱海涌（2010）从空间分辨力、数理统计和地理统计等方面对灾害监测预报小卫星数据质量进行评价。刘春年（2015）在文献计量的分析基础上，结合聚类分析法对中国 31 个省级应急网站服务质量评价问题进行实证分析，研究发现，不同省份的网站在管理效果、与用户互动、个性化推荐和内容质量等方面存在明显差异。

5.2　理论基础与灾害数据质量评估框架的建立

5.2.1　Kranz 测量基础理论

　　测量，是将某一数字赋予研究对象的某种属性。Kranz 等（1971）提出的测量理论已经较为完善，数字集和赋予规则被称为尺度。Churchman（1960）将尺度分为名录尺度（norminal scale）、等级尺度（ordinal scale）、间隔尺度（interval scale）和比例尺度（ratio scale）。许多数据质量维度都使用比例尺度进行测量。Kranz 提出一套可用于描述具有比例尺度对象的定义和定理，并可以将结构体形式化后应用于数据质量维度的测度。

　　假设 A 为对象或实体的一个非空集，这些对象或实体表示研究对象的特性。"≥"为在 A 内定义的一个二元关系，B 是 A × A 的一个非空子集。"。"是从 B 到 A 的一个二元函数。设 a，b，c 且 a，b，c∈A。在某种规定的定性方式下，当且仅当 a 表现出至少与 b 相同个数的特性时，a≥b 成立。当且仅当 a≥b 且 b≥a 不成立时，a > b。

　　将 a 。 b 定义为 A 的一个对象，该对象是以某种规定的、有序的方式组合

a 和 b 之后得到的，如从左到右连接 a 和 b。

定义 5-1：如果关系结构 <A，≥> 满足以下条件：

（1）自反性（reflexivity）：a≥a；

（2）连通性（connectedness）：或者 a≥b，或者 b≥a；

（3）传递性（transitivity）：如果 a≥b，b≥c，则 a≥c。则关系结构 <A，≥> 是一个弱序（weakorder）。

定义 5-2：对于任意 a∈A，若 $a_1 = a$，$a_2 = a \circ a$，…，$a_n = a_{n-1} \circ a$，…，则 a_1，a_2，…，a_n，…，是一个标准序列（standard sequence）。

定义 5-3：对于标准序列 a_1，a_2，…，a_n，…，如果存在某个 b∈A 对序列中的所有 a_n 都有 b≥a_n，则该序列是严格有界的（strictly bounded）。

定义 5-4：对于所有的 a，b，c∈A，如果满足以下 6 个公理：

〈公理 1〉〈A，≥〉是一个弱序。

〈公理 2〉若 (a，b)∈B 且 (a∘b，c)∈B，则 (b，c)∈B，(a，b∘c)∈B 且 (a∘b)∘c≥a∘(b∘c)。

〈公理 3〉若 (a，c)∈B 且 a≥b，则 (c，b)∈B 且 a∘c≥c∘b。

〈公理 4〉a>b，则存在 d∈A 使得 (b，d)∈B 且 a≥b∘d。

〈公理 5〉若 (a，b)∈B，则 a∘b>a。

〈公理 6〉每个严格有界的标准序列都是有限的。

则称四元组 〈A，≥，B，∘〉是一个没有本质最大值的扩展结构（extensive structure with noessential maximum）。

〈定理〉若 〈A，≥，B，∘〉是一个没有本质最大值的扩展结果，则存在函数 ϕ：A→Re⁺，使对所有 a，b∈A，有如下结论：

①如果 $\phi(a) \geq \phi(b)$，则 a≥b；

②如果 (a，b)∈B，则 $\phi(a \circ b) = \phi(a) + \phi(b)$。

如果另一个函数 ϕ'<prime> 满足条件①和②，则存在 α>0，使所有非最大 a∈A，有 ϕ'<prime>(a) = αφ(a)。

定义 5-5：表示的等级是唯一的，相当于一个正的常数的倍数，这样的尺度称为比例尺度。

〈推论〉如果公理 1～公理 6 成立，根据定理，则存在一个保序比例尺度，使对于 (a，b)∈B，有 $\phi(a \circ b) = \phi(a) + \phi(b)$。

以上过程，充分说明公理 1～公理 6 为每一个数据质量维度上的四元组

<A，≥，B，。>成立，也即比例尺度可以用来测度数据质量维度。

5.2.2　数据质量评估维度分析

在数据"爆炸式"增长和追求差异性的当代，若满足民众对数据的不同要求，单一的特性是行不通的，需要多角度、多维度地诠释灾害数据质量概念。

由国际标准化组织质量管理和质量保证技术委员会制定的 ISO9000 – 9004 系列，最先对数据质量的标准进行界定（郁国庆、刘建明，2013）。它为数据质量内部质量目标、外部质量目标制定不同的标准，以明确主要概念之间的区别与联系。此标准以用户需求、不同相关人员的职责以及对隐形风险的预估为出发点，分别在技术与管理的角度为相关组织提供提高数据质量的方向。ISO technical committee TC184 制定的 ISO8000 规范仍然在发展中，但并不是免费开源的。主体上它分为：数据质量概述、定义相关词汇概念、数据特征和数据质量管理框架几个部分。它定义的数据特性包括精度、完整性、原则和一般性需求等（陈孟婕，2013）。

依据传统观点，许多人认为数据质量是与准确性（accuracy）和可靠性（reliability）类似的概念。从 Ballou 等人的研究文献可以看出，数据质量维度作为一个多维度概念已经被众多研究者接受（1985）。数据质量经常被确定的维度包括：准确性（accuracy）、完整性（completeness）、一致性（consistency）、可访问性（accessibility）和合时性（timeliness）。较为经典的是 Wang Strong 利用两阶段的调查提出的层次框架，从数据用户收集到的 18 个数据质量特征合并成 15 个数据质量维度，并将其分为四类（1996）：

（1）内在数据质量（intrinsic data quality），包括可信性（believability）、准确性（accuracy）、客观性（objectivity）、信誉度（reputation）几个维度，以此来诠释数据本身的质量。

（2）上下文数据质量（contextual data quality），包括增值性（value – added）、关联性（relevance）、合时性（timeliness）、完整性（completeness）和数据适量性（appropriateamount）等几个维度，表示数据所在位置的上下文也应包括在质量的考察范围之内。

（3）表达数据质量（representational data quality），包括可解释性（interpretability）、易理解性（ease of understanding）、表达一致性（representational consistency）和表达简洁性（concise representation）等几个维度，涉及计算机系统存储数据的方式。

（4）可访问性数据质量（accessibility data quality），包括可访问性（accessibility）和访问安全性（accesssecurity），意味着用户访问数据时，必须能够访问得到且在一个安全的环境下，能够安心地使用数据。

李莉等（2009）评估科技文献网站的信息质量时，从资源和系统两个角度，共设立可信赖性、时间跨度、陈旧性、易理解性、易于访问、反馈等共 11 个质量维度。查先进将信息资源质量分为内容、组织、系统和效用 4 个模块，设立正确性、完整性、完备性、利用率和价值增值等 16 个评估指标，为信息资源质量管理建立较为全面的评估模型。

此外，叶少波（2011）对部分国家或者组织的数据质量维度构成进行总结，如表 5 - 1 所示。

表 5 - 1　　　　　　　　部分国家与国际组织数据质量维度

国家/组织	数据质量维度构成
加拿大	相关性、准确性、及时性、可获得性、可解释性、一致性
澳大利亚	制度环境、相关性、准确性、及时性、可获得性、可解释性、一致性
国际货币组织（IMF）	前提条件、诚信保证、健全方法、准确和可靠性、适用性、可获得性
经济合作与发展组织（OECD）	相关性、准确性、可信性、及时性、可获得性、可解释性、一致性
联合国粮食及农业组织（FAO）	相关性、准确性、可信性、及时性、可获得性、可解释性、一致性

资料来源：叶少波. 政府统计数据质量评估方法及其应用研究［D］. 湖南大学，2011.

5.2.3　信息资源质量评估方法比较分析

（1）定性评估方法。

定性评估方法，是对研究对象进行本质化的解析与判断，并不依据具体的数据分析，而是凭借相关专业人士的经验与知识进行分析（赵振宇，2004）。其中包含很多种方法，如专家访谈法、对比分析法、观察法、同行评估法等。对比分析法是将不同事物的某些方面进行比较分析，以区分不同事物之间的异同点来得出结果，同行评估法是指对某一事物让同一领域的相关专家共同评审，已得到较为权威、可靠的评估结果，现阶段在国际学术界应用比较广泛（叶义成，2006）。

定性评估方法是基于基本概念，将复杂的对象进行概括化，并解决很多案例中难以量化的评估难题。适用性非常广泛，不仅适用于信息系统或产品的服务质量评估，更适用于较为复杂的涉及多个方面的信息资源系统。但是，定性评估方法是依据研究者对研究对象的本质化的理解与认识，可能存在一定的主观性，缺乏客观数量统计与分析。若仅仅应用定性分析法对灾害数据质量进行评估，基于信息质量管理的学科基础与质量评估的基本标准，探讨其所能体现出的各方面价值，如使用、保存、社会利用等方面的价值，并综合起来分析灾害数据质量现状。而灾害数据质量是一个涉及多方面的复杂因素造成的局面，单一用定性分析法很难客观、全面地对灾害数据质量进行评估，如正确性等指标，难以进行量化评估，并不完全适用灾害数据质量的评估。

（2）定量评估方法。

定量评估方法是依据相关统计数据，对研究对象构建评估模型，基于模型计算中相关指标权重并计算出相关结果的分析方法。对于信息质量评估方法，可以归纳为以下几类：

①引入信息熵。

从物理学领域引入的概念在信息管理领域应用，可以为信息决策提供科学的支撑，并且可以作为信息质量的标尺，对质量参差不齐的信息进行甄别（Martinsons and Davison，2000；蔡坚学、邱菀华，2004）。假设某研究对象可能有 n 中不同的状态：S1，S2，…，Sn，且出现不同状态的概率分别为：P1，P2，…，Pn，则信息熵 A：

$$A = A(P1, P2 \cdots Pn) = -k \sum_{i=1}^{n} PilnPi \tag{5.1}$$

其中，k 为正常数，$k = 1/ln^n$。$0 \leq P \leq 1$；A 则代表信息熵，与事物发生的不确定性呈正向变化关系，即 A 越大表示事物不确定性的可能性越大。当各种状态出现的概率相等时，此时 A 取最大值，$Amax = kln^n$。Amax 与各种状态出现的概率不相等时 A 值之间的差 B，代表着信息作用。

$$B = Amax - A = kln^n - k \sum_{i=1}^{n} Piln \frac{1}{Pi} \tag{5.2}$$

该方法客观性很强，能够很大限度地削弱评估主体的主观因素影响，从对不确定性消除的视角对信息质量进行较为客观的评估。但仅仅是针对语法层次，不能测度其他层面上的质量指标。

②借助信息计量学。

在信息评估过程中引入信息计量学的相关理论，对其相关内容量化来测度。其以信息计量学中的相关定律为基础，分为引文分析、研究对象统计等类型，主要针对信息资源的内容质量评估，如研究热点、学术影响等。其中最为常见的为引文分析（Tahai and Rigsby，1998），它是以论文、专利等的引用和被引用情况为研究对象，应用计量学的统计方法，以此挖掘蕴藏在数据中有价值的信息。以引文分析为典型的借助信息计量学的评估信息质量的方法，具有一定的科学和客观性。

③从价值角度进行评估。

信息价值是信息质量的最终体现。信息资源的价值 V 主要从载体价值 C 和信息内容价值两个方面来体现，即：

$$V = C + VoI \tag{5.3}$$

其中，V_0 代表单位内容的价值，I 表示所研究对象的信息量。但是，在实际评估过程中，从价值角度去分析，也即基于用户的角度对信息质量评估，而不同层次的用户自身的信息素养也将对信息的所用理解不同，且在整个信息活动中，还存在很多无法估量的因素，如人力消耗等。该种测度算法也将信息质量的剩余价值忽略。在不同的研究案例中，需要进行具体分析，可以做适当的调整与修正。

（3）定性与定量结合评估方法。

定性与定量结合是指，在某些案例分析情境下将问题进行量化，使其便于统计和计算。较为常见的定性与定量评估方法有：

①因子分析法。其原理是将关联性高的初始因素划为一组，降低不同组别之间的关联性。然后每组用潜变量表示，表示基本结构，也即潜在因素（或公共因素）。在信息质量管理领域，研究者往往将研究对象整体质量水平及各维度视为潜在因子，进行理论分析后，为每个维度设计若干个度量题项，通过验证性因子分析找出潜在因子间存在的关系，并依据各个潜在因子的平均得分得到评估结果。

②层次分析法。基于运筹学原理，对复杂评估系统定性地分成目标、中间层要素和备选方案三个层次，依据专家访谈等做出判断矩阵，最后确定各阶层

指标的影响程度，并对其进行一致性检验。

　　③模糊综合评价法。依照最大隶属度原则，使不同指标转化成易于量化分析，结合评估体系得出评估结论，适合各种非确定性问题。本书对以上两种方法进行对比分析，如表 5 – 2 所示。

表 5 – 2　　　　　　　　　三种数据质量综合评估方法分析

研究方法	特点	基本步骤	研究意义
因子分析法	线性与相关性； 因子变量； 旋转方法	①因子分析； ②构造因子变量； ③多次旋转，消除因子间相关性； ④计算因子变量得分	找出主因子，并为其赋予实际意义； 确定各因子的重要地位
层次分析法	系统性； 简洁实用； 所需定量数据少	①构造判断矩阵； ②确定指标权重向量； ③一致性检验	确定指标权重向量； 将复杂决策问题系统化
模糊综合评价法	相互比较； 函数关系	①评价指标构建； ②构建权重向量； ③构建评价矩阵； ④评价矩阵与权重合成	影响因素的模糊性得以体现； 充分发挥人的经验，与实际契合； 易于应用新领域

　　定性与定量评价方法的主要优点是能够依据数据质量的各个维度对数据质量做出较为综合的评价。许多研究对象的数据质量维度较为复杂，并且各个维度之间存在什么关系或许不可知，因此综合分析时应注意变量间的线性关系，可能会造成多重线性或其他现象，为研究增加额外的工作量。因子分析方法中的权重是由具体评价指标之间的协方差或矩阵导出，并不适合本书的研究。模糊评估方法是利用"最大最小法"等非线性角度进行研究。因此，本书将采用这种方法进行研究。此外，模糊评价方法在确定指标权重时，除要遵守科学、客观与代表性等一般原则外，并没有特殊要求。因此，本书将采用层次分析法确定各个评估指标对研究对象的影响程度。

　　灾害数据质量的使用者为社会各个阶层，甚至在自然灾害发生时需要多部门同时配合，大量多类型数据同时共享与利用，很多能够影响到数据质量的因素等并不是十分明确的，具有一定的模糊性。此外，通过在网上发布调查问卷或者在人群中随机发放问卷可发现，被调查者对不同数据库的灾害数据质量判断并不是只有"质量高"与"质量低",也具有模糊性,缺乏鲜明的界限。因此,本书选取模糊综合评估方法做实证分析,该方法将会在后续进行详细叙述,在此不再详细描述。

5.2.4　灾害数据质量评估框架的建立

英国联合信息系统委员会(Joint Information System Committee,JISC)(2015)对数据生命周期的界定是:"在数据产生后,立即对其维护和更新,使数据不仅能短时间内被利用,在未来甚至很长一段时间内都能被利用,发挥其价值"。

数据的存储与收集、管理、组织和可视化,构成数据密集型的生命周期(崔宇红,2012)。英国 Data Archive 项目(2015)认为:①数据创建:包括研究计划的规划、整理、收集等;②数据处理阶段:包括数据的输入、翻译、检验以及管理和保存等;③分析数据:包括解释数据和导出数据等;④保存数据:包含元数据、文档和相关数据的检查、保留等;⑤提供数据的访问:包含数据的公布与利用等;⑥重用数据:包含研究成果的追踪、评审等。这6个过程构成了数据的生命周期。

由此,本书界定灾害数据生命周期有:收集、分析、保存与利用四个阶段。当然,在各级组织与社会民众利用灾害数据的过程中,可能并不完全需要历经数据周期中的每一个阶段,有时候只利用其中的某一阶段或某几个阶段,甚至会多次重复利用。灾害数据也并不是经历整个生命周期后便终结它的使命,可能在数据被利用之后,又重新被收集,再次进入一个生命周期,也可能存储在不同的数据库中等待着未来的多次被利用。从这个角度来看,数据生命周期也可以是首尾相连的。本书的数据质量评估框架采用上述4个阶段,并且结合灾害数据利用特点,其中的某一阶段或某几个阶段,甚至会多次重复利用,可以将整个生命周期看成是循环并且存在一定的逆向性。进行适当调整后,主要包括数据的收集、分析、保存和利用阶段。此外,在不同阶段过程中可能还会存在一些交叉操作。虽然自然灾害种类众多,也会产生各种类型的大量防备数据、监测与预警数据、决策数据和灾后管理数据,但整体上都会对灾害数据质量状态进行一定程度的质量监管与评估,其中也包含对低质量数据的检测与修正,以达到数据质量维度中的各个维度/指标的改善与提高。

据此，本书对灾害数据质量评估过程进行概化，提出灾害数据质量评估框架如图 5 − 1 所示，为数据的质量管理与监测构建内容指南。该框架总共分为四大模块，M 代表灾害数据质量评估框架，则具体表示为：

$$M = \langle D, S, T, R \rangle \tag{5.4}$$

其中，D 是指评估对象灾害数据；S 是指参考标准，据此结合研究对象的特性，建立测评系统；T 是指适用的方法，如算法与工具，对研究对象开展具体评估工作；R 是指所得出的评估结果。

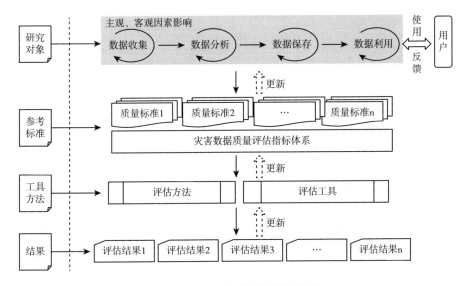

图 5 − 1　灾害数据质量评估框架

其相关评估过程与步骤如下：

①明确研究对象；

②参照一定的质量标准体系，结合研究对象的特点，建立科学的数据质量维度，并建立相应的测评指标体系，对每一个维度进行明确与细致化；

③确定具体的灾害数据质量的检测、评估与修正方法，并相应开展灾害数据质量管理行为；

④反思前面的步骤，若存在异议，则可以对其维度与测评指标的设置进行调整，并重复上述过程开展新的数据质量管理行为；

⑤认可质量管理的结果，完成质量管理结果的汇总，并进行保存与备份，为后续灾害数据质量评估与质量体系的确定奠定基础；

⑥根据相关评估结果，对前面各个步骤进行反思与更新，使其相关质量标

准更全面具体，更具有针对性。在后续研究中应用相似案例，或者对新领域数据质量进行探索，为后续研究奠定理论基础。

更好地为用户服务、提升数据利用效率是对灾害数据质量监管的根本目的。因此，多次的质量评估结果也可以反作用于研究对象、评估方法工具，并可以对参考标准不断进行修正与更新，最终形成一套针对灾害数据的质量标准体系。各级用户在数据的使用过程，也应该积极对有关部门进行数据使用体验的反馈，灾害数据服务于用户，以满足用户各种需求，因此，用户的反馈是整个评估过程与质量标准体系的重要参考。

不同类型的灾害数据质量管理工作，均可以在此质量评估框架的基础上，细化或添加所关注的内容，或者对数据生命周期做相应的改动，也可以根据需要对数据质量维度或指标体系等进行调整，并采用与数据对象相对应的基础理论与质量管理方法，进行控制、评估、检测与修正数据，达到数据质量监管的目的。

5.3　灾害数据质量评估方法及实证分析

灾害数据在整个生命周期中可能会受到来自主观和客观等各个方面因素的影响，且还有很多潜在、难以明确的影响因素。此外，在做调查分析时，广大用户对灾害数据质量的评判并不是单纯的"好"与"坏"，据此，本书分别基于宏观和微观视角，建立灾害数据质量评估模型，对国家数据平台（http：//data. stats. gov. cn/easyquery. htm？cn = C01）和 EPS 数据平台（http：//olap. epsnet. com. cn/Sys/Olap. aspx？ID = OLAP_CENV2_Y_A_WEB）中的自然灾害统计数据进行实证分析。

5.3.1　灾害数据质量宏观测评方法及实证分析

Juarn 和 Grgna 提出，"质量"也即适用性（fitnessforuse）。他们强调，产品或者服务应该符合用户的期盼（葛彦龙，2014）。国际标准化组织（ISO）表示，"质量"是"产品或服务所具备的满足或明确或隐含需求能力的特征和特性的总和"（王敏，2014）。现代社会对"质量"广泛应用，搭配不同的词语，则被赋予不同的含义。其狭义的概念，侧重于事物的物理特性，如"柔软""无刺激"等。随着物质文明的进程，"质量"被赋予"满足要求"的人类主观性含义，体现出民众从关注物品的单一特质扩展到对生活方方面面的高"质量"追求的历程。以 ISO 的定义为出发点，则数据质量应该是能满足民众需求的特征总和。由于灾害数据被社会各个阶层广泛应用，因此，灾害数据也应是多维定义才能全面地满足社会各阶层的需求。

5.3.1.1　灾害数据质量评估模型的建立

（1）灾害数据质量维度的确定。

当前，大数据技术飞快发展与应用，研究者将其特点归纳为 4 个"V"。第一，Volume（大量），数据体数量庞大；第二，Velocity（高速），数据产生、处理、更新速度飞快；第三，Variety（多样化），数据来源、类型多样；第四，Value（价值），价值密度低（王宏志，2014）。云计算、复杂网络技术等在灾害管理领域的广泛应用，海量监控数据、事件描述数据、地理数据等随之应运而生，相应地亦符合大数据时代背景属性。第一，与自然灾害事件相关联的数据体数量巨大，包含空间数据、视频监测数据、传感器监测点数据等。例如，一个省级地质灾害指挥系统，现有灾害数据达 10 TB，每年更新的数据就有几个 TB，此外，还有视频监测数据、自然灾害发生时需要接入的其他管理部门数据和相关灾害点的监测数据等。第二，自然灾害事件需要各级政府及民众对此做出迅速决策和反应，因此，自然灾害数据的更新速度也需要及时更新和公布，民众能够对灾害事件的直观了解和反应，职能部门对相关数据进行记录、分析，进行决策、救助和开展恢复重建的工作。第三，自然灾害事件往往是突发事件，需要社会各个阶层、各个部门和民众共同协作。灾害数据来源相对来讲较为广泛，可能有空间档案信息数据、空间矢量数据、航空遥感数据、基础控制测量数据、天气数据等，数据类型涉及矢量数据、栅格数据、视频流数据、专业数据（致灾因子、孕灾环境等）、文档数据等。第四，灾害管理部门对灾害数据进行统计、记录与分析是希望能够为灾害管理提供支撑服务，促进合理科学化决策。虽然自然灾害的发生具备一定突然性、破坏性和不稳定性，很多时候也可以依据迹象进行预警监测。根据以上分析，本书总结灾害数据应具备以下特征（刘春年、张凌宇，2017）。

①突发时效性。信息学认为，信息的时效性是从信息源发出、传播、利用

直至其失效的整个过程。灾害数据的时效性应该是从灾害事件发生后，发送灾害数据、接收、记录、分析等过程，主要反映在临场决策的重要性与意义。应急处理的核心要求是快速迅捷，某一时段的灾害数据往往只对该时段的决策处理有效。

②动态复杂性。自然灾害事件涉及自然与社会人文的许多方面和环节，因此灾害数据也是一个涉及自然人文许多方面的复杂数据资源体系。不同类型的灾害事件持续时间长短不一，其在时间与空间上都会发生动态变化，各类灾害数据与信息都在不断更新，具有一定的动态变化性。

③传播迅速性。灾害数据资源的复杂多变性，使其具有一定的传播广泛性。首先，政府、媒体等相关社会团体需要获取更多的数据，使自身和民众对灾害事件进展有最直观的认识，加速灾害数据传播；其次，应急数据在特殊时期具有较强的变化性，其敏感度非常高，加速其传播。

④保存性。灾害数据产生于自然灾害事件的整个过程，不单单是对自然灾害的简单记录，更是对其真实环境的还原，且许多自然灾害数据的原始记录或分析结果并不仅适用于单一应急事件，在相同或类似事件发生后同样适用。

（2）灾害数据质量评估模型构建。

灾害数据质量评估模型是为了实现质量监管的"中间桥梁"，对研究对象起着一定的"标尺"作用，树立高质量数据在各个方面的"榜样"。因此，建立灾害数据质量评估模型是十分有必要的。

本书在一定数量的参考文献的基础上，总结出灾害数据质量评估指标的确立与评估概念模型的构建，应遵循针对性、可比可操作性和科学性原则。

①针对性。结合灾害数据的特点，其评估模型和指标体系的构建应该具有一定的针对性，切实反映出灾害事件本身与灾害数据的特点，促进灾害数据质量的提升，加强对灾害数据质量的监管能力，对日后防灾、抗灾、减灾和灾害管理水平的提升具有量化和科学的指导意义。

②可比可操作性。评估指标的建立与质量评估概念模型的建立是为科学灾害管理而服务。因此，各个指标应尽量简单明了，便于收集，具备较强的显示可操作性和可比性。并且，需要考虑是否能够进行定量处理，是否便于计算与分析。

③科学性。评估指标的建立与质量评估概念模型的建立必须以科学性为原则，能够客观真实地反映需要评估的灾害数据质量的各个维度。各个指标应该

具备选择意义，不适宜数量过多或太少，加重评价者的负担，为评价与模型构
建增加阻力。避免难以区分主次、掩盖重点的局面，亦不能过少，且应避免信
息泄露，出现数据错误、不真实的现象。

　　数据质量评估模型也并不是盲目建立的，应该避免歧义，测量时较为客观
地实现，且要在现有数据质量的基础之上合理建立，不能好高骛远，设置不切
实际的维度与评估指标。指标体系并不是一成不变的，可以在不同的领域、案
例分析下进行调整与改进，指标数量也可以随着研究的深入而适当进行增减。
本书确定的灾害数据质量维度有：准确性、时效性、可用性、相关性和一致
性。由于灾害数据质量的某些维度很难量化分析，因此，在根据这五个质量维
度设置测量指标时，不仅包括定量指标，也包括很多定性指标。

　　①准确性：是在众多领域的数据质量评估中被认为是最重要的指标之一，
很多情况下也较为复杂，不容易评估。在不同的研究案例中，准确性都是数据
使命的根本。准确性是指所收集的原始数据对真实世界的反应。准确性越高，
越能代表真实世界，其质量水平越高。虽然准确性是数据质量的一个非常重要
的指标，但灾害数据的准确性还是可以利用表 5 - 3 中的指标进行评估。

表 5 - 3　　　　　　　　　　　　准确性评估指标

质量维度	评估指标
准确性	数据库所提供的每一条数据是否杜撰，是否真实
	数据库所提供的数据的误差是否在允许范围内
	数据所提供的相关数据是否缺失

　　②数据及时性：由于自然灾害事件具有一定的突发性，因此数据时效性不
仅包括数据所收录的灾害数据的最长年限与最小时间单位的设置，更侧重自然
灾害发生后到被数据库收录可供用户使用的时间，以及在灾害进程中，相关数
据的更新速度，以及与数据管理部门所预计的公布/提供数据的时间是否一致。
不同阶层的人员对灾害时效性的要求可能不一样，例如，媒体工作者可能需要
第一时间获得一些自然灾害的主要数据为民众进行跟踪报道，预测部门可能需
要几年前的数据进行相关分析预警，决策部门可能需要实时数据进行指挥调
度。因此，面对参差不齐的需求，很多数据管理机构并不能做到十分完美。具
体评估指标如表 5 - 4 所示。

表 5 - 4 及时性评估指标

质量维度	评估指标
及时性	灾害数据被收录且能被利用的更新速度
	数据库收录的时间跨度
	数据库设置的时间粒度

③可用性：是指各级用户使用灾害数据的便捷程度。具体而言，数据库是否对用户免费开源，下载时是否方便，是否借助一定代码访问或者对下载资源需要格式转换等。如不能免费开源，是否提供相关链接能够帮助用户寻找可用数据资源。客服、投诉功能是否仅仅是个摆设，是否能对用户提供的意见或建议及时反馈与修正等，如表 5 - 5 所示。

表 5 - 5 可用性相关评估指标

质量维度	评估指标
可用性	用户利用灾害数据时是否便捷，是否能提供多形式数据
	对数据库不足之处是否提供解决方案
	对用户意见/建议是否能够认真对待并付之行动

④相关性：是指灾害数据统计部门所公布的数据，与用户的要求与期望之间的关系。相关性越高，代表越能满足用户的需求，数据利用价值越高，其价值越容易得以体现。灾害数据是关系到所有人类切身利益的数据，其面向的用户也来自不同的岗位与需求，很难对在灾害数据质量的面向人群进行特征化，且随着技术的日益发达，对数据越来越实现自动化处理，所能统计的数据类型也会发生变化。因此，相关性的评估指标如表 5 - 6 所示。

表 5 - 6 相关性评估指标

质量维度	评估指标
相关性	数据库所呈现的灾害数据目录设置是否详细且合理
	数据库是否提供与灾害数据相关的数据与资源，或相关链接
	灾害数据的呈现形式是否多样，是否有一些简单的统计呈现

⑤一致性：一致性是指在不同灾害数据库中，同一词语所代表的事物的相近程度。具体而言，既是不同来源的灾害数据一致性的体现，也是同一数据库内各个自然灾害数据所应满足的逻辑关系的体现。具体评估指标如表 5 - 7 所示。

表 5 - 7	一致性评估指标
质量维度	评估指标
一致性	同一数据库内逻辑性等相一致
	不同数据库间灾害数据一致性

综上所述，本书将灾害数据质量的 5 个维度分别设置相关的评估指标，每个维度与指标均分成非常差、差、一般、好、非常好 5 个选项进行评定，最终可以将 5 个维度的评定合成一个全面的研究结果，图 5 - 2 为评估体系的概念框架，图 5 - 3 为灾害数据质量评估体系。

灾害数据质量总体评估*

↑

5个灾害数据质量维度*
1.准确性 2.及时性 3.可用性 4.相关性 5.一致性

↑

14个灾害数据质量评估指标*

*1.非常差；2.差；3.一般；4.好；5.非常好

图 5 - 2　灾害数据质量评估概念框架

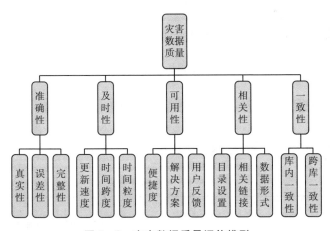

图 5 - 3　灾害数据质量评估模型

5.3.1.2　基于模糊综合评估法的灾害数据质量评估实证分析

（1）基于层次分析法的权重的确定。

层次分析法将各个指标进行相对重要性进行比较，基于多因素、多层次的评价体系，结合数量化使复杂问题分层化。其核心步骤在于判断矩阵的确定，依次对各个指标赋予权重，然后自上而下，从高层到底层计算出各层次的指标对于上一层次对应维度的权重，通过加权，获得各个维度的权重。运用层次分析法的 Yaahp 软件确定灾害数据质量评估体系的权重有以下步骤：

①建立灾害数据评估指标体系的梯形层次结构，如图 5-4 所示。每一层次的维度隶属于上层的研究对象，下属的评估指标是对应维度的具体诠释。在通常情况下，每一层指标个数不超过 9 个为宜，否则需要对某些指标进行进一步合并之后，再参与到原有的层次之中。

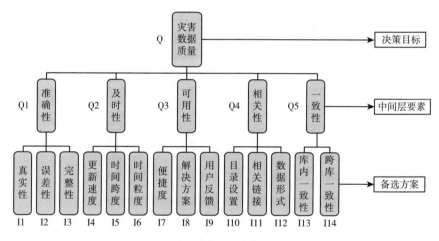

图 5-4 灾害数据质量评估梯形层次结构

②构建各个要素重要程度矩阵。通过两两比较，采用 T. L. Saaty 提出的 1~9 标度（见表 5-8）将相同、较重要、重要、非常重要等进行量化判断。该标度是人物心理较为全面的反应，被广泛应用于各类研究中。

表 5-8   判断矩阵 1-9 标度含义

标度	含义
1	两元素相比，前者与后者同等重要
3	两元素相比，前者比后者稍微重要
5	两元素相比，前者比后者比较重要
7	两元素相比，前者比后者十分重要
9	两元素相比，前者比后者绝对重要
2、4、6、8	相邻判断值的中间值

本书在对相关专家进行咨询后，以灾害数据质量评估体系梯形层次结构和Saaty 标度法为基础，构建如下所示判断矩阵：

Q	Q1	Q2	Q3	Q4	Q5
Q1	1	1	2	4	5
Q2		1	2	4	5
Q3			1	2	3
Q4				1	2
Q5					1

其中，Q1、Q2、Q3、Q4、Q5 重要性比例为：5：5：3：2：1。准确性 Q1 中评估指标 I1、I2、I3 重要性比例为 5：5：2；及时性 Q2 中评估指标 I4、I5、I6 重要性比例为 5：3：2；可用性 Q3 中 I7、I8、I9 指标重要性比例为 2：1：1；相关性 Q4 的相关指标 I10、I11、I12 重要性比例为 2：1：1；一致性 Q5 相关指标 I13、I14 重要性比例为 2：1。其判断矩阵如下所示：

Q1	I1	I2	I3
I1	1	1	3
I2		1	3
I3			1

Q2	I4	I5	I6
I4	1	2	3
I5		1	2
I6			1

Q3	I7	I8	I9
I7	1	2	1
I8		1	1/2
I9			1

Q4	I10	I11	I12
I10	1	2	2
I11		1	1
I12			1

	I13	I14
I13	1	2
I14		1

③计算各级指标的权重。各级指标的影响程度也即判断矩阵的特征向量，表示对其上一级指标的重要程度。本书中，采用方根法进行特征向量求解。令判断矩阵中的各级元素为 S_{ij}，i，j = 1，2，3，4，…，n，用 A 表示上述矩阵。将 A 中的元素按行相乘得到新向量；

$$a_i = \sqrt{\left(\prod_{j=1}^{n} s_{ij}\right) i, j = 1, 2, 3, \cdots, n} \qquad (5.5)$$

将所得向量 $A1 = \begin{bmatrix} a_1 & a_2 & \cdots & a_n \end{bmatrix}$，对其归一处理的结果即影响程度的反应，也即权重。

$$a_i{}' = \frac{a_i}{\sum\limits_{i=1}^{n} a_i} i, j = 1, 2, 3, \cdots, n \qquad (5.6)$$

最终所得计算结果如表 5 – 9 所示，其中 W_i 代表各个维度的的影响因子（权重）。

表 5 – 9 　　　　　　　　　　灾害数据质量维度权重

Q	Q1	Q2	Q3	Q4	Q5	W_i
Q1	1	1	2	4	5	0.3372
Q2	1	1	2	4	5	0.3372
Q3	1/2	1/2	1	2	3	0.1744
Q4	1/4	1/4	1/2	1	2	0.0931
Q5	1/5	1/5	1/3	1/2	1	0.0581

④进行一致性检验。由于两两因素影响矩阵依据专家意见而确定，可能会存在一定的主观性，因此对矩阵做一致性判断必不可少。λ_{max} 为该矩阵的最大特征根：

$$\lambda_{max} = (1/n) \times \left[\sum_{i=1}^{n} (SA^T)_i / A_i \right] i, j = 1, 2, 3, \cdots, n \qquad (5.7)$$

其中，$(SA^T)_i$ 为列向量 SA^T 所对应的第 i 行的元素，然后根据 λ_{max} 分别算出偏差一致性指标 C. I.（consistency index）和平均随机一致性指标 R. I.（random index），并求出随机一致性比率 C. R.（consistency ratio），依据表 5 – 10 查询平均随机一致性 R. I.。

$$C.\ I. = \frac{\lambda_{max} - n}{n - 1} \qquad (5.8)$$

$$C.\ R. = \frac{C.\ I.}{R.\ I.} \qquad (5.9)$$

表 5 – 10 　　　　　　　　　　平均随机一致性指标 R. I.

矩阵阶数	1	2	3	4	5	6	7	8	9	10
R. I.	0	0	0.52	0.89	1.12	1.26	1.36	1.41	1.46	1.49

当 C. R. < 0.1 时，表示各因素之间的影响程度的确立是可行的，能够通过一致性检验，其归一化特征向量可以看作各个维度或指标的具体影响程度，否则应该对其中各要素的重要程度做调整。

⑤最后结果的输出。一致性检验通过，则其指标权重具备一定的可信性。本章利用 Yaaph 软件计算出的各个指标或维度的影响因子与一致性验证结果如表 5 - 11 所示。因此，可以认为本章中所构建的指标及其对研究对象的影响程度具有一定可信度。

表 5 - 11　　　　　　　　灾害数据质量评估指标权重与一致性判断

	维度/指标	所占权重	C. R. 值	判断结果
灾害数据质量 Q	准确性 Q1	0.3372	0.0014	0.0014 < 0.1
	及时性 Q2	0.3372		
	可用性 Q3	0.1744		
	相关性 Q4	0.0931		
	一致性 Q5	0.0581		
准确性 Q1	真实性 I1	0.4286	0.0000	0.0000 < 0.1
	误差 I2	0.4286		
	完整性 I3	0.1428		
及时性 Q2	更新速度 I4	0.5405	0.0015	0.0015 < 0.1
	查询年限 I5	0.2973		
	时间粒度 I6	0.1622		
可用性 Q3	便捷性 I7	0.4	0.0000	0.0000 < 0.1
	解决方案 I8	0.2		
	用户反馈 I9	0.4		
相关性 Q4	目录设置 I10	0.5	0.0000	0.0000 < 0.1
	相关链接 I11	0.25		
	数据形式 I12	0.25		
一致性 Q5	库内一致 I13	0.667	0.0000	0.0000 < 0.1
	库外一致 I14	0.333		

（2）模糊综合评价。

灾害数据质量评估对灾害信息的相关大量数据进行综合评价，而模糊综合评价法是针对评价对象的复杂性和评价指标的模糊性，以数学的理论为基础，对研究对象的维度或指标评估，从而获得结果。它能够汇集各种类型民众的看法，能较为真实地反映研究对象的质量，具备较高的科学公正性，在各个领域的质量评估中被广泛应用。基于此，本书采用这种方法对灾害数据质量进行综合评估。首先，本书采用随机发放问卷、专家访谈和网上发布问卷（问卷星 http：//www.sojump.com）三种方式对灾害数据质量评估进行问卷调查。问卷由 14 个评估指标测度 5 个质量维度，每个题项采用 Likert5 级量表来进行度量，设定"非常差、差、一般、好和非常好"5 项，并分别赋予 1 ~ 5 分。调查过程中规定调查者根据其自身使用情况进行判断评分。共回收 215 份反馈，其中 196 份可以看成有效答卷，回收率为 91.1%，有 82% 为 18 ~ 25 岁的大学生，64% 的人近 12 个月内使用《中国统计年鉴》或 EPS 数据平台中的灾害数据次数为 1 ~ 5 次，用 5 次以上的人数较少。对问卷的信度效度检验，克朗巴哈系数为 0.995，KMO 系数为 0.952，表明该问卷具有一定的可信度，可以做进一步的分析。

设维度集为 U，则 U = $\{U_1, U_2, U_3, \cdots, U_n\}$ 代表研究对象的 n 个评估项目。设评价集 V = $\{V_1, V_2, V_3, \cdots, V_m\}$，为 m 个评价的集合。一般情况下，不同评价项对评估对象的影响程度是不一样的，各个评价的权重集为 W = $\{W_1, W_2, W_3, \cdots, W_n\}$。$W_n$ 为第 n 个评价指标对 U_n 的权重，满足归一化条件，$\sum_{v=1}^{n} W_v = 1$。则评价矩阵 R 如下：

$$R = \begin{bmatrix} R_1 \\ R_2 \\ \cdots \\ R_m \end{bmatrix} = \begin{bmatrix} r_{11} & r_{12} & \cdots & r_{1n} \\ r_{21} & r_{22} & \cdots & r_{2n} \\ \cdots & \cdots & \cdots & \cdots \\ r_{m1} & r_{m2} & \cdots & r_{mn} \end{bmatrix} \tag{5.10}$$

其中，$r_{ij} \in [0,1](1 \leq i \leq m)(1 \leq j \leq n)$，代表着评价指标 U_i，被评价者评为 V_j 等级。矩阵 R 中，R_m 代表着第 m 个指标的 U_m 的评估。综合评估由各个维度评估汇总计算而得。设综合评价结果为 B，由上述分析，B = $\{b_1, b_2, b_3, \cdots, b_n\}$，B = W × R。$b_n$ 为评语 Vn 所对应的隶属度，并选择 b_n 中值最大者为该指标的结果等级。这也是模糊综合评价法中的最大隶属度原则。本书针对灾害数据质量的综合评价按照以下步骤进行：

第一，根据灾害数据质量评估体系梯形结构图，将指标体系按照 5 个质量维度分为 5 个因素集，并分别设为 U_1，U_2，U_3，U_4，U_5，且满足：

$$U = \bigcup_{i=1}^{5} U_i \tag{5.11}$$

对于 U_i，$U_i = (U_{i1}, U_{i2}, \cdots, U_{in})$，$n$ 表示 U_i 中包含的相关评估指标的个数。

第二，对每个维度 U_i 进行模糊综合评估。由前面及调查问卷的结果和归一化处理，消除量纲的影响，可以构建国家数据平台的灾害数据 5 个质量维度的模糊判断矩阵和对应维度：

$$W_1 = \begin{bmatrix} 0.4286 & 0.4286 & 0.1428 \end{bmatrix} R_1 = \begin{bmatrix} 0.01 & 0.01 & 0.19 & 0.49 & 0.30 \\ 0.02 & 0.02 & 0.19 & 0.39 & 0.38 \\ 0.01 & 0.02 & 0.40 & 0.38 & 0.19 \end{bmatrix}$$

则 $b_1 = W_1 \times R_1 = \begin{bmatrix} 0.4286 & 0.4286 & 0.1428 \end{bmatrix} \begin{bmatrix} 0.01 & 0.01 & 0.19 & 0.49 & 0.30 \\ 0.02 & 0.02 & 0.19 & 0.39 & 0.38 \\ 0.01 & 0.02 & 0.40 & 0.38 & 0.19 \end{bmatrix}$。

因此，$b_1 = \begin{bmatrix} 0.0143 & 0.0157 & 0.2200 & 0.4314 & 0.3186 \end{bmatrix}$。

同理，$W_2 = \begin{bmatrix} 0.5405 & 0.2973 & 0.1622 \end{bmatrix} R_2 = \begin{bmatrix} 0.03 & 0.08 & 0.48 & 0.30 & 0.11 \\ 0.08 & 0.11 & 0.47 & 0.15 & 0.19 \\ 0.02 & 0.30 & 0.33 & 0.19 & 0.16 \end{bmatrix}$

$$b_2 = W_2 \times R_2 = \begin{bmatrix} 0.5405 & 0.2973 & 0.1622 \end{bmatrix} \begin{bmatrix} 0.03 & 0.08 & 0.48 & 0.30 & 0.11 \\ 0.08 & 0.11 & 0.47 & 0.15 & 0.19 \\ 0.02 & 0.30 & 0.33 & 0.19 & 0.16 \end{bmatrix}$$

$$= \begin{bmatrix} 0.0432 & 0.1246 & 0.4527 & 0.2376 & 0.1419 \end{bmatrix}$$

$$W_3 = \begin{bmatrix} 0.4 & 0.2 & 0.4 \end{bmatrix} R_3 = \begin{bmatrix} 0.01 & 0.09 & 0.30 & 0.50 & 0.10 \\ 0.01 & 0.08 & 0.48 & 0.08 & 0.35 \\ 0.01 & 0.01 & 0.31 & 0.37 & 0.30 \end{bmatrix}$$

$$b_3 = W_3 \times R_3 = \begin{bmatrix} 0.4 & 0.2 & 0.4 \end{bmatrix} \begin{bmatrix} 0.01 & 0.09 & 0.30 & 0.50 & 0.10 \\ 0.01 & 0.08 & 0.48 & 0.08 & 0.35 \\ 0.01 & 0.01 & 0.31 & 0.37 & 0.30 \end{bmatrix}$$

$$= \begin{bmatrix} 0.01 & 0.056 & 0.34 & 0.364 & 0.23 \end{bmatrix}$$

$$W_4 = \begin{bmatrix} 0.5 & 0.25 & 0.25 \end{bmatrix} R_4 = \begin{bmatrix} 0.00 & 0.19 & 0.29 & 0.34 & 0.18 \\ 0.06 & 0.13 & 0.25 & 0.44 & 0.12 \\ 0.05 & 0.18 & 0.50 & 0.13 & 0.14 \end{bmatrix}$$

$$b_4 = W_4 \times R_4 = \begin{bmatrix} 0.5 & 0.25 & 0.25 \end{bmatrix} \begin{bmatrix} 0.00 & 0.19 & 0.29 & 0.34 & 0.18 \\ 0.06 & 0.13 & 0.25 & 0.44 & 0.12 \\ 0.05 & 0.18 & 0.50 & 0.13 & 0.14 \end{bmatrix}$$

$$= \begin{bmatrix} 0.0275 & 0.1725 & 0.3325 & 0.3125 & 0.155 \end{bmatrix}$$

$$W_5 = \begin{bmatrix} 0.667 & 0.333 \end{bmatrix} R_5 = \begin{bmatrix} 0.02 & 0.09 & 0.30 & 0.39 & 0.20 \\ 0.04 & 0.06 & 0.43 & 0.32 & 0.15 \end{bmatrix}$$

$$b_5 = W_5 \times R_5 = \begin{bmatrix} 0.667 & 0.333 \end{bmatrix} \begin{bmatrix} 0.02 & 0.09 & 0.30 & 0.39 & 0.20 \\ 0.04 & 0.06 & 0.43 & 0.32 & 0.15 \end{bmatrix}$$

$$= \begin{bmatrix} 0.0267 & 0.08 & 0.3433 & 0.3667 & 0.1834 \end{bmatrix}$$

对于国家数据平台中的准确性 Q1 而言,其综合结果为 $\begin{bmatrix} 0.0143 & 0.0157 & 0.2200 & 0.4314 & 0.3186 \end{bmatrix}$,按照隶属最大的方式,可初步判断该网站的内容质量为"好"。据此,由 b_2、b_3、b_4、b_5 可知,其及时性、可用性、相关性和一致性被评为"一般""好""一般"和"好"。

将 $b_1 \sim b_5$ 作为矩阵的行向量构成国家数据平台中灾害数据质量 Q 的模糊评价矩阵。并结合 5 个维度的各自影响程度,进行模糊评估。

$$W = \begin{bmatrix} 0.3372 & 0.3372 & 0.1744 & 0.0931 & 0.0581 \end{bmatrix}$$

$$R = \begin{bmatrix} 0.0143 & 0.0157 & 0.2200 & 0.4314 & 0.3186 \\ 0.0432 & 0.1246 & 0.4527 & 0.2376 & 0.1419 \\ 0.0100 & 0.0560 & 0.3400 & 0.3640 & 0.2300 \\ 0.0275 & 0.1725 & 0.3325 & 0.3125 & 0.1550 \\ 0.0267 & 0.0800 & 0.3433 & 0.3667 & 0.1834 \end{bmatrix}$$

$$B = W \times R = \begin{bmatrix} 0.0252 & 0.0778 & 0.3370 & 0.3395 & 0.2205 \end{bmatrix}$$

根据对国家数据统计平台灾害数据质量综合总结结果显示和最大隶属原则,本书可以初步判定,其灾害数据质量可认为被评估为"一般",其得到非常差的可能性为 2.52%,"差"的可能性为 7.78%,"一般"的可能性为 33.7%,"好"的可能性为 33.95%,22.05% 的可能性为"非常好"。

5.3.1.3 实证结果分析

根据前面内容,对国家数据平台中的灾害数据质量评估结果进行汇总,如表 5 – 12 所示。同理,采用相同的灾害数据质量评估体系和评估方法,对 EPS 数据平台中的灾害数据进行评估,所得结果如表 5 – 13 所示。

表 5－12　　　　　　　　国家数据平台灾害数据质量评估结果

维度/指标		模糊评价等级					评估矩阵与评估结果
		非常差	差	一般	好	非常好	
准确性 0.3372	真实性	1	1	19	49	30	[0.0143　0.0157　0.22 0.4314　0.3186] 好
	误差	2	2	19	39	38	
	完整性	1	2	40	38	19	
及时性 0.3372	更新速度	3	8	48	30	11	[0.0432　0.1246　0.4527 0.2376　0.1419] 一般
	查询年限	8	11	47	15	19	
	时间粒度	2	30	33	19	16	
可用性 0.1744	便捷性	1	9	30	50	10	[0.01　0.056　0.34 0.364　0.23] 好
	解决方案	1	8	48	8	35	
	用户反馈	1	1	31	37	30	
相关性 0.0931	目录设置	0	19	29	34	18	[0.0275　0.1725　0.3325 0.3125　0.155] 一般
	相关链接	6	13	25	44	12	
	数据形式	5	18	50	13	14	
一致性 0.0581	库内一致	2	9	30	39	20	[0.0267　0.08　0.3433 0.3667　0.1834] 好
	库外一致	4	6	43	32	15	
灾害数据 质量	准确性	/	/	/	/	/	[0.0252　0.0778　0.3370 0.3395　0.2205] 好
	及时性	/	/	/	/	/	
	可用性	/	/	/	/	/	
	相关性	/	/	/	/	/	
	一致性	/	/	/	/	/	

表 5－13　　　　　　　EPS 数据平台灾害数据质量评估结果

维度/指标		不同评价等级数量					评估矩阵与评估结果
		非常差	差	一般	好	非常好	
准确性 0.3372	真实性	2	11	24	44	19	[0.0229　0.0686　0.3386 0.3571　0.2129] 好
	误差	2	3	40	28	27	
	完整性	4	6	45	34	11	
及时性 0.3372	更新速度	1	7	34	37	21	[0.0221　0.1178　0.4027 0.3127　0.1446] 一般
	查询年限	4	10	48	33	5	
	时间粒度	3	31	47	9	10	

续表

维度/指标		不同评价等级数量					评估矩阵与评估结果
		非常差	差	一般	好	非常好	
可用性 0.1744	便捷性	2	12	40	31	15	[0.036　0.082　0.388 0.358　0.136] 一般
	解决方案	4	5	28	43	29	
	用户反馈	5	6	43	37	9	
相关性 0.0931	目录设置	2	9	39	10	40	[0.025　0.0875　0.35 0.2175　0.32] 一般
	相关链接	2	9	20	40	29	
	数据形式	4	8	42	27	19	
一致性 0.0581	库内一致	3	4	46	26	21	[0.0333　0.06　0.4167 0.3299　0.16] 一般
	库外一致	4	10	33	47	6	
灾害数据 质量	准确性	/	/	/	/	/	[0.0257　0.0888　0.3744 0.3277　0.1834] 一般
	及时性	/	/	/	/	/	
	可用性	/	/	/	/	/	
	相关性	/	/	/	/	/	

由表 5 - 13 的 EPS 灾害数据质量评估结果，本书可以初步判定，其灾害质量的准确度评估结果为"好"，其余的及时性、可用性、相关性和一致性的评估结果均为"一般"，整体评估质量为"一般"，但是有 32.77% 的可能性会被评为"好"，18.34% 的可能性被评为"非常好"。

将《中国统计年鉴》与 EPS 数据平台评估结果对比分析（见图 5 - 5），本书发现有以下异同点。

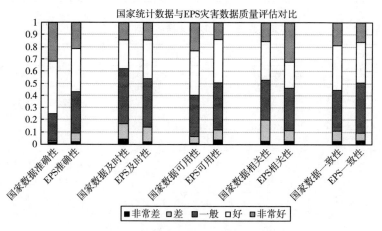

图 5 - 5　两个平台的模糊综合评估对比

第一，相同点。

①两个数据平台的灾害数据质量无论总体分析，或者从 5 个维度具体分析，其最大隶属度对应的评估等级均为"一般"或"好"，初步判断，目前民众对两个平台的灾害数据质量整体上较为满意，除去"一般"，两个数据平台的 5 个质量维度的"好"或"非常好"也占有较高的比例，从某种意义上讲，民众对灾害数据质量将呈现从"一般"向"好"或"非常好"转变的趋势，灾害数据质量仍然有一定的进步空间，能够使灾害数据质量变得更好。

②两个数据平台灾害数据的准确性、及时性和相关性对应的评估等级是一样的，分别为"好""一般"和"一般"。就准确性而言，民众对这两个数据平台评价较好，数据较为准确，尤其是中国统计局在国家数据平台上发布的灾害数据，具有一定的权威性和可信度，真实可靠，不存在捏造事实和发布虚假数据的情况。两个数据平台的及时性评价均为"一般"。由前面分析，由于灾害事件本身的特性，灾害数据亦具有较强烈的突发时效性和传播迅速性，然而，截至本书的写作时间，两个数据平台所能查询到最新的数据为 2015 年的全年数据，时间滞后 12 个月以上，在及时发布相关数据方面，还有很大的进步空间。相关性，是指与用户的要求与期望之间的关系，评估结果显示两个数据平台能满足民众的一般期望。对两个数据平台网页对比分析，两个平台目录设置都较为合理，具有一定的一致性。且两个数据平台既能够为用户提供不同数据分析图表，也能够提供相关链接或者解决方案。

③虽然两个数据平台评估结果对比图显示的"差"和"非常差"评价所占比例并不多，但两个数据平台的及时性和相关性差评比例是 5 个质量维度中较大的。灾害事件具有一定的突发性，因此，灾害数据也应该及时呈现给广大民众，充分发挥其即时性。两个数据平台的最新数据时间滞后 12 个月，EPS 数据平台可查询的最长时间跨度为 10 年，也即 1996～2005 年。虽然国家数据平台显示，可以查询 20 年的数据，但是查询结果显示一些类目 2004 年以前的数据为空。且 EPS 数据平台可查询的最小时间粒度为年，虽然国家数据平台能够为用户提供季度和月份的数据，但是需要另做查询。国家数据平台的数据项相对更为详细，对于某一种灾害，如森林火灾这一自然灾害，国家数据平台向用户提供不同年份整个国家的发生此次灾害的次数、火灾等级设为：一般、较大、重大和特别重大，也提供火场、受害森林数、天然林受害数、人工林受灾数等相关统计数据，以及伤亡人数、其他损失款项共 12 项数据，而 EPS 数据

平台能够为用户呈现的数据有：灾害次数、损坏面积、人员损伤和其他损失共4 项。但是，EPS 数据平台为用户提供更为个性化服务，针对不同的用户需要提供专门的解决方案、数据分析等服务板块，且能够为用户提供多种文件类型的数据下载，可以生成多种分析图表等。

第二，不同点。

①综合 5 个质量维度评估结果，依据隶属度最大所在的评估等级，国家数据平台的综合评估等级为"好"，略高于评估等级为"一般"的 EPS 数据平台。具体表现为：准确性、可用性和一致性获得"一般"以上评估等级的可能性更大，其中，国家数据平台准确性的"非常好"评估所占比例在所有维度"非常好"中较为突出，也即国家数据平台对数据的完整性、误差率等管理较好，具有一定的权威性，且目录设置较为详细，不需要注册账户便可直接查询、下载、生成数据分析图表等，能够分年度、季度、月份、地区、部门和国家等不同角度进行数据统计，较为全面便捷。EPS 数据平台在各个方面还有很大的进步空间，其中，用户对其相关性"非常好"的评估比例非常显著，初步判断这也将是 EPS 管理的一个重点与特色，能够有针对性地提供解决方案，切实为不同层次的用户着想。

②进一步分析两个数据平台的 5 个质量维度，受调查者对国家数据平台灾害数据质量的可用性和一致性评价稍好于 EPS 数据分析平台，国家数据平台的灾害数据具备一定的权威性和知名度，拥有一定的用户群体，EPS 数据分析平台更侧重对用户不同需求的个性化服务，两者间的数据都是一致的，整体评估结果都是不错的，但各自有自己的优缺点，具有一定的进步空间。

5.3.2 灾害数据质量微观评估方法及实证分析

前述章节从宏观角度建立了灾害数据质量评估模型，并采用模糊综合评价方法对国家数据平台和 EPS 数据分析平台进行宏观评估与结果分析。本节将从微观角度，基于前面所述的数据质量经典维度的测评方法，直接对两个数据平台的经典维度进行度量。

5.3.2.1 完整性评估分析

从测量角度来看，一个数据单元集合的完整性来源于数据单元集合中的每一个数据单元的完整性贡献，每个单元数据都有自己的完整性，对集合完整性的贡献是同等的。Ballou 指出，完整性是指"已经记录了的某一变量的所有值"。曹建军（2013）对完整性的定义为："组成数据的每一项数据列项都赋予符合规定相应的数据值，则该数据是完整的，否则该数据属于不完整数据"。以学生的课程成绩为例，若课程编号字段要求 5 位数字，而在对此数据赋值只有 3 位，则该课程编号为不完整数据；若某学生的课程成绩集合中只包含课程名称、课程成绩所对应的数据值，而没有课程学分值，则也是不完整数据的体现。曹建军基于 Kranz 的测量理论基础，对数据完整性度量时，有以下定义与假设：

设一个数据单元的完整度为 1，则 n 个数据单元所构成的数据单元集合的完整度为 n，用 Deg 表示数据单元集合，则 Deg = n；

设某一评估对象数据单元集合为 S，Scp 为其中完整数据；

对于给定的 Scp，Acp 为所有的完整数据所组成的完整数据单元集合和可能由连接关系所组成的集合，a 和 b 为 Acp 中的两个子集；

若 a≥b，则表示 a 的完整度不小于 b 的完整度，当且仅当 Deg(a)≥Deg(b)；

若当且仅当 a≥b 成立，且 b≥a 不成立，则 Deg(a) > Deg(b)；

设 Bcp 为 Acp × Acp 的子集，设 "。" 表示从 Bcp 到 Acp 两个数据单元的聚合运算，也即连接。数据质量完整性满足一下公理：

〈公理 1〉〈Acp，≥〉是一个弱序。

〈公理 2〉若 (a, b)∈B 且 (a。b, c)∈B，则 (b, c)∈B，(a, b。c)∈B 且 (a。b)。c≥a。(b。c)。

〈公理 3〉若 (a, c)∈B 且 a≥b，则 (c, b)∈B 且 a。c≥c。b。

〈公理 4〉a>b，则存在 d∈A，使 (b, d)∈B 且 a≥b。d。

〈公理 5〉若 (a, b)∈B，则 a。b>a。

〈公理 6〉每个严格有界的标准序列都是有限的。

满足公理 1～公理 6，则可以推论，数据质量的完整性具有保持序列的比例尺度，也即 Deg，使若存在 (a, b)∈B，符合 $\phi(a。b) = \phi(a) + \phi(b)$。

设集合 S 中数据总量为 n，Scp 的数据量为 k；

则 Deg 在 Acp 上的测量完整度的函数为：

$$\varphi cp(a) = \frac{\phi(a)}{n} = \frac{1}{n} \tag{5.12}$$

对于 $a_i \in Scp$，则：

$$\phi_{cp} = \sum_{i=1}^{k} \phi cp(a_i) = \sum_{i=1}^{k} \frac{\phi(a_i)}{n} = \sum_{i=1}^{k} \frac{1}{n} = \frac{k}{n} \qquad (5.13)$$

这些关于数据质量完整性的证明与定义，是基于数据单元的，相关分析人员可以根据研究对象的特性，调整精确度等级，如字母、字段、记录等。Ballou 给出的完整性定位为：

$$结构完整性 = \frac{已记录数据的数据值的数量}{应该记录的数据值的数量}$$

$$内容完整性 = \frac{以表达的内容}{应该表达的内容}$$

这也是对上述完整性定义与度量函数的进一步证明。

据此，设数据平台所列的最长时间跨度为 n，令 $1 \leqslant i \leqslant n$，所列的数据指标个数为 m，灾害数据总量为 N，完整数据的个数为 K 个，完整度为 ϕ，则：

$$N = i \times m \qquad (5.14)$$

由式（5.13），分别对国家数据平台和 EPS 数据分析平台中针对全国区域的灾害数据进行完整性评估，相关统计数量统计如表 5 – 14 所示。

表 5 – 14 　　　　　　　　EPS 数据分析平台相关数据统计

所列类目	数据平台	数据项 m	时间跨度 n	数据总量 N	完整数据 K	数据完整度 φ
自然灾害	国数	13	6	78	78	100%
	EPS	/	/	/	/	/
地质灾害	国数	10	20	200	200	100%
	EPS	3	19	57	48	84.21%
地震灾害	国数	7	12	84	75	89.29%
	EPS	3	19	57	46	80.70%
森林火灾	国数	12	12	144	118	81.94%
	EPS	4	19	76	64	84.21%
森林病虫鼠害	国数	12	12	144	132	91.67%
	EPS	3	19	57	48	84.21%
海洋灾害情况	国数	/	/	/	/	/
	EPS	3	19	57	46	80.70%
合计	国数	/	/	650	603	92.77%
	EPS	/	/	304	252	82.89%

由表 5－14 可知，两个数据平台均存在一定的数据缺失情况，国家数据平台提供 2004～2015 年的自然灾害数据查询，完整度为 92.77%，而 EPS 数据平台虽能提供 1997～2015 年的相关数据，拥有 82.89% 的完整度。虽然两个平台中的完整度都较高，仍然有一定的进步空间，若出于一定原因不能向用户提供相关数据，则可以做出相应说明和用相关链接以弥补提供数据的部分不完整性。两个数据平台的类目也十分一致，都含有地质灾害、地震灾害、森林火灾、森林病虫鼠害，但是国家数据平台设置自然灾害这一项，为用户提供旱灾、洪涝、滑坡等自然灾害数据的查询与使用。而 EPS 虽然单独设置海洋灾害情况的统计数据，但是该数据平台上所有灾害类目大多为 3～4 项。

5.3.2.2　正确性评估分析

数据质量的正确性包含两个层面的含义：其一是数据单元反映到不存在任何意义的真实世界状态；其二是对错误的真实事物状态的反应。同上述完整性定义，则：

设一个数据单元的完整度为 1，则 n 个数据单元所构成的数据单元集合的完整度为 n，用 Deg1 表示数据单元集合，则 Deg1 = n；

设某一评估对象数据单元集合为 S，Scr 为其中完整数据；

对于给定的 Scr，Acr 为所有的完整数据所组成的完整数据单元集合和可能由连接关系所组成的集合，a 和 b 为 Acr 中的两个子集；

若 a≥b，则表示 a 的完整度不小于 b 的完整度，当且仅当 Deg1 (a) ≥ Deg1 (b)；

若当且仅当 a≥b 成立，且 b≥a 不成立，则 Deg1 (a) ＞Deg1 (b)；

设 Bcr 为 Acr×Acr 的子集，设 "。" 表示从 Bcr 到 Acr 两个数据单元的聚合运算，也即连接；

设集合 S 中数据总量为 n，Scr 的数据量为 k；

则 Deg1 在 Acr 上的测量完整度的函数为：

$$\varphi_{cr}(a) = \frac{\phi(a)}{n} = \frac{1}{n} \tag{5.15}$$

对于 $a_i \in Scr$，则有：

$$\varphi_{cr} = \sum_{i=1}^{k} \varphi cr(a_i) = \sum_{i=1}^{k} \frac{\phi(a_i)}{n} = \sum_{i=1}^{k} \frac{1}{n} = \frac{k}{n} \tag{5.16}$$

由于数据来源的限制，本书默认国家统计局的国家数据平台数据是最具有统计权威性的，以本平台数据为标准数据，对 EPS 数据平台中全国范围的 2004～2015 年灾害数据进行正确性逐一核对，由于数据的小数位取舍不同，可能存在细微偏差，并无明显较大的差异。由此可以认为，免费开源的灾害数据平台中的灾害数据均具备一定的正确性。

5.3.2.3 存储时间评估分析

Wand（1996）以本体论为数据质量维度的基础，对系统流通时间和存储时间做出以下定义与测度函数：

系统流通时间从真实世界中数据状态改变至所对应的信息系统中记录的数据发生对应改变的时间。设某一评估对象数据单元集合为 S，共有 n 个单位数据，SCi 表示第 i 个单位数据的系统流通时间，则：

$$\phi sc = \frac{1}{n} \sum_{i=1}^{k} sci \qquad (5.17)$$

存储时间是指从信息系统中的更新时间到现在保留的时间之间的时间间隔。设 STi 为第 i 个数据单元的存储时间，则：

$$\phi st = \frac{1}{n} \sum_{i=1}^{k} sti \qquad (5.18)$$

从定义的角度进行分析，系统流通时间与存储时间具有先后关系。自然灾害事件发生后，将产生新的灾害相关数据，灾害数据的系统流通时间是指从新灾害数据的产生到数据库将最新的灾害数据在数据平台呈现给用户的时间。存储时间是系统流通时间的后续，指灾害数据更新到本次研究在两个数据平台进行查询的时间。换句话说，系统流通时间的终点也即存储时间的起点。以国家数据平台为例，对数据存储时间的评估过程如下：

由于数据来源与灾害数据统计制度的限制，本书无法得知两个数据平台的精确系统流通时间。两个数据所能查询到的最新年限为 2015 年，因此，设 1 年时间单位为 1，则两个数据平台的系统流通时间均默认为 2。假设数据平台中的数据从系统流通时间的终点，存储时间的起点的临界点，为新一年数据的更新公布时间点，且自此之后这些数据不再有变动。

在国家数据平台中，所提供数据的年限为 2004～2015 年，对于 2004 年的数据而言，其系统流通年限为 2006 年，将每一个年计为 1，则 2004 年的数据至 2017 年存储年限为 11 年，计为 11，同理，2005 年的数据存储年限为 10 年，计为 10，以此类推并求出所有数据项的存储年限之和 t，设所跨时间年限为 n，并结合相关公式，得出：

$$\phi st = \frac{1}{n} \sum_{i=1}^{k} sti \qquad (5.19)$$

则国家数据平台的存储时间 $\phi st1 = \dfrac{t}{n} = \dfrac{66}{12} = 5.5$。

同理，EPS 数据分析平台的存储时间 $\phi st2 = \dfrac{t}{n} = \dfrac{234}{19} = 12.32$。

由此，国家数据平台的存储时间为 5.5，EPS 数据分析平台为 12.32，从某种程度上讲，存储时间可以看成每个平台所存储数据的平均存储年限。EPS 数据平台的存储平均年限稍长于国家数据平台。

将宏观与微观评估结果结合来看，在总体评估中，两个数据平台的准确性维度最大隶属度均属于"好"的评价等级，且国家数据平台的准确性得到"好"的可能性为 43.14%，略高于 EPS 数据平台的 35.71%，虽然准确性由真实性、误差和完整性共同决定的，而且并不能具体确定每一个指标对评估结果具有多大的贡献，而从微观评估的完整度计算结果来看，两个角度的评估结果大体上是一致的。由于数据源的限制，本章将两个数据平台的系统流通时间默认为 2，也即从灾害事件发生后，延迟 24 个月后用户才能够在数据平台上查询到整个年份的灾害数据。对于数据的及时性改进还有很大的进步空间，这在综合模糊评价中的及时性评估结果也有所体现，两者的评估评价均为"一般"。因此，国家数据平台及时性的差评概率高于 EPS 数据分析平台，也即用户对 EPS 数据平台的及时性评价稍好于国家数据平台，而 EPS 灾害数据的存储时间为 12.32，甚至是国家数据平台存储时间的 2 倍，与宏观评估结果一致。

5.4　结论与建议

本章通过对灾害数据质量评估的理论研究，结合灾害数据的特点，构建灾害数据质量评估框架和模型，并分别从微观和宏观两个角度，对中国统计局的国家数据平台和 EPS 数据平台中的灾害数据进行实证分析，得出两个平台的各自优缺点，在一定程度上能反映出现阶段灾害数据评估的不足，并为提高灾害数据质量评估提出相应意见与建议，达到抛砖引玉的作用。

5.4.1 灾害数据质量评估影响因素分析

灾害数据质量评估，是指评估主体依据一定的标准与准则，对灾害数据质量制定一定的评估指标，依据一定的方法与工具，对灾害数据实施监管。总体而言，灾害数据质量评估影响因素可以分为主观因素与客观因素两类：

（1）主观因素。

主观因素主要是指评估主体对质量监管工作的影响。凡事都具有两面性，若评估主体具有较高的专业素养，则将会起到事半功倍的效果。若评估主体专业素养较为低下，或者缺乏责任意识，缺少自我监管能力，将会对数据质量评估工作造成负面影响，不仅灾害数据质量得不到保障，甚至可能引发错误的灾情预警、无效果的指挥决策，失真的灾情评估等，将会给国家乃至全社会带来难以估量的损失。从评估流程分析，评估主体首先需要明确不同来源的灾害数据的类型、格式，进而确定灾害数据收集的方法并采用合适的数据存储方式进行存储与评估。此外，还需要确定是否已经存在与所收集数据同一类型或相近内容的数据，确定它们合并或分开处理与保存。其次，对差异较大的数据类型，需要因材施教，灵活变通。最后，针对不同类型的灾害数据，还需要依据不同的标准对其结果进行保存。在整个过程中，都无法避免人的主观因素的影响。

（2）客观因素。

灾害数据质量评估，需要参照一定的质量标准体系，结合研究对象的特点，建立科学的数据质量维度，再确定具体的灾害数据质量的检测、评估与修正方法，以此开展灾害数据质量管理评估工作，并且后续可能会多次重复上述整个过程或者某几个过程。这其中，能够造成一定影响的客观因素有质量标准体系的确立和监管方法及工具的选择。灾害数据质量标准体系是整个评估工作立足之本。若采用不适当的质量标准，不仅不能对灾害数据进行正确评估，还有可能引起数据资源丢失，失去对灾害数据质量管理正确的方向。因此，选取适当的数据质量指标，对其监管工作奠定良好基础。灾害数据的动态变化性，使质量评估工具与方法需要灵活，不仅要满足多类型的灾害数据的特点，也需要与时俱进。在科学研究技术不断更新的时代，不仅要顺应大背景环境的变化，也要适用灾害数据的本身特性，做到两者的结合与统一。此外，评估工作开展的时间、地点等也都有可能在无形之中对评估造成一定的影响。基于灾害数据流的角度，灾害数据在被统计时，格式、规范、名称不同的统计、分析方法，不同的处理软件，不同的数据标准与处理方法、数据兼容、访问限制等因素，都可能对其质量评估造成影响，且在评估的过程中，也有可能因为评估方法不适用等增加灾害数据的评估难度。

5.4.2 当前灾害数据质量评估的不足

（1）缺乏具有针对性的灾害数据质量评估标准体系。

灾害数据经过人类的智慧能够转化为对抗自然灾害的有力武器，其数据质量的重要性不言而喻，更是不容小觑。2009 年出台的《中华人民共和国统计法》提出，统计数据能对客观世界做出准确、完整的真实反应，并具备一定的时间有效性。国际准则中对数据质量的定义除了基本的准确性外，甚至包含数据统计的前提条件、统计者的诚信原则、统计的方法适用性等。我国对某些灾害信息统计标准做了明确规定。例如，2015 年 1 月 1 日起开始实施地质灾害信息统计标准，该标准对地质灾害灾情统计的内容、指标、方法和汇总要求做了明确要求（国家标准行业标准信息服务网）。目前我国缺乏对灾害数据评估标准体系的相关规定。应该建立适当的管理标准，或者在现有的管理标准基础上进行修订与完善，确保灾害数据质量方方面面的标准，为其质量管理保驾护航。值得说明的是，此处的质量评估标准体系的目的是提升灾害数据质量，增加对灾害数据的控制管理，与现阶段存在的灾害等级评估标准不能混为一谈。而且，评估标准只是评估工作的开始，关键是需要在具体应用的过程中，不断加以应用与调整，有些标准在确定时，不能充分考虑实践过程中的可操作性，评估标准体系的建立、完善与成熟，是个长期而复杂的过程。

（2）无法避免的间接影响因素：灾害数据业务流。

灾害数据质量管理的起点，也即灾害数据统计，主要是管理主体对原始数据的获取与灾害数据资源的集成。管理主体需要明确不同来源的灾害数据的类型、格式，进而确定灾害数据收集的方法并采用合适的数据存储方式进行存储与管理。此外，还需要确定是否已经存在与所收集数据同一类型或相近内容的数据，确定它们合并或分开处理与保存。然后，管理主体需要对灾害数据保存，以便在未来能够被持续访问，为自然灾害管理提供决策支持。不同的灾害数据管理部门的管理主体，依据自身数据的标准与要求，对数据进行处理后，将数据进行保存。而后，使用主体将原始数据进行组织、加工与利用的过程。在此过程中，是对研究对象高效利用的过程，在不同的研究领域、对不同的数据类型等，都需要采取不同的数据分析方法。也可以利用元数据对原始数据进行标注，确保原始数据在未来很长一段时间内能够有效地被多次利用，且能够被广泛理解。在每一个流程都有可能生成低质量数据，数据格式、统计与分析方法，处理软件的选取、标准与处理方式的选择、兼容与浏览限制等客观原因。当然，整个业务流程中操作主体也将会对灾害数据质量产生一定的双面影响。因此，灾害业务流无可避免地将会对灾害数据质量评估工作带了一定程度的间接影响。

（3）灾害数据质量评估离不开人的主观因素影响。

我国现存的灾害损失统计制度是通过政府部门，从下至上依次上报，并从上至下依次发放灾害救助与重建资源。其主要有三种方法进行灾情统计：相关统计部门依次汇报；实地考察访问受灾群众进行基层统计；抽样检查样本损失情况进行总体损失评估。在整个统计的过程中，不能避免完全没有人为失误的现象。2012 年，国家统计局对原有上报方式进行改进升级，推行联网直接上报，将数据流的中间环节减至最低，形成"两点一线"的汇报方式，以减少在数据流的各个环节中人的主观影响，为灾害数据质量提供最大限度的保证。

5.4.3　灾害数据评估的优化与对策

（1）建立专门的灾害数据质量评估标准体系。

建立一个健全的灾害数据质量管理标准并不是一件简单的事情，首先，需要端正对灾害数据质量评估的态度，加深认识，并需要积极向其他相关准则取长补短，做到灾害数据质量管理标准能够获得全民认可与信服，并向国际上做法先进的国家努力看齐，积极进取。其次，对其质量监管的方法也应不断地修改与完善。虽然不同领域数据质量监管的研究已较为全面，但是针对本书的研究对象，还有巨大的进步空间，可以加大对其评估方法等相关内容的研究力度，逐步完善其评估方法体系，针对不同内容、不同数据类型和不同分类的灾害数据进行多角度、多学科综合的评估与管理。而后，需要对灾害数据质量管理的组织进行相应构建与安排。质量评估工作的效果，与组织建设有着直接的联系。在管理队伍中，可以是统计部门的相关专家，也应该包括相关合作部门等的外部专家，如灾害管理专家、数据分析专家、数据挖掘专家等，不同岗位的专家会拥有不同的看待问题的角度与思路，不容易形成思维定式，甚至可以包含一些灾害数据常用用户，可以从大众的视角对灾害数据进行管理，形成不同角度和梯度的灾害数据的监管体系。最后，应该完善用户反馈机制和解决方案机制，用户的反馈十分重要，在某种意义上也是对灾害数据质量的侧面反馈。依据用户反馈，不仅可以从数据使用过程中进行测量和分析，加强过程中对灾害数据质量的控制，还可以间接得到用户对灾害数据质量的满意度，将这些反馈进行分析、归纳与总结，以此作为灾害数据质量的完善机制，使灾害数据质量呈良性循环。灾害数据的核心价值也即为人民服务，当用户对当前提供的灾害数据提出较高的呼声时，相关管理部门和管理标准应该在慎重的权衡后做适当修正，以满足用户处于变化中的需求。当然，在制订管理标准，进行数据质量评估、数据质量改进等，应该全程透明、开放，充分了解用户对此的相关要求与意见，制订相应的标准与措施，切实保障灾害数据质量的水平，使其发挥最大的数据价值。

（2）增加对灾害信息员的重视与培养，尽可能地降低评估过程中主观因素影响。

2012 年，湖南省某县在暴雨后，相关部门向社会公布的损失达 8900 万元，然而其民政局统计的数据仅为 1800 万（周勉，2014）。此事在社会上引起一系列不良反应，对政府在民众中崇高的地位造成一定冲击。日前，灾害信息员这一职业已悄然兴起。该职业的工作内容是对相关灾害信息与数据的统计、传递和质量管理。2009 年统计的我国共有 1397 个人获得灾害信息员职业资格认证。加强对灾害信息员的重视与培养。首先，需要加强质量管理人员对灾害数据质量重要性的认知程度，自身的职责意识与诚信意识。质量管理与统计工作，要本着诚信为原则，明确自己在灾害数据质量管理体系中的地位和工作内容，以及工作失职将会带来的风险与责任。明确相关工作规定，以确保各级政府、各个部门之间的质量监管工作有序展开，使灾害数据质量在业务流程过程中的各个环节得以有效控制。其次，提升不同职责的灾害信息员的数据评估技术，不断优化其数据监管工具。很多学者对灾害信息质量管理进行研究，但是仍然有很多方面值得探究。例如，结合灾害事件的本身特点，提升数据质量评估方法的适用性，提升其质量监管工具的精确性，助力管理人员对数据监管的检查能力，提高其统计能力，减少数据错误或数据误差等现象的发生。最后，增加对灾害信息员素养的培训力度，定期开设一些学习班、讲座等活动，提升灾害信息员的专业技能，增强工作效率，切实提高信息质量评估手段，提升灾害信息质量管理能力。

（3）充分发挥社交媒体，促进评估主体多元化。

社会民众的移动通信数据使整个社会成为一个巨大的网络，每个都是其中的结点，移动通讯数据就是将各个结点联结的桥梁。人人都可能因为这一巨大网络成为某一事件的风暴中心，就某一热门事件，每个人都可以参与其中，或发表自己的言论，或提供自己的帮助，或转述提供他人的信息。通过微博、微信、QQ、贴吧、论坛等社交媒体平台的灾害数据共享与传播，能够让网络上的每一个结点都能接收到，使灾害数据更具有实时性（曾大军、曹志东，2013）。将巨大网络应用于灾害数据质量管理与控制上，促进每个人都参与灾害数据质量管理，每个人都是灾情的预报员、灾情解说员和灾后重建工作的监督者，每个人既是灾害数据的使用者，也是灾害数据的监督员。例如，益云地图是民众首个公益化地图，促进全民参与，用户可以随时随地上传寻亲启事，寻求帮助启事，发布救援物资，且对已存在的灾害信息进行认证、更新与修正，为灾区联动响应提供有效保障。充分发挥社交媒体的作用，促进更多组织或民众参与灾害事件，做灾害数据质量的管理员，改进原有的政府内部对灾情统计、分析与公布的体制，使政府灾害管理工作得到一定程度的透明化，将公共灾情数据与每个人紧密结合，发挥更多人的"智能"作用，多角度、多方式去看待灾害数据质量评估与管理工作，使精准的灾害数据更好地为人民服务。

正确的、高质量的灾害数据不仅能够助力抗震救灾，也有助于各级灾害管理部门做出正确的决策，制订长期的防灾抗灾计划，提升灾害管理能力，广大社会民众也能够提升灾害自我救助意识，增强自救知识，提高反应能力与抗灾能力。灾害数据质量能够为人类提高对自然灾害的抵御能力，其质量评估问题值得人们的广泛关注与深入研究。正因为如此，本书以灾害数据为研究对象，在相关文献的总结分析和熟悉相关原理方法基础上，对灾害数据质量评估问题进行实证研究，总结出本书的主要工作有以下几点：

（1）本书从宏观角度结合灾害数据的特点构建灾害数据质量评估模型，应用层次分析法和模糊评价方法对两个数据平台进行综合评估，总结出两个数据平台的异同点及各自优势。

（2）本书从微观角度依据相关算法，对两个数据平台的完整性和存储时间进行直接评估，较为立体地展现出两个数据平台存在的一些共同问题。

（3）依据实证分析结果，总结出我国现阶段灾害数据质量存在一些不足之处，并提出相应策略提高对灾害数据的管理。

由于很多客观因素的限制，本次研究存在很多的不足之处，总结如下：

（1）灾害数据质量评估模型不够细化。虽然本次研究的灾害数据质量维度是在文献分析法的基础上确定的，由于客观原因，其下属的评估指标在某种程度上很难进行明确，或者一些评估指标很难进行量化操作与评估。因此本次研究只构建两级评估指标，并没有进行更深层次的指标确立，且得出的结论只能确定各个维度的模糊评价，很难确定是由哪些指标的多大影响造成该指标的评估结果，这也可以作为后续的研究方向之一，将灾害数据质量评估更全面立体化剖析。

（2）采用层次分析法，则其中有很多人为产生的影响难以避免。各个因素两两之间的重要程度，需要依靠学者的知识和经验进行判断，为后续研究打下基础。能够对整个评估过程产生一定的影响，如何最大限度地减少人的主观因素的影响，可以在日后的研究中加以改进。

（3）本书采用模糊综合评估法进行实证研究，其中需要以各种途径发放问卷进行相关数据平台使用感受与意见的收集，尽管剔除回收的问卷中的无效问卷，还是无法对确保收集的问卷质量，并不能肯定每一位受调查者真的秉承认真走心的态度进行填写，因此，其相关结果的客观性和真实性不能得以保证，有待于后续研究采用更为客观、适用性更强的方法对灾害数据质量进行评估。

第6章 应急平台信息服务质量评估

新时代的电子政务正在从桌面互联网逐渐向移动互联网平移和覆盖，微信作为网络信息平台的新工具已经得到了政府各级机关和相关部门的广泛使用，微信以其广泛的用户基础和信息传播方面的优越性受到了用户的青睐，应急微信平台可以实现分享应急常识、发布灾害预警、获取灾情信息等各种功能。但当前我国应急微信平台实施还存在很多问题，对微信应急平台实施效果的评估，对了解应急微信平台现状、改善微信平台功能、提升服务水平具有重要的作用。

本章从两个方面对应急微信平台展开了研究，一方面，从开发角度和服务角度这两个角度分别分析了应急微信平台的现有发展模式；开发角度主要是从数据交互、数据格式、API、自定义开发及编程语言角度分析了现在应急微信平台发展模式；服务角度主要是从信息传递模式、信息交互模式及信息服务模式三个方面分析现有应急微信平台的发展模式。另一方面，对应急微信平台的实施效果评估体系进行了构建，主要以顾客满意度模型为基础，设计基于顾客满意度模型的评估指标，然后利用问卷调查法，借助 SPSS 软件进行项目分析，对指标进行了优选，最终形成了由平台影响性、平台易用性、信息充足性、平台专业性、服务交互性和公众参与性 6 个维度和 23 个二级维度组成的评估体系，通过这些指标，对应急微信平台效果展开全方位的评估。本章选取了 32 个经过微信官方认证的，由各级政府或各级政府应急管理办公室申请的公众平台账号作为样本展开调查，根据指标设计调查问卷，并将所得数据进行信度、效度校验，在此基础上筛选有用的数据再进行聚类分析和多维尺度分析，通过聚类分析和多维尺度分析比较我国应急微信平台实施的效果和现状，发现我国现有应急微信平台存在平台数量少、功能不齐全、管理不规范、用户关注度和满意度不高等多种问题。

6.1　引　言

6.1.1　研究背景

6.1.1.1　突发事件与应急管理

《中华人民共和国突发事件应对法》把突发事件定义为突然发生或者其他紧急事件，这类事件造成人员伤亡和财产损失，还会造成生态环境破坏并且给公共安全带来威胁（李英雄，2013）。这可以从五个方面来理解：第一，突发事件一般都是突然发生的。突发事件比较少地存在发生征兆和警示，有可能是量变向质变转化的一个过程，事件什么时候出现，在哪里出现，以什么方式发生都是无法预计的，可能是一些特定的契机诱发，但一般难以发现，不在人们正常逻辑思维之内，事件发生态势和影响程度也难以估计。例如，2015 年的天津港滨海大爆炸，事件发生突然，令人措手不及。首先，人们的心里没有思想准备，会引发人们恐慌和内心的焦虑不安；其次，管理者也没有心理准备，要根据突发事件的现实情况制定合理的应对策略展开救援活动；最后，灾害资源也没有准备，要临时启动应急预案、协调应急救灾物品开展应急工作。第二，突发事件具有不确定性。突发事件产生的原因、发展方向以及影响程度都难以判断，虽然现在有些灾害可以通过技术手段来提前预报和预警，但只是能减少一部分不确定因素，对灾害造成的后果还是难以预估。而且事件发生后，在较短的时间内，决策者很难全面地掌握信息，现有信息也随着事件的发展而不断变化，这给决策者带来了极大的困难，不能按照程序化做出决策。多方面的不确定性往往使人们在突发事件面前更加无所适从，引起更多的恐慌和惶恐。第三，突发事件会带来危害。不管何种突发事件都会给社会带来很大的影响，再加上人们缺少应对突发事件的经验，所以往往会有比较大的破坏力。具体表现在：人们生命和财产安全会有所损失；自然环境、生态环境造成破坏；人们生活环境和社会环境被破坏、群众内心慌乱。第四，突发事件会引发公众关注。小的方面，任何的突发事件，肯定会涉及有些人的利益关系，造成这部分人的生命财产损失和内心的伤害；大的方面，突发事件会引起公共群体的广泛关注，如果事情不能得到妥善的处理，公众就会产生极大的不满，进而引起公众的不安，造成社会的动荡。在突发事件发生后，必须调动一些公共资源和公共组织的力量来组织救援，因此可以说突发事件具有公共性和社会性。第五，突发事件情况复杂。引起突发事件发生的因素有很多种，包括政治因素、经济因素、社会因素、自然因素，或者是几种因素的组合诱发，使突发事件往往更加复杂。突发事件的发生和发展也千变万化，一种因素的变化有可能引起一系列的衍生变化，这也加深了突发事件的复杂程度。在处理应对突发事件时，不能简单地考虑一个方面，要从全方面、多领域、多学科的角度出发，分析突发事件原因，找出应对其的有利条件和有效方法。

根据国务院颁布的《国家突发公共事件总体应急预案》中的规定，突发公共事件可以根据发生过程、性质和机理不同可以分为以下四类：①自然灾害，如 2015 年印度高温灾害，最高温度接近 50 摄氏度，共造成印度 2200 多人死亡。②事故灾难，如 2015 年 8 月 12 日晚滨海新区的爆炸事故。③公共卫生事件，如 2003 年发生在我的 SARS。④社会安全事件，如 2016 年 3 月 22 日，在比利时首都布鲁塞尔发生的两起爆炸事件（周天浩，2010）。根据民政部数据显示，2015 年全国各类自然灾害共有 18620.3 万人次受灾，其中 819 人死亡，148 人失踪，还有另外 644.4 万人次被紧急转移。固定财产方面，2015 年全国共有 24.8 万间房屋因灾倒塌，250.5 万间房屋因灾受损；农业方面，2176.98 万公顷的农作物受灾严重，其中绝收 223.27 万公顷，因灾直接经济损失达到了 2704.1 亿元。

庞大的统计数据背后是带给人们的深深伤害，不得不引起我们的重视，在灾害多发、受灾情况严重的背景下，人们正在积极地寻求对策去尽可能地减少灾害带来的损失，国家和各级政府都成立了应急工作办公室，不断建立健全应急管理体制，"十三五"规划也对建设应急体系建设提出了工作要求，包括贯穿前期预防、事中处理和事后善后等过程的工作方针，通过这些方法和措施，来实现保障人民生命财产、保护环境和社会稳定的目标。我国的应急管理在以前主要是气象灾害研究，对其他应急事件的研究很少。自从 2003 年的非典事件发生之后，暴露了许多应急管理中的弊端和短板，我国开始加强应急管理建设，从各个层面上设计应对突发事件的应急预案。与此同时，各种应急管理组织机构不断建立，初步建立了应对公共事件的应急机制，在突发事件风险预警和突发事件决策和处理方面发挥了重要作用。2008 年是我国应急管理建设的一个新的起点，2008 年汶川地震的发生，使我国应急管理又遇到了新的挑战，也促使我国应急管理建设不断加强，因此做好应急工作对促进社会稳定、人民生活幸福有重大意义。本章以效果评估作为研究的主要方向，以应急微信平台的实施作为研究切入点，利用顾客满意度模型，构建应急微信平台效果评估指标体系，对应急微信平台实施效果进行评估分析，为应急管理信息化建设提供参考方向和研究思路。

6.1.1.2 自媒体——微信与微信公众平台

自媒体（WeMedia）又叫公民媒体，是"普通大众经由数字科技强化、与全球知识体系相连滞后，一种开始理解普通大众如何提供与分享他们本身的事实、新闻的途径"（陈鑫，2013）。简单来说，就是能够让大众将自身观点和所见所闻对外公开发布的一种载体形式，如百度贴吧。在 Web 2.0 时代，博客和网络 BBS 一度发展迅猛，极大地促进了自媒体的发展。2011 年，腾讯公司上线了微信，微信与 QQ 类似，都是一种即时通信软件，其在推出之后发展速度迅猛，作为一个免费的应用程序，很快就对互联网服务的方式产生了极大的影响。同年 8 月，腾讯公司又增加了微信公众平台服务，引起广泛关注。

从功能上来定义，微信是一款聊天软件，通过微信可以进行实时聊天，发送语音、文字和图片等聊天内容。微信将人们的生活和虚拟的环境相结合，是一种全新的探索，也是互联网发展的一种方向（殷洪艳，2013）。微信软件有很多功能，其功能强大、使用便利，尤其是作为一种全新的沟通方式很快便吸引了众多用户的关注（周蕾，2012）。作为大众自媒体的一种全新的载体，微信的优势是显而易见的。第一，微信改变了人们的网络社交的方式，在微信中添加朋友是以用户手机通讯录作为关联，这使微信联系人与用户的手机通讯录之间实现了信息同步。第二，微信还改变了传统的通信。人们可以通过微信联系到手机通讯录里面的好友，另外，微信不只提供了即时文字通信，还支持通过微信语音，这样就极大地方便了人们的沟通，优化了交流方式、还减少了人们打电话而产生的通信费用。第三，微信提供了一个新的社交平台。朋友圈功能为人们提供了一个分享和互动的平台，用户可以通过一句简单的文字信息或者配有文字说明的图片信息来表达自己现在的情况、现在的经历，还可以分享自己觉得不错的文章和音乐链接。第四，微信更是一个交友的平台。用户仅仅通过少量的流量费，就可以用一种新鲜有趣的方式和朋友进行沟通和交流，这极大地丰富了人们日常的交流方式，也体现出微信的成本优势。根据报告显示，截至 2015 年底，微信及 WeChat 合并月活跃用户数达 6.97 亿，公众平台集中了超 1000 万公众账号、20 万第三方开发者，借助微信公众平台，个人、企业和机关单位都可以公开申请微信公众号，通过文字图片或者语音视频等消息内容，实现和关注用户的沟通、互动（张慧萍，2014）。个人、企业、媒体、单位用户在注册平台公众账号后，能够通过公众平台账号向关注用户或者向指定的单个或多个个体发布文字或多媒体信息，还能够响应用户请求，用户之间进行双向交流交互。现在的主要功能可以分为以下几个方面，如图 6 - 1 所示。

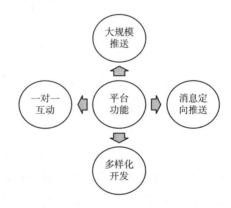

图 6 - 1　微信平台功能示意图

第一，多媒体消息的大批量推送，管理员借助公众账号后台向使用者推送图文等格式的消息，可以用来推送通知或者新闻资讯等；第二，多格式消息的定向推送，通过平台向关注用户推送消息，使信息推送和传播更具目标性；第三，点对点互动，可以一对一的回复消息，还可以设定规则实现自动反馈；第四，多样化开发，用官方提供的开发接口开发出更多功能性应用。

6.1.1.3　应急微信平台

微信公众平台是腾讯新增加的功能模块，通过微信公众平台，用户可以申请运营一个微信公众号，并在微信平台上实现和关注用户群体的沟通和互动。利用微信公众平台，管理员可以利用公众号对消息推送进行重新设定，将需要推送的通知消息按照规则设定推送到关注者的手机客户端，也可以设置自动回复功能。微信公众平台还有一种"开发模式"，使用官方提供的功能开发接口，公众号能够实现更多的自定义功能。微信目前已经在银行、教育、政府机关等各个行业得到广泛的应用。例如，2013 年 4 月，招商银行信用卡微信公众账号以"小招"的亲民形象推出，不到 6 个月就受到百万用户的关注，经过一年的发展，截至 2015 年已有超过 1500 万粉丝，在银行类微信公众号中排名第一，可以说是应用最成功的银行业微信公众平台。微信版本到 2016 年 3 月为止，IOS、Android 更新到了 6.3.15 版本，Windows 更新至 2.0 版本，Mac 平台已更新至 1.2 版本，BlackBerry 平台更新至 3.6 版本，还在不断更新中。

微信平台公众号总共分 3 类：订阅号、服务号、企业号，不同账号类别所具有的功能也有差别。订阅号主要使用者是媒体或个人，而服务号和企业号主要是企业或一些机构。在订阅号快速发展的背景下，应急微信平台也顺应时代潮流而不断出现，简单地说，应急微信平台就是各级政府应急相关部门申请注册并通过认证的微信公众号，如上海应急、广东省政府应急办等公众账号。应急微信公众平台还有编辑模式和开发模式两种模式，在开发模式下可实现更多自定义功能。同时应急微信公众平台还有管理员界面，管理者在管理员界面可以清楚地看到消息推送情况及用户关注情况。应急微信平台开辟了一个突发事件预警信息发布的新渠道、应急管理宣教培训的新平台。借助微信平台"点对点服务"和"一对多沟通"的优势，可以充分发挥"及时发布突发事件权威预警信息，准确报道突发事件发生情况，有效开展应急工作网络问政"的功能，进一步提高突发事件信息发布工作的时效性和工作范围，提高应急管理工作水平。目前，我国应急信息化平台的应用还处在开始阶段，在当前自然灾害事件以及公共安全事件频发的环境下，本章关于应急微信平台发展模式及实施效果评估的研究就有着很强的针对性和重要的实践价值。通过对现有应急微信平台发展模式进行分析，并结合用户满意度，促进应急微信平台向着便捷、高效的方向发展，促进应急管理服务方式完善，应急服务水平不断提高。

6.1.2　研究意义

当前，微信公众平台已经在各类企业和个人中得到了极其广泛的应用。但是在应急信息平台方面，微信平台的应用和研究还比较少，对其实施效果的评估几乎没有。同时，加强应急管理，对提高预防和处置自然灾害或者公共事件的能力有非常重要的作用，对保护人们生命和财产安全也有着重大意义。而微信平台作为一种新兴的媒体表现形式具有很多的优势，首先微信平台具有零投资、大收益的优势，微信公众平台信息交流方式多样，微信平台有着广泛的用户基础，普遍性强。因此，基于应急信息平台建设的需求，加强对微信的利用，对应急平台的构建具有重大的意义。

应急微信平台可以实现分享应急常识、发布灾害预警、获取灾情信息等各种功能。在具体的应用上可以分为：无灾情时，微信平台可向公众传递普及灾害和一些应急救援的知识；发生灾害事件时各方及时互动，公众可实时获取官方发布的权威信息，官方也可快速汇集公众提供的灾情信息，分析后可用于指导救灾行动，使救援行动更加高效有序。同时，可借助微信平台构建应急指挥系统，使指挥中心掌握全局，直接通过微信平台快速传递指令，进行资源调度以及救灾部署工作。另外，应急微信平台推广方便，使用简单。应急微信平台搭建非常简单。通过微信官网就可以申请注册公众账号，在递交一系列文件后，等待微信官方的审核和认证，审核认证通过后，即可正常使用。通过网站或其他文件方式向公众公布应急微信平台的账号及二维码，组织专业人员进行管理、维护，必要时还可以组织开发者进行自定义接口功能的开发。该平台是在零投资条件下搭建，维护简捷，使用方便，信息传递快捷直观，群发功能强大。同时，应急微信平台使用范围广，共享功能强大，能支持多种文本或者多媒体格式的数据传输。综上所述，对应急微信平台发展模式的研究及其效果的评估具有重要的意义。

6.1.3 国内外研究现状

6.1.3.1 微信公众平台应用发展及效果评估研究现状

目前，微信公众平台主要应用在以下四个方面：（1）媒体方面：这一类公众平台积极性强、影响力大，如腾讯科技、新浪科技等综合性的门户网站，芒果 TV、齐鲁晚报等传统广电媒体；（2）品牌客服方面：微信可以实现一对一的私密交流方式，可以很好地满足一些品牌公司的客服需求和营销需求，如目前运营上比较成功的招商银行信用卡"小招""星巴克"等；（3）公共服务方面：越来越多的政府机关单位、非营利组织、高校等公共服务机构相继开通了微信公众账号，如北京市人民政府新闻办公室、国家图书馆、中国华侨公益基金会等由于政府机关单位与人民的工作和生活都有着密切的联系，所以群众基础较好；（4）电子商务方面，像京东商城一类的电子商务类公众平台（赵敬、李贝，2013）。

由于微信公众平台是我国研究开发的，目前国外对微信公众平台的使用和研究还未构成体系，因此对于微信平台的应用发展和效果评估多是我国学者所做的相关研究，具体如下：

在平台应用方面，张文婷（2013）基于在微信搜索到的八家都市报公众平台作为样本展开研究，探索都市报这种媒体类公众平台如何运营与发展，提出通过加强与母媒体的互动、注重主动推送的策略和方法包括选择最佳的推送时间和频率、选择优良的推送内容等来更好地吸引用户。黄楚筠、彭琪淋（2014）基于使用与满足理论的研究框架开展了关于大学生使用微信平台的动机以及获得的满足程度的研究，并研究了高校微信平台的实际传播效果，结果得出目前高校微信平台的发展及其传播效果不够深入还是停留在表面层次。康思本（2014）通过对图书馆微信平台信息推送的研究，包括获取分析读者的借阅及检索历史，挖掘用户不同的信息需求，提出了基于微信公众平台与图书馆管理系统实现对接服务。龚花萍、刘帅（2014）认为微信政务信息公开是一种比较新的政务公开途径，有操作性强、方便、快捷、交互性好等特点。与其他信息公开方法对比起来，微信政务信息公开有着不一样的意义。

在平台功能构建方面，廖伟华（2014）研究了怎样基于微信公众平台建立应急指挥系统，通过广东佛山高明供电局实例分析，通过自定义功能开发搭建"应急指挥微信平台"。这一实例对微信公众平台在应急方向的使用提供了证明。马飞炜、贺晓鸣等（2014）阐述了医院建立微信公众平台的方法和措施以及平台在医院管理中起到的作用。戚蕾、张莉（2013）针对企业利用微信公众平台营销的模式进行了讨论，认为企业要更加注意微信信息的推送服务，表现在消息推送频率、信息内容质量、客服服务态度的效果以及微信平台系统功能构建等方面。蔡雯、翁之颢（2013）认为微信公众平台将给新闻媒体带来了全新的革命。微信对于新闻媒体来说不仅是开辟了一条全新的内容推送渠道，还提供了一次将传统媒体品牌向新媒体领域拓展的机遇。

6.1.3.2　应急信息平台发展模式及效果评估研究现状

建设全面的应急信息平台、规范应急信息传递的制度，有利于在各种自然灾害以及突发性公共事件发生时，及时地做好各部门之间的协调和沟通，有利于减少灾害造成的损失、提高应急工作水平。目前，在应急信息平台实施及发展模式方面，我国和国外的一些专家学者已经做了很多研究工作。

在应急微信平台实施层面，刘志国、王雷（2013）提出通过建立更加全面的信息发布通道、引导积极健康的社会舆论方向、通过加强和媒体之间的合作、健全新闻发言人制度等方式来不断完善应急信息平台的建设。林盾、李建生（2011）提出运用现代远程教育手段，来构建突发事件应急信息平台，构建的信息平台不仅能够及时准确地向公众发布权威信息，还可以利用该平台为事件的全程处理提供决策支持，为进一步完善和突发公共事件的应急机制提供了更多的理论支持。

在应急微信平台技术发展层面，员建厦、彭会湘（2014）分析了大数据处理与应急平台系统建设的关系。研究了在大数据环境下应急平台系统预警处置、应急保障等核心业务的建设，从体系架构、系统组成、信息关系和工作流程几个方面设计了省级应急平台系统。刘士兴等（2007）以合肥市公共安全决策为例，研究了基于互联网和现代通讯技术、GIS 等如何去建立公共安全应急管理决策微信平台。林富明（2009）探讨了应急处理各项流程及基于 GIS 可视化成技术构建城市应急指挥系统的方法。董立岩、李真（2009）采用了 J2EE应用模型和 MVC 架构研究并设计了突发公共事件应急信息平台，为应急工作提供了一个新的方向，可以有效协助政府展开应急工作。

在国外，以日本为例，由于日本地震是比较多的，因此日本的应急管理走在全球的前列，其应急信息化建设中运用了各种现代科技，构建起一整套高效的应急管理体系。Gwyndaf Williams 等（2000）研究了曼彻斯特市中心爆炸应急预案和城市的灾害应急信息系统。Abbask Zaidi 等（2007）构建了以突发事件风险为基础的数据模型，用来对应急管理信息系统风险预测能力进行评估。Morin（2000）研究救援活动的可视化问题，在指挥中心和移动终端间建立连接，实现了应急管理工作的可视化。QiaoBing（2001）研究了应急反馈系统，阐述了突发事件应急反馈方面的内容。Project ENSAYO（2007）研究了虚拟现实技术在灾害应急管理及应急培训中的应用。哈米斯等（2008）设计出一个可以对突发事件的风险进行有效管理的简化模型，在风险很多、处理方案很多的情况下可以进行有效决策。Mei－PoKwan 等（2003）提出了基于 GIS 构建智能应急反馈系统，通过 3D GIS 技术来提升应急管理和应急反应的水平。

综上所述，由于微信推出不久，有关微信的发展模式及评估的方面研究还比较少，很多的研究集中在图书馆应用方面，但这些已有的研究很少有对微信平台应用现状做出评估和定量分析，因此，对微信平台应用和发展的研究任重而道远。另外，有关应急信息平台的构建方面，很多专家学者也提出了自己的构想和设计，但只是停留在应急信息平台的构建和应用方面，对于应急信息平台实施效果的评估的研究还很少，未能构成一个完善的研究体系。

6.2　应急微信平台发展模式分析

应急微信平台作为微信公众平台的一员，拥有微信公众平台提供的一系列功能和权限。借助应急微信平台可以有效地提高应急管理工作的效率，提升应急管理工作水平。本章主要从开发模式和服务模式两个视角来分析现有应急微信平台的发展模式。

6.2.1　应急微信平台开发模式

应急微信平台作为认证订阅号，除了拥有微信公众平台基础功能外还拥有微信官方 API 提供的更多接口功能和权限。微信公众平台提供消息推送和消息接收基础功能，认证号还拥有用户管理、自定义菜单等特有功能。鉴于应急微信平台功能需求，普通的消息推送接收很难实现应急微信平台功能设定，因此需要对微信平台进行自定义开发，通过获取和利用更多的功能接口，实现应急微信平台应用价值。

6.2.1.1　数据传输方式交互化

应急微信平台与关注用户数据交互的基础是接入消息接口。当平台关注用户给平台发送请求时，官方服务器会根据 HTTP 请求做出信息反馈，被请求的服务器会反馈已定制的规则消息，这便完成了信息的传递过程。简单来说，就是需要先验证应急微信平台自身的服务器地址，地址验证之后，关注用户一旦发消息，腾讯的服务器就把微信用户的消息推送到已经通过验证的地址上。应急微信平台服务器接到数据后，会按照已设计的程序，输出一个结果，腾讯官方服务器会自动抓取，最后将个性化的信息发送给用户。

经过开发的应急微信平台内部会配置好一系列的指令规则，当关注用户发送响应的指令给应急微信平台后，会得到与指令定义一致的回馈。这些指令定义则是应急微信平台开发者根据官方提供接口在功能需求的基础上开发实现。关注用户、微信官方服务器和应急微信平台服务器三者之间的相互交互关系如图 6 - 2 所示。

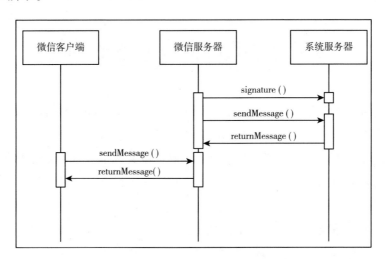

图 6 - 2 数据交互流程示意图

如图 6 - 2 所示的具体交互流程如下：关注用户在微信客户端向已关注应急微信平台账号发送一条消息，微信官方后台服务器在接收到消息后，将消息转发到应急微信公平台服务器。应急微信平台服务器收到用户消息后，开始验证消息内容并按照消息内容和已经定义好的规则，得出需要反馈的消息内容，并将消息打包返回到微信官方服务器。官方服务器将应急微信平台服务器返回的消息再传递到向账号发送消息的关注用户，就完成了一次消息交互的过程。

6.2.1.2 数据格式规范化

目前官方向开发者提供的消息类型接口可以实现的主要功能包括：接收和回复用户消息、事件推送和自定义功能菜单，而且随着平台的发展，未来会推出更多种类的功能来满足开发者需求。

（1）接收用户消息。

应急微信平台目前能收到的用户消息类型主要有文字图片、语音视频和地理位置链接等，普通用户向平台发送消息时使用的都是微信客户端，客户端所提供的最便捷高效的使用方式就是使用键盘输入消息请求，所以应急微信平台接收到的用户发送过来的消息最常见的就是文本消息类型，包括表情。文本消息 XML 数据包结构如下：

```
< xml >
< ToUserName > < ! ［CDATA［toUser］］ > < /ToUserName >
< FromUserName > < ! ［CDATA［fromUser］］ > < /FromUserName >
< CreateTime >1348831860 < /CreateTime >
< MsgType > < ! ［CDATA［text］］ > < /MsgType >
< Content > < ! ［CDATA［thisisatest］］ > < /Content >
< MsgId >1234567890123456 < /MsgId >
< /xml >
```

（2）回复消息。

当用户发送消息或点击平台菜单时，就会产生一个 POST 请求，平台可以在响应包中返回自定义 XML 结构，以图文消息为例，XML 数据包结构如下：

```
< xml >
< ToUserName > < ! ［CDATA［toUser］］ > < /ToUserName >
< FromUserName > < ! ［CDATA［fromUser］］ > < /FromUserName >
< CreateTime >12345678 < /CreateTime >
< MsgType > < ! ［CDATA［news］］ > < /MsgType >
< ArticleCount >2 < /ArticleCount >
< Articles >
< item >
< Title > < ! ［CDATA［title1］］ > < /Title >
< Description > < ! ［CDATA［description1］］ > < /Description >
< PicUrl > < ! ［CDATA［picurl］］ > < /PicUrl >
< Url > < ! ［CDATA［url］］ > < /Url >
< /item >
< item >
< Title > < ! ［CDATA［title］］ > < /Title >
< Description > < ! ［CDATA［description］］ > < /Description >
< PicUrl > < ! ［CDATA［picurl］］ > < /PicUrl >
```

< Url > < ! ［CDATA［url］］> </Url >

</item >

</Articles >

</xml >

以应急微信平台"上海应急"为例，微信搜索公众号上海应急，添加关注后向账号平台发送文本消息，得到回复如图 6 - 3 所示。

图 6 - 3　平台回复示意图

6.2.1.3　API 技术成熟化

API（Application Programming Interface），中文为应用程序编程接口，它是一些已经开发好的函数例程，当程序开发者需要访问时就可以随时调用而并不需要知道内部的工作原理，如 JAVAAPI、Android 中文 API 等。随着 WEB 2.0 的快速发展，有更多的站点将自身的资源无偿开放给开发者来调用。开放 API 的站点也有助于吸引更多的开发者参与平台开发，开发出更多的优秀程序。

目前微信公众平台也配套了公众平台开发者文档，开发者在对应急微信平台开发中调用的接口由微信官方团队来提供，文档内容也在不断增加。微信官方团队目前提供有基础接口和 JS - SDK，通过 JS - SDK，开发者可以直接使用官方开发团队给出的接口，其中微信公众号支持的接口号为 80。前面提到微信公众平台有多种类型，不同类型的公众平台也有不同的开放接口，应急微信平台属于微信认证订阅号，其所拥有的接口权限如表 6 - 1 所示。

表 6 - 1　　　　　　　　　　　认证订阅号接口权限

序号	接口名称
1	基础支持—获取 access_token 和获取微信服务器 IP 地址
2	接收消息—验证消息真实性、接收普通消息、接收语音识别结果
3	发送消息—被动回复消息—客服接口—群发接口
4	用户管理—用户分组管理—设置用户备注名—获取用户基本信息—获取用户列表
5	界面丰富—自定义菜单
6	素材管理—素材管理接口
7	JS - SDK 系列接口

6.2.1.4 自定义菜单接口化

利用自定义菜单可以帮助公众号设计更好的更具美感的菜单、丰富账号功能，通过自定义菜单，关注群体可以更全面地了解账号，开启自定义菜单后，公众号界面如图 6 - 4 所示。每个公众平台自定义菜单最多可定义三个一级菜

图 6 - 4　自定义菜单示意图

单，对应的最多可自定义五个二级菜单。名称一般在 3~6 字范围之内比较合适。目前，自定义菜单接口可实现 10 种类型的按钮功能，如 scancode_push——扫码推事件按钮，通过触发按钮，软件将及时地触发"扫一扫"工具，在完成扫描工作后会给出扫描结果（如果是 URL，将进入 URL），且会将结果告知开发者，开发者就可以根据结果下发消息。目前在应急微信平台中运用最多的为 VIEW——跳转 URL 按钮，我们以公众号"上海应急"为例，打开客户端的交互界面，通过"上海应急"提供的自定义菜单，点击公共服务中的天气预报按钮，微信就会跳转到天气视图，如图 6-5 所示。菜单的自定义开发可以提供更多的功能，完善应急微信平台功能建设。

图 6-5　平台跳转示意图

6.2.1.5　编程语言丰富化

微信官方为开发者们提供了 C++、PHP、JAVA（JDK1.6 以上）、PY-THON、C#五种语言的编程方案，可以使不同计算机语言开发者自定义出不同的平台，另外，微信官方还定义 XML 技术可作为技术拓展应用（韩媛媛，2015）。目前，在服务器端使用较广的是 PHP 语言，PHP 是一门服务器端的脚本语言，它的优点是可以跨平台，可以和多种数据库兼容，一般 PHP+MySQL+ApacheWeb 服务器组合模式被广泛使用。还有一点，PHP 是完全免费的，开发者可以到 PHP 官网免费下载。在客户端方面，开发者可以借助 html + css + javascript 等技术实现更多的开发功能，如果还想实现比较酷炫的动态效果，还要借助 HTML5 技术。

6.2.2　应急微信平台信息服务模式

6.2.2.1　信息组织模式多样化

（1）应急微信平台信息特质与载体组织方式。

应急微信平台的信息特质主要体现在以下几个方面：①即时性：微信是一款即时软件，有网络有客户端就可以即时收发消息。只要用户使用数据连接登陆微信，就可以在线接收消息并进行快速地完成消息交流交互沟通。即时通讯软件这种强大的传播力使传授双方在短时间内就可以完成一个内容丰富详尽的信息传递。②准确性：应急微信平台推送的信息为经过官方机构确认的信息，具有很强的科学性。应急微信平台会推送一些最新的灾情信息，其最新动态及数据都得到了官方机构的认证，有很强的权威性。③广泛性：应急微信平台信息的接收群体囊括了各阶层、各年龄段的人，除了受众群体，应急微信平台信息的广泛性还体现在信息本身，除了推送最新的灾情信息、灾情预警信息之外，还会推送多种应急救灾常识。

应急微信平台信息载体组织方式主要是利用图文主题的形式，通过官方微信后台，将图、文、影、音、超链接等多媒体格式信息推送到订阅用户的客户端。用户在打开微信时会收到系统的推送信息提示。当前，微信的各项功能还在不断完善，后续也许会有新的载体方式出现。

（2）应急微信平台信息服务对象。

作为移动互联网时代自媒体的崭新应用，微信吸引了众多用户的关注。应急微信平台所提供服务简单方便，服务内容和广大人民群众生活息息相关，作为服务大众的公益化平台，其信息服务对象没有排他性，所有使用微信的人都是应急管理工作的信息服务对象。但是地方应急微信平台一般的服务范围仅限于本地。根据调查显示，性别方面，微信的男性用户较多；地域方面，城市微信用户较多；年龄方面，微信的使用者大多是中青年和高学历的人群，这类人接受新事物的能力很强又有一定的经济基础支撑，所以对新事物的推广普及有重要的推动作用。

（3）应急微信平台信息服务方式。

应急微信平台信息发布是通过微信官方后台系统进行编辑，并群发到订阅用户的信息推送过程。信息的内容一般包括应急咨询、应急知识、公共服务等模块。信息的载体主要通过图文、语音、视频来展示信息。微信公众账号发布的信息一般分为三个层级：第一级是由文字、图片组成的标题；第二级是信息内容，微信内容可多可少，格式也可以采用图文影音等多种格式；第三级是微信内容的延伸，一般可以在正文后面添加一个超链接，链接到其他 URL 信息对推送内容进行信息补充补全（郭泽德，2016）。

6.2.2.2 信息传递模式多元化

（1）4A 理论。

即任何时间（anytime）、任何地点（anywhere）、任何人（anyone）和任何事物（anything）等环境下，应急微信平台都能够将信息传播（张董，2014）。用户在使用这些功能应用时不需要考虑时间、地点等环境因素，只要有网络数据，用户只要用手机打开微信即可使用，展现了微信公众平台不管在什么时候、什么地方、使用者是谁都可以使用的特点。

（2）多元化传播。

应急微信平台可以将图文、语音、视频以及外部链接等多种元素组合在一起，让平台关注用户可以和平台进行更便利的交互体验。微信公众平台构建了一个三维立体沟通空间。第一维度是图文、语音和视频；第二维度是手机通讯录、智能手机 APP、其他社交 APP；第三维度是漂流瓶、附近的人、二维码扫描等功能。在三维空间中，每个维度相互连接，互通互享，满足了用户多层次的需求（党吴棋，2012）。并且应急微信公众平台还可以依托微信朋友圈相互连接，用户将内容分享到自己的朋友圈，其好友还可以再转发分享，按照这种模式发展，应急微信公众平台的传播范围不断扩大，传播速度也会不断加快，吸引更多的用户关注平台，扩大了应急微信平台的范围。

（3）信息主动传递。

应急微信平台的信息传递模式为单向主动模式，即管理员账户根据自己选定的内容方向将信息主动地传递给关注用户（娄策群、段尧清、张凯，2009）。这类传递针对性强、信息推送及时并且传播对象固定。从消息推送的角度来说，应急微信平台将已经编辑好的信息通过服务器传送到关注用户的客户端，用户关注了平台才会收到消息，没关注的收不到消息。应急微信平台关注用户使用平台特定功能时，可以通过发送消息或是点击菜单就可以同被关注的应急微信平台进行交互，如果应急微信平台没有被用户关注，则官方服务器不会将请求转到此平台地址。

6.2.2.3　信息交互模式个性化

从信息交互理论出发，应急微信平台信息交互方式分为一对多和一对一两种（武龙龙、杨小菊，2013）。

（1）一对多的交互模式。

应急微信平台的服务性使每个平台都有许多粉丝，应急微信平台所推送的消息能够被多个关注用户同时接收，根据接口自定义的菜单也可以供众多粉丝免费使用。同样的，每个人都可以关注多个应急微信平台，用户可以同时给多个平台发送请求也可以使用不同平台提供的免费服务。从这种视角出发属于一对多的交互模式。这种模式可以获得更多的用户关注，用户可以获得更多的应急信息和功能，扩大双方的交流范围。

（2）一对一交互模式。

平台提供了用户交互界面，粉丝可以直接通过键盘输入文字请求来获取信息，也可以通过自定义菜单的点击获得需要的信息。这时获得信息的方式就是关注用户与应急微信平台点对点、一对一的交流。这种交互方式具有即时性和私密性（姜胜洪、殷俊，2014），除当事人之外，其他人无法获知所交流的内容信息，从这种视角来看，应急微信平台信息传播属于一对一的交互模式，这种模式针对性强，效率更高，可以更直接快速地解决关注用户的问题，满足用户需求。

6.3　应急微信平台实施效果评估模型构建

6.3.1　模型构建原则

（1）系统性和全面性。

指标体系的设计必须能够综合反映出我国应急微信平台建设的总体水平。

在设计评估指标体系时应该综合考虑各个方面,不仅要考虑到应急微信平台的结构设计方面,还要考虑到应急微信平台信息组织、信息内容质量等多个方面。这些在指标设计中都要有所体现,全面系统地设计评估指标体系。

(2)适用性。

所设立的评估指标体系必须和应急微信平台相适应,也就是说,设立的评估指标体系能够反映不同个案,也就是不同应急微信平台的情况。除此之外,建立的评估指标体系还要具有发展延伸性,能够随着具体情况的具体分析而不断变化修改,使其更好地适应不同应急微信平台的不同情况。

(3)科学性。

评估指标体系的设置应当具有科学性。指标体系设置也应该层次分明,体系大小适宜。如果评估指标体系设计得庞大、层次复杂,那么评估人员的注意力就更多地放在更为细微的小指标层次,容易忽视重要的指标;如果评估指标体系设计的层次不足,就很难从全面客观的角度对应急微信平台进行评估。所以设置的每一个层级都要不同,才能够科学地反映出被评估客体的区别性。

(4)定量与定性相结合。

应急微信平台的效果评估需要考虑到很多种因素,有的因素可以定量去衡量,有的因素却没有定量的标准,只能用定性方法来衡量。每一种指标都有其自身的科学性,所以讲定量与定性相结合的评估指标体系才是科学合理、能够全面反映客观现实的指标体系。

6.3.2 顾客满意度模型简介

顾客满意度指数(Customer Satisfaction Index,CSI)是依据顾客对某种产品或服务的评价信息,通过建立模型计算而获得的一个指数。目前包括我国在内的多个国家正在对其展开积极的研究和使用,作为一种新的指标和质量评价体系,它可以用来评价一个国家经济的整体质量。

瑞典是最早提出顾客满意度模型的国家,在瑞典之后,欧美各国和日本也先后构建出自己国家的用户满意度模型。本模型主要基于美国的顾客满意度模型(ACSI),主要由6个变量组成:顾客预期、顾客对质量的感知、顾客对价值的感知、顾客满意度、顾客抱怨和顾客忠诚(刘洋,2007)。如图6-6所示，顾客预期是指顾客在获取某种服务或购买某一种产品时，对它的功能性需求的一种预估；感知质量是顾客在体会了某种服务或在使用了某种产品后的一种直接感官；感知价值是指顾客在体会了某种服务或在使用了某种产品后对其价值的一个直接感受；顾客满意度指顾客将某种产品或服务和心里的理想模型进行一个比较，得到的对这种产品或服务的满意程度；顾客抱怨指的是对产品或服务不满意的变量体现；顾客忠诚是指顾客忠诚度的变量体现。

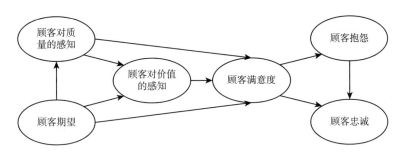

图 6 - 6　美国顾客满意度模型

6.3.3　基于顾客满意度模型的指标体系构建

6.3.3.1　指标体系构建方法

应急管理微信平台实施效果评估指标的选取主要是以能够反映应急微信平台的实施效果这一原则为核心。应急微信平台实施的目的就是为减少突发事件给人们造成的生命财产损失。首先，平台要具有影响性，平台的实施要具有较强的影响力，有充分的用户基础、被广大用户所熟知、被人们所信任是平台具有影响力的基础。其次，应急微信平台是一款软件，要符合软件的评估标准。软件的外观、设计、功能模块以及服务的其他方面会影响到软件的实施效果。除了软件本身外，应急微信平台提供的服务主要以信息类服务为主。信息的全面性、准确性、有效性和及时性等都会对应急微信平台的信息服务质量产生影响。在目前应急微信平台所涉及的主要模块范围中大致包括政务类模块、资讯类模块、知识类模块、服务交互类模块以及公共服务类模块等。每一个模块都是应急微信平台的一部分，都会对应急微信平台的整体功能造成影响。因此对每一个子模块的评估可以更充分地反映平台实施的整体效果。从用户的感官出发，用户对应急微信平台最直接的感觉就是用户得到的服务，服务的效果从速度和质量两个方面进行剖析，服务响应速度越快，服务响应的质量越高，平台的作用也就越好。从用户的角度来说，应急微信平台实施的最终目的就是让用户感到满意，让用户主动地参与平台交互活动，从而扩大应急微信平台的服务范围，提升用户满意度。

本书从营销学的角度出发，把应急微信平台提供的服务看成一种产品，应急微信平台的最终受益者是广大人民群众，所以用顾客满意度模型来对应急微信平台实施效果进行评估是合理有效的。由于微信官方提供的平台界面简单、功能单一，因此应急微信平台的实施效果和自身运营开发有很大的关联。结合应急微信平台自身特征和平台实施效果的影响因素，从实施过程和实施结果两个方面对应急微信平台实施效果做出评估，构建应急微信平台实施效果模型如图 6 - 7 所示。

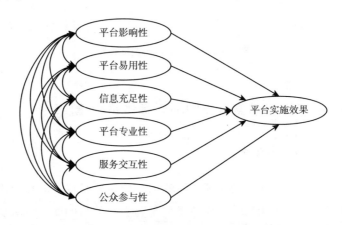

图 6 - 7 应急微信平台实施效果模型

模型将应急微信平台实施效果的影响因素和受因素影响的结果联系起来，得到包括平台影响性、平台易用性、信息充足性、平台专业性、服务交互性和公众参与性六大指标组成的评估指标体系。本书假设：

H6 - 1："平台影响性"对"平台实施效果"有直接的正向作用；

H6 - 2："平台易用性"对"平台实施效果"有直接的正向作用；

H6 - 3："信息充足性"对"平台实施效果"有直接的正向作用；

H6 - 4："平台专业性"对"平台实施效果"有直接的正向作用；

H6 - 5："服务交互性"对"平台实施效果"有直接的正向作用；

H6 - 6："公众参与性"对"平台实施效果"有直接的正向作用。

由此本书得到应急微信平台实施效果的具体评估指标体系，如表 6 - 2 所示。

表 6 - 2   应急微信平台实施效果评估指标体系

潜变量	对应的观测变量
平台影响性 （品牌形象）	可信度（a1）、用户增加（a2）、用户积极性（a3）、知名度（a4）、突发事件减少（a5）、影响力（a6）、权威性（a7）
平台易用性 （感知质量）	平台美观（a8）、结构设计（a9）、功能模块（a10）、面向个人服务（a11）、交互平台（a12）、服务交流（a13）、服务方式充分性（a14）
信息充足性 （预期质量）	信息全面性（a15）、信息准确性（a16）、信息有效性（a17）、信息及时性（a18）、信息多样性（a19）
平台专业性 （顾客期望）	应急政务（a20）、应急资讯（a21）、应急知识（a22）、应急咨询（a23）、公共服务（a24）
服务交互 （顾客满意度）	服务响应速度（a25）、服务响应质量（a26）
公众参与性 （顾客忠诚）	公众参与程度（a27）、公众满意度（a28）

6.3.3.2 指标体系说明

（1）平台影响性指标。

平台影响性包含可信度、用户增加、用户积极性、知名度、突发事件减少、影响力、权威性共 7 个指标。可信度指标用来衡量应急微信平台所提供服务是否令人信任，可以被信任的平台才能满足用户的安全感，吸引用户的关注；用户增加指标用来衡量应急微信平台服务是否能够带来粉丝效应，微信官方平台提供了后台数据统计功能，可以清楚地看到用户关注数的增减变化；用户积极性用来衡量用户对应急微信平台所提供服务的积极响应程度，官方平台除了可以看到用户的基本信息外，还可以看到被平台推送消息的阅读数和转发数等指标；知名度用来衡量应急微信平台是否被广大用户所熟知，主要与平台的宣传效果有关，宣传做得好用户对平台的认识就越多；突发事件减少用来衡量应急微信平台提供服务能否带来效果使突发事件减少，这是应急微信平台的目的所在，也是最直观的衡量指标；影响力用来衡量应急微信平台在用户之中的影响程度，可以从用户对应急微信平台的认可度等方面来进行衡量；权威性用来衡量应急微信平台提供服务是否权威有说服力，应急微信平台的主体如果是政府或相关部门则具有较强的权威性，如果是个人，那么权威性就会打折扣。

（2）平台易用性指标。

平台易用性包含平台美观、结构设计、功能模块、面向个人服务、交互平台、服务交流、服务方式充分性7个指标。平台美观主要用来衡量应急微信平台提供的应用界面的美观性，美观包括很多方面，颜色设计、模块布局等都是影响应急微信平台美观性的因素，衡量的标准看用户对平台美观性是否认可；结构设计用来衡量应急微信平台的层次结构是否清晰合理而且有效，经过自定义开发的应急微信平台分为多个层次，层次布局清晰分明会使整个平台易用性得到很大的提高，会更加受到用户的认可；功能模块用来衡量应急微信平台所设定的功能是否充分和全面，衡量的标准是看政务、资讯、知识、公共服务模块是否完备；面向个人服务主要用来衡量应急微信平台是否能响应个人关注用户所发出的个性化请求，用户向平台发送信息能否得到平台的响应；交互平台主要用来衡量应急微信平台是否提供一个交流的平台与用户交互；服务交流用来衡量应急微信平台能否响应用户需求；服务方式充分性用来衡量应急微信平台提供的服务方式是否充分和全面，服务方式有很多种，多样性也是衡量服务方式充分性的关键要素之一。

（3）信息充足性指标。

信息充足性包含信息全面性、信息准确性、信息有效性、信息及时性、信息多样性共5个指标。信息全面性用来衡量应急微信平台提供信息是否全面，全面的信息可能包括资讯、知识在内的多种有关应急方面的信息；信息准确性用来衡量应急微信平台提供信息是否准确，准确的信息才是有价值的信息；信息有效性用来衡量应急微信平台提供信息是否有效，衡量的标准是看信息对用户来说是否需要，不同的用户可能会产生不同的要求，但应急微信平台的信息主体就应该是应急管理及应急管理的延伸拓展信息；信息及时性用来衡量应急微信平台提供信息是否及时，衡量的标准是看信息推送的频率和信息推送的时间，频率相对来说高的信息一般就比较及时，当然还要看相关信息推送的时间是否在事件发生之后不久的时间范围内；信息多样性用来衡量应急微信平台提供信息是否多样，可能是提供形式的多样，可能是图文信息，也可以推送视频链接等消息，一般以图文消息为主，其他形式的消息为辅，信息多样性也可能是信息内容的表现多样。

（4）平台专业性指标。

平台专业性包括应急政务、应急资讯、应急知识、应急咨询、公共服务共5个指标。应急政务用来衡量应急微信平台提供应急政务板块的效果情况，衡量标准主要参考政务类板块的衡量指标；应急资讯用来衡量应急微信平台提供资讯类板块的效果情况，衡量标准诸如提供的资讯种类、资讯的质量、资讯的有效性等资讯评估的衡量指标；应急知识用来衡量应急微信平台提供的应急知识类板块的效果情况，知识的多样性、知识的相关性等都是重要的衡量标准；应急咨询用来衡量应急微信平台所提供的应急咨询板块的效果情况，有的应急微信平台如果没有提供咨询类板块，交互体验就相对不完善；公共服务用来衡量应急微信平台所提供的公共服务板块的效果情况，衡量标准如平台提供公共服务有哪些，服务质量如何等方面。

（5）服务交互性指标。

服务交互性主要包括服务响应速度、服务响应质量2个指标。服务响应速度用来衡量用户发出请求服务后应急微信平台的服务响应速度的情况，应急微信平台作为应急政务重要的渠道，需要有专业团队或专业个人进行开发和维护，服务的响应速度、响应率是衡量服务交互体验的重要标准；服务响应质量用来衡量用户发出请求后，得到的应急微信平台的服务响应质量，服务响应质量越高表明平台的实施效果就越好，反之则效果还有待加强。影响服务响应质量的因素有很多，对服务响应质量的衡量标准是如服务态度、解决问题的效率、问题解决的结果等影响因素。

（6）公众参与性指标。

公众参与性主要包括公众参与程度、公众满意度2个指标。公众参与程度用来衡量用户对应急微信平台的参与度，参与度表现在很多方面，如对平台建设的参与，衡量的标准包括用户对平台信息的阅读和转发情况、对平台建设的参与情况、对平台的意见反馈等多个方面；公众满意度用来衡量公众对应急微信平台是否满意，用户满意是应急微信平台的最终目的，也是应急管理工作水平的最高体现，用户的满意度是用户受到诸多因素影响后产生的最直观感受，用户满意度越高，应急微信平台的实施效果就越好，反之，则实施效果就不好，有些方面还需要改善。

6.3.4　指标体系的验证及优化

应急微信平台实施效果评估初始体系是由 6 个一级指标，28 个二级指标构成的。初始指标是否科学合理还需要进一步的验证，本章主要采用调查调研法，首先根据初始评估指标体系设计指标问卷，然后通过多种方式将问卷发给被调对象，由用户进行填写和打分，用户根据各项评估指标对评估体系的适用性和重要性并结合自身的切实感受和使用经验进行打分。调查问卷主要采用了李克特五分量表法，用 1~5 分来表示满意程度。截至 2016 年 2 月 26 日，多途径共收回调查问卷 127 份。将调查问卷中的各项评分进行汇总分析，通过统计方法来对初始评估指标进行筛选。

6.3.4.1　基于重要性程度的指标筛选

基于重要性程度调查数据的指标筛选主要是利用 SPSS 的项目分析。项目分析在实质上计算的就是区分度。区分度在研究中是用来衡量一个题项能在多大程度上将不同层次的对象分别开来。本书认为区分度越高就越能将对象区分开来，那么这个题项体现出的价值也就越大，才能在最大程度上保证问卷测试有比较好的鉴别能力。区分度分析的具体操作过程如下：首先要对每个被试量表的分数加总求出总分，接着取上下 27% 的值作为阈值用来进行高低分组将其分为两组，然后进行各项指标的 T 检验（吴明隆，2003）。本章利用 Spss 19.0 软件对调查得到的数据进行项目分析。部分结果如表 6-3 所示。

表 6-3　　　　　　　　　　指标体系项目分析表（部分）

		Levene's 方差齐性检验		独立样本 T 检验						
		F 值	P 值	t 值	自由度	双侧 P 值	平均差异	标准误差异	差异 95% 置信区间	
									下界	上界
A7	假设方差相等	0.854	0.398	0.441	5	0.677	0.25	0.566	−1.206	1.706
	假设方差不相等			0.397	2.756	0.720	0.25	0.629	−1.856	2.356
A13	假设方差相等	0.357	0.576	0.378	5	0.721	0.166	0.441	−0.967	1.300
	假设方差不相等			0.378	4.455	0.723	0.166	0.441	−1.069	1.343

续表

		Levene's 方差齐性检验		独立样本 T 检验						
		F 值	P 值	t 值	自由度	双侧 P 值	平均差异	标准误差异	差异 95% 置信区间	
									下界	上界
A14	假设方差相等	9.643	0.027	2.207	5	0.078	1.250	0.566	-0.206	2.706
	假设方差不相等			2.611	3	0.080	1.250	0.478	-0.273	2.773
A17	假设方差相等	0.208	0.668	0.734	5	0.496	0.583	0.795	-1.460	2.627
	假设方差不相等			0.711	3.903	0.517	0.583	0.820	-1.718	2.885

　　从表 6 - 3 中我们可以看出，指标 A7 所在列所对应的 Sig 值为 0.398 > 0.05，表明指标 A7 得分在高分组的方差和低分组的方差显著性相等，再观察 t 值，与其对应的双侧 P 值 Sig 为 0.677 > 0.05，故将这个指标删除。再观察 A13，指标 A13 所在列对应的 Sig 值为 0.576 > 0.05，表明指标 A13 的得分在高分组的方差和低分组的方差显著性相等，再观察与其对应的 t 值，其对应双侧 P 值 Sig 为 0.721 > 0.05，表明指标 A13 在高分组得分的均值和在低分组得分的均值没有显著性区别，将指标剔除。再依次类推其他指标情况，结果发现 A7、A13、A14、A17 四项指标不符合要求，所以通过项目分析我们可以把指标 A7、A13、A14、A17 剔除。

6.3.4.2　基于适用性程度的指标筛选

　　基于适用性数据的指标优选筛选的原理就是计算各项指标评估数据的平均值。均值 <3 的指标说明得分偏低，应用性不强，需要删除。经过原始数据统计显示，多数指标的均值 >3，予以保留。另外，发现 a18 的均值等于 2.7，说明 a18 这个指标的应用性比较差，将其删除。综上所述，通过对应急微信平台信息服务质量评价初始指标体系的检验，须删除 a7、a13、a14、a17、a18 这 5 项指标。最终形成了 6 个一级指标和 23 个二级指标所组成新的指标体系，如表 6 - 4 所示。

表 6 - 4	评估指标体系
平台影响性	可信度（a1）
	用户增加（a2）
	用户积极性（a3）
	知名度（a4）
	突发事件减少（a5）
	影响力（a6）
平台易用性	平台美观（a7）
	结构设计（a8）
	功能模块（a9）
	面向个人服务（a10）
	交互平台（a11）
信息充足性	信息全面性（a12）
	信息准确性（a13）
	信息多样性（a14）
平台专业性	应急政务（a15）
	应急资讯（a16）
	应急知识（a17）
	应急咨询（a18）
	公共服务（a19）
服务交互性	服务响应速度（a20）
	服务响应质量（a21）
公众参与性	公众参与程度（a22）
	公众满意度（a23）

6.4 应急微信平台实施效果评估

6.4.1 数据分析

6.4.1.1 样本选择及调查

根据腾讯官方发布的《2015 年度全国政务新媒体报告》，截至 2015 年年底，全国政务微信号数量已经突破 10 万，政务新媒体得到突飞猛进的发展。一方面，占据了公众号绝大多数的公安、旅游、交通与文化教育等各类职能部门的公众平台数量在不断上涨；另一方面，与人民群众生活息息相关的政府应急微信平台数量却没有得到重视，数量较少。在微信客户端选择添加公众号，输入关键词"应急"进行搜索，共得到 448 个微信公众账号，其中经过微信官方认证的账号共 231 个，涉及政府单位、社会团体织、企业等组织。截至 2016年 3 月 8 日，可以搜到的以各级政府或应急办名义认证的应急微信平台 32 个，以其作为样本如表 6 – 5 所示，结合前面所设立评估指标体系，对现有应急微信平台实施效果进行评估。评估采用问卷调查的方式，共发放 165 份问卷来对各应急平台各方面做调研统计，截至 2016 年 3 月 13 号共回收问卷 142 份，通过统计汇总将数据整理归一。接下来还要在信度和效度两个方面对数据做出检验。

表 6 – 5　　　　　　　　　　　　　应急微信平台样本

编号	平台名称	账号认证机构
1	深圳应急办	深圳市人民政府应急管理办公室
2	江西省政府应急平台	江西省人民政府应急管理办公室应急体系建设处
3	上海应急	上海市突发公共事件应急管理委员会办公室
4	汕头市政府应急办	汕头市人民政府应急管理办公室
5	福田区应急办	深圳市福田区应急管理办公室
6	广东省政府应急办	广东省人民政府应急管理办公室
7	新吴区应急办	无锡市新区应急管理办公室
8	武汉市政府应急办	武汉市应急委员会办公室
9	常州应急	常州市应急管理办公室
10	海南应急	海南省应急管理协会
11	浙江应急	浙江省人民政府办公厅
12	玉林应急	玉林市人民政府应急管理办公室
13	广州应急—白云	广州市白云区应急管理办公室
14	揭阳市人民政府应急办	揭阳市人民政府应急办
15	大荔应急管理	大荔县人民政府应急管理办公室

续表

编号	平台名称	账号认证机构
16	龙华应急	深圳市龙华新区龙湖应急指挥中心
17	河北省政府应急办	河北省人民政府应急管理办公室
18	汕尾市应急办	汕尾市应急管理办公室
19	阿拉善应急	内蒙古自治区阿拉善盟行政公署办公厅
20	黄岛应急	青岛市黄岛区人民政府应急管理办公室
21	西安应急管理	西安市应急管理办公室
22	李沧应急	青岛市李沧区人民政府办公室
23	合肥应急发布	合肥市人民政府办公厅
24	辽宁应急	辽宁省人民政府应急管理办公室
25	渝北应急	重庆市渝北区人民政府应急管理办公室
26	聊城高新区管委会应急办	山东省聊城高新区管理委员会
27	镇宁应急	镇宁布依族苗族自治县人民政府突发公共事件应急管理办公室
28	乐山 12345	乐山市人民政府应急管理办公室
29	恩施应急	恩施土家族苗族自治州人民政府办公室
30	渭城应急	咸阳市渭城区人民政府办公室
31	石嘴山市政府应急办	石嘴山市人民政府办公室
32	八步应急	贺州市八步区人民政府办公室

6.4.1.2 信度检验

信度（reliability）即可信性，用来描述用同一种方法在对某同一事物或现象进行重复的测量或测试时，得到的结果具有一致性的程度。一般而言，两次测验的结果越相近，说明两者的误差小，比较可信。克朗巴哈 Alpha 系数是目前最常见的信度系数方法，系数评价的是各题项得分的一致程度（杨丹，2013）。对于回收的 32 个应急微信平台的评估分数，数据是否可靠可以通过信度分析来判断。其实信度指标本身和数据是否正确没有关系，信度主要是用来衡量问卷稳定性如何的一个指标。对评分数据进行信度分析，其结果如表 6 - 6 所示。

表 6 - 6　　　　　　　　　　　　　信度分析

		N	%
例	有效	32	100.0
	已排除[a]	0	0.0
	总计	32	100.0

a. 在此程序中基于所有变量的列表方式删除。

可靠性统计量

Cronbach's Alpha	Cronbachs Alpha	项数
0.981	0.981	23

根据以上可靠性统计量显示，Cronbach's Alpha 系数值为 0.981，大于 0.8，本书认为一致性比较好，所以以上评分可信度非常好，说明应急微信平台的评分具有比较高的内在一致性，对评分的分析可以准确可靠地反映评估指标体系对于应急微信平台建设的影响程度。再观察项总计统计量表，如表 6 - 7 所示。

表 6 - 7　　　　　　　　　　　　　项总计统计量

	项已删除的刻度均值	项已删除的刻度方差	校正的项总计相关性	多相关性的平方	项已删除的Cronbach's Alpha 值
可信度	58.2813	519.305	0.879	.	0.980
用户增加	58.1875	536.028	0.770	.	0.980
用户积极性	58.1250	530.694	0.870	.	0.980
知名度	58.2500	522.387	0.917	.	0.979
突发事件减少	58.0625	527.480	0.826	.	0.980
影响力	57.7813	533.725	0.769	.	0.980
平台美观	58.1250	517.532	0.901	.	0.979
结构设计	58.6563	516.684	0.917	.	0.979
功能模块	58.4688	513.031	0.939	.	0.979
面向个人服务	58.5625	544.319	0.674	.	0.981
交互平台	58.2500	562.516	0.391	.	0.982
信息全面性	58.5000	526.258	0.929	.	0.979
信息准确性	57.7813	534.628	0.718	.	0.981
信息多样性	58.4375	514.319	0.919	.	0.979

续表

	项已删除的 刻度均值	项已删除的 刻度方差	校正的项总 计相关性	多相关性的 平方	项已删除的 Cronbach's Alpha 值
应急政务	58.8750	542.113	0.752	.	0.980
应急资讯	58.0313	521.451	0.840	.	0.980
应急知识	58.0000	516.645	0.867	.	0.980
应急咨询	58.8750	528.242	0.816	.	0.980
公共服务	58.4063	512.443	0.881	.	0.980
服务响应速度	58.4063	539.281	0.738	.	0.980
服务响应质量	58.4375	534.641	0.809	.	0.980
公众参与程度	58.8438	545.104	0.835	.	0.980
公众满意度	58.6563	518.620	0.953	.	0.979

从表 6 - 7 项总计统计量的统计结果也可以看出，被评分的 23 项二级指标之间的区分度和代表度都比较好。

6.4.1.3 效度检验

效度（validity）即有效性，是指使用的测量工具或方法能够反映被测量事物的准确性的程度。一般用因子分析来进行效度测量，在用因子模型做效度分析之前，首先要对数据进行模型适应性分析，目前应用最广泛的方法就是 KMO 检验和巴特利球形检验，本书认为，只有当 KMO 检验系数 >0.5，Bartlett 检验的 P 值 <0.05 时，数据才具有效度。首先对数据进行因子模型适应性分析，结果如表 6 - 8 所示。

表 6 - 8 因子模型适应性分析

KMO 和 Bartlett 的检验		
取样足够度的 Kaiser - Meyer - Olkin 度量		0.815
Bartlett 的球形度检验	近似卡方	910.901
	df	253
	Sig.	0.000

由检验数据表得到 KMO 值为 0.815 >0.6，同时 Sig = 0.00 <0.05，满足了显著性水平的要求，说明数据是可以做因子分析的。在进行完适应性检验之

后，接下来就可以进行因子分析，因子分析的结果如表 6－9 所示。

表 6－9　　　　　　　　　　　　　　因子分析

成分	初始特征值			提取平方和载入			旋转平方和载入		
	合计	方差的%	累积%	合计	方差的%	累积%	合计	方差的%	累积%
1	16.405	71.324	71.324	16.405	71.324	71.324	8.657	37.637	37.637
2	1.450	6.305	77.630	1.450	6.305	77.630	5.087	22.119	59.757
3	0.912	3.964	81.594	0.912	3.964	81.594	3.201	13.916	73.673
4	0.673	2.925	84.519	0.673	2.925	84.519	2.495	10.846	84.519
5	0.611	2.657	87.176						
6	0.503	2.187	89.363						
7	0.449	1.952	91.314						
8	0.366	1.592	92.906						
9	0.295	1.283	94.189						
10	0.274	1.189	95.378						
11	0.188	0.817	96.196						
12	0.174	0.758	96.954						
13	0.160	0.694	97.647						
14	0.111	0.482	98.130						
15	0.104	0.454	98.584						
16	0.081	0.353	98.937						
17	0.061	0.266	99.202						
18	0.053	0.232	99.435						
19	0.049	0.215	99.650						
20	0.042	0.181	99.831						
21	0.022	0.097	99.928						
22	0.011	0.050	99.977						
23	0.005	0.023	100.000						

解释的总方差

提取方法：主成分分析。

　　根据方差贡献率分析表可以看出，具备信度的 23 个指标一共提取出了 4 个主成分，其余 19 个因子解释的方差占到 15.481% 被舍弃掉，可以认为此次提取的 4 个公因子在充分提取和解释原变量的信息方面还是比较理想的。

由表 6 – 10 旋转成分矩阵可以看出，用户增加、公众参与程度、服务响应质量、结构设计、公众满意度、可信度、服务响应速度、功能模块、平台美观、知名度、公共服务、突发事件减少、信息多样性在成分 1 上的载荷较大；信息准确性、影响力、应急知识、信息全面性、用户积极性在成分 2 上的载荷比较大；应急政务、应急资讯、应急咨询在成分 3 上的载荷比较大；交互平台、面向个人服务在成分 4 上载荷比较大。结合评分指标和原始得分数据，根据成分 1 上的载荷分析，可以把成分 1 解释为应急微信平台本身特征和平台影响力；同理，成分 2 可以解释成信息特质对应急微信平台实施效果的影响因子；成分 3 解释成应急微信平台模块功能对实施效果的影响因子；成分 4 可以解释为应急微信平台交互性方面的影响因子。根据旋转后的因子载荷矩阵以及其分析结果可以看出，前面所设立的 23 个指标分别可以对研究方向的各个主要方面做出有效的反应，因此本书认为数据是有效度的。

表 6 – 10　　　　　　　　　旋转成分矩阵

旋转成分矩阵[a]			
	成分 1	成分 2	成分 3	成分 4
用户增加	0.876	0.207	0.118	0.094
公众参与程度	0.798	0.276	0.259	0.163
服务响应质量	0.788	0.126	0.419	0.163
结构设计	0.758	0.360	0.260	0.364
公众满意度	0.754	0.430	0.347	0.251
可信度	0.748	0.393	0.217	0.273
服务响应速度	0.732	0.228	0.383	− 0.063
功能模块	0.726	0.508	0.221	0.298
平台美观	0.718	0.357	0.373	0.262
知名度	0.675	0.506	0.369	0.156
公共服务	0.668	0.598	0.234	0.086
突发事件减少	0.658	0.533	0.169	0.139
信息多样性	0.649	0.444	0.446	0.235
信息准确性	0.151	0.867	0.263	0.259
影响力	0.436	0.704	0.100	0.267

续表

| 旋转成分矩阵[a] | | | |
成分 1	成分 2	成分 3	成分 4
应急知识	0.499	0.664	0.351	0.163
信息全面性	0.573	0.643	0.342	0.224
用户积极性	0.431	0.522	0.447	0.445
应急政务	0.395	0.297	0.742	0.157
应急资讯	0.374	0.563	0.631	0.171
应急咨询	0.484	0.226	0.572	0.510
交互平台	0.053	0.179	0.044	0.900
面向个人服务	0.293	0.299	0.399	0.599

提取方法：主成分。旋转法：具有 Kaiser 标准化的正交旋转法 a. 旋转在 5 次迭代后收敛。

6.4.2 聚类分析

6.4.2.1 聚类过程

效果评估，就是按照一套客观、特定的方法或理论去测度一个人、一个事物或者一种现象，对现有情况进行说明并给出结论的一种评价行为。对应急微信平提的效果评估可以采用多种方法进行，本章主要利用统计方法中的聚类分析和多维尺度分析两种方法来对应急微信平台实施的效果进行评估。首先进行的是聚类分析，聚类分析又可以称为群分析，就是把目标按一定规则分成不同的类，这些类都是根据对象的数据特征分出来的。通俗地说，就是由具有相似性的元素构成的集合，聚类分析在多元统计学中得到了非常广泛的应用。聚类分析中有很多概念和公式可以定义不相似测度，基本原理就是把个案看成多维空间中的一点，用点与点之间的距离来衡量不相似测度（杨丹，2013）。个案与个案之间的距离小，说明有可能是一类，个案与个案之间的距离大，说明可能不是一类。本章主要采用 Q 型聚类，也被称为个案聚类方法，类与类之间的距离本书采用组内平均链锁法来进行计算。聚类分析工具为统计软件 SPSS 19.0，得到的类成员聚类结果如表 6 - 11 所示。

表 6-11　　　　　　　　　　类成员聚类

案例	10 群集	9 群集	8 群集	7 群集	6 群集	5 群集	4 群集
1. 阿拉善应急	1	1	1	1	1	1	1
2. 八步应急	2	2	2	2	2	2	2
3. 常州应急	3	3	3	3	3	3	3
4. 大荔应急管理	2	2	2	2	2	2	2
5. 恩施应急	1	1	1	1	1	1	1
6. 福田区应急办	3	3	3	3	3	3	3
7. 广东省政府应急办	4	4	1	1	1	1	1
8. 广州应急—白云	3	3	3	3	3	3	3
9. 海南应急	1	1	1	1	1	1	1
10. 合肥应急发布	3	3	3	3	3	3	3
11. 河北省政府应急办	5	5	4	4	4	4	4
12. 黄岛应急	1	1	1	1	1	1	1
13. 江西省政府应急平台	6	6	5	5	5	4	4
14. 揭阳市人民政府应急办	1	1	1	1	1	1	1
15. 乐山 12345	2	2	2	2	2	2	2
16. 李沧应急	5	5	4	4	4	4	4
17. 辽宁应急	3	3	3	3	3	3	3
18. 聊城高新区管委会应急	5	5	4	4	4	4	4
19. 龙华应急	1	1	1	1	1	1	1
20. 汕头市政府应急办	3	3	3	3	3	3	3
21. 汕尾市应急办	5	5	4	4	4	4	4
22. 上海应急	7	7	6	6	3	3	3
23. 深圳应急办	8	8	7	2	2	2	2
24. 石嘴山市政府应急办	9	9	8	7	6	5	2
25. 渭城应急	10	5	4	4	4	4	4
26. 武汉市政府应急办	1	1	1	1	1	1	1
27. 西安应急管理	10	5	4	4	4	4	4
28. 新吴区应急办	4	4	1	1	1	1	1
29. 渝北应急	5	5	4	4	4	4	4
30. 玉林应急	3	3	3	3	3	3	3
31. 浙江应急	3	3	3	3	3	3	3
32. 镇宁应急	10	5	4	4	4	4	4

表 6-11 显示的是类成员聚类表。可以看出，当类数从 6~10 不断变动时，个案所属的类别也在进行相应的变化。例如，当聚类为 4 类时，阿拉善应急、恩施应急、广东省政府应急办、海南应急、黄岛应急、揭阳市人民政府应急办、龙华应急、武汉市政府应急办、新吴区应急办所在的列标号均为 1，可以确定这 9 个应急微信平台应该属于一类；八步应急、大荔应急管理、乐山 12345、深圳应急办、石嘴山市政府应急办所在的列标号均为 2，说明这 5 个应急微信平台属于另一个类。同理，当聚类为 10 类时，渭城应急、西安应急管理、镇宁应急所在列标号都为 10，可以确定这三个应急微信平台属于一类；河北省政府应急办、李沧应急、聊城高新区管委会应急办、汕尾市应急办、渝北应急所在列标号都为 5，可以确定这 5 个微信应急平台属于一类。依此类推，可以得到在不同的聚类数有哪些应急微信平台是属于一类。

图 6-8 是一幅聚类分析树状图。从该图中可以看出，海南应急、武汉市政府应急办、揭阳市人民政府应急办、阿拉善应急、恩施应急、黄岛应急、龙华应急、广东省政府应急办、新吴区应急办所在的底线连在一起，说明这 9 个应急微信平台归为一类；西安应急管理、镇宁应急、渭城应急、河北省政府应急办、渝北应急、李沧应急、聊城高新区管委会应急办、汕尾市应急办、江西省政府应急平台，说明这 9 个应急微信平台被归为一类；合肥应急发布、辽宁应急、常州应急、广州应急—白云、玉林应急、浙江应急、汕头市政府应急办、福田区应急办、上海应急所在的底线也是连在一起的，说明这些应急微信平台属于一类；余下的八步应急、乐山 12345、大荔应急管理、深圳应急办、石嘴山市政府应急办 5 个应急微信平台，它们所在列的底线连在一起，说明这 5 个平台可以归为一类。聚类分析树状图分类结果和类成员聚类表分类结果是一致的。

6.4.2.2　聚类结果分析

从以各级政府或各级政府应急办名义认证的 32 个应急微信平台样本来看，目前我国以其作为样本的应急微信平台实施效果具有较强的差异性。差异性体现在不同地区之间的应急平台实施现状有较大的差异，体现在不同的应急微信平台功能建设及自定义开发方面存在很大的差异，体现在不同的应急微信平台的影响力不同，群众参与度和满意度不同，带来的实际效果也有很大的不同。对应急微信平台的聚类分析，可以看出目前各应急微信平台的实施效果现状，

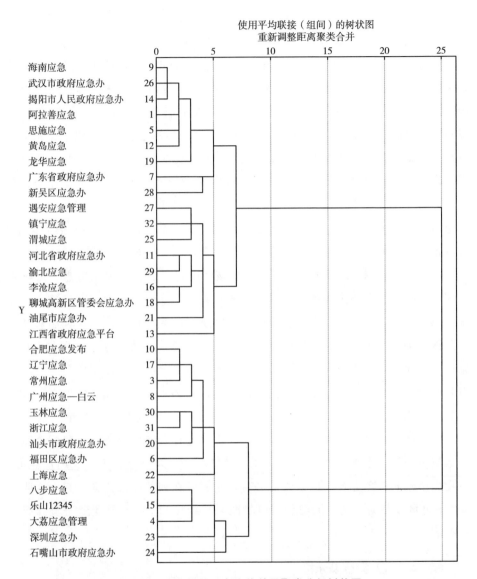

图 6−8　应急微信平台实施效果聚类分析树状图

通过不同应急微信平台相互之间的对比分析可以发现自身存在的优势和不足，对进一步明确应急微信平台发展和建设指明了方向。

聚集在第一类的应急微信平台有 9 个：海南应急、武汉市政府应急办、揭阳市人民政府应急办、阿拉善应急、恩施应急、黄岛应急、龙华应急、广东省政府应急办、新吴区应急办。第一类的应急微信平台分为三个等级：省级、市级、区（县）级。结合其各项指标的评分来看，多项指标得分都很低，处于底层阶段。结合其应急微信平台的实体方面来看，这些微信平台有的做了第三方的自定义菜单开发，但大多数都没有进行自定义菜单开发，功能界面单一不美观；虽然有部分应急信息，但应急信息种类少、推送不及时，如账号"恩施应急"从开通至现在只在 2015 年 11 月 12 日推送了"恩施州政府举行 2015 年综合应急救援演练"一条信息，此后再无推送更新，由于缺乏宣传，未能形成粉丝效应，用户关注度较低，平台影响力低，很难在应急管理方面发挥很大的作用。这类应急微信平台存在一个普遍的情况：缺乏内容、功能单一、界面不美观，带来的直接后果就是无法调动广大人民群众积极关注平台，群众参与程度低，公众满意度低，平台影响力差，无法发挥应急微信平台的作用降低突发事件的危害程度。

聚集在第二类的应急微信平台也有 9 个：西安应急管理、镇宁应急、渭城应急、河北省政府应急办、渝北应急、李沧应急、聊城高新区管委会应急办、汕尾市应急办、江西省政府应急平台，涵盖了省、市、区三个级别。结合其各项指标的评分来看，该类平台在平台影响力、信息充足性、平台专业性三个方面的评分比第一类的要高，但在平台易用性、服务交互性和公众参与性方面的评分也比较低。结合这一类应急微信平台的实体来看，这一类的微信平台有一部分已经进行了自定义菜单的开发，能够提供一些基础的应急资讯和应急知识方面的服务。如账号"西安应急管理"将菜单定义为三类：应急管理、互动平台和应急百科，其他没有进行菜单自定义的平台也会定期推送应急资讯、应急知识相关方面的信息。如账号"河北省政府应急办"几乎每天都会推送应急方面的信息给关注用户，这在一定程度上能够满足用户对应急资讯的要求，但过于简单的功能定义很难调动群众参与性、交互性的缺乏使群众积极性不高，满意度也不理想，导致应急微信平台实际效果发挥并不理想。

聚集在第三类的应急微信平台有合肥应急发布、辽宁应急、常州应急、广州应急—白云、玉林应急、浙江应急、汕头市政府应急办、福田区应急办、上海应急。从地理位置看，这类应急微信平台多分布在沿海发达地区，其中省级应急微信平台和市级应急微信平台所占比重较大。结合这类应急微信平台的各项指标评分来看，该类平台在各个方面的评分都比较高，结合其平台实际建设情况来看，该类平台基本都进行了功能菜单的自定义开发，如公众号"汕头市政府应急办"，将功能菜单自定义为三类："微政务""微查询""微应急"三个板块，每个板块又细分为多个二级板块，如"微应急"板块下又划出"应急手册""应急动画""突发事件直播间""建议意见"和"民生实事"共5个二级板块。此类微信平台功能模块全面、界面美观、信息内容质量高、推送及时，加上有比较好的宣传工作，可以比较好地调动群众的积极关注，提升应急管理工作效率、提升应急工作水平，增加公众对平台的满意度。

聚集在第四类的应急微信平台数量相对较少，包括八步应急、乐山12345、大荔应急管理、深圳应急办、石嘴山市政府应急办共5个，这类平台多是市县级应急微信平台。结合这类应急微信平台的各项指标得分来看，该类平台在各个方面的评分多处于中间位置，只有部分指标的评分略高于其他指标。结合该类平台实体的实际效果来看，该类平台多数都进行了自定义菜单的开发。如"深圳应急办"借助自定义菜单接口将菜单自定义开发为三类：知识竞赛、微视频和便民查询。但是从功能设定上来看，该类平台自定义的菜单功能没有突出应急管理工作的重点，没有抓住应急管理工作的主要矛盾。部分应急微信平台的消息推送虽然及时，但有些内容欠缺针对性，消息内容相关性不是很强、多样性体验较差。该类平台需要在功能上进行重新定义，抓住应急管理工作的核心，推送相关性和针对性更强的消息，只有让用户感受到实际价值，才能更好地吸引用户的关注。高质量地服务面向用户，提升公众的满意度是该类应急微信平台建设的主要目的。另外，在加深功能建设的基础上还要不断加强宣传，让公众更多地去了解平台，增加平台的公众影响力和知名度。

6.4.3 多维尺度分析

MDS（Multi Dimensional Scaling）即多维尺度法，它通过样本在二维空间中的坐标分布来反映多个个体之间的联系和它们之间的相似程度。在二维空间图中，每个样本都被表示成点，两两距离越近，表明样本某种特征越接近（Borg and Groenen，1997）。利用问卷调查得到的结果计算出样本在各项指标上的均值，通过SPSS 19.0软件计算出各个样本在二维坐标系中的坐标值，其空间分布如图6-9所示。

为了更好地比较出各个样本在实施效果评估方面的差别，我们对图中横轴和纵轴所代表的内容进行定义说明。本书定义横轴代表应急微信平台的信息内容质量（信息全面性、信息准确性、信息专业性、信息及时性、信息可靠性

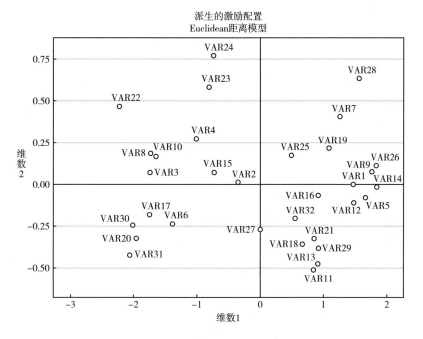

图 6 - 9　样本坐标空间分布

等)，越往左表示信息质量越高；纵轴主要代表应急信息平台的平台专业性和
公众参与性（包括应急资讯、应急知识、公共服务、公众参与、公众满意度
等)，越往下表示平台专业性越优。图 6 - 9 中，VAR25、VAR19、VAR28、
VAR7 个案都位于坐标轴的右上端，说明 VAR25、VAR19、VAR28、VAR7 绝
大多数指标得分相对较低，说明其信息内容质量以及平台专业性相对较弱；
VAR3 分布在图的左边中段位置，结合其原始数据发现其信息全面性、信息多
样性方面得分比较高，平台专业性和公众参与性的分数比较低说明其还要加强
平台内容的建设、增加更多平台功能，加强平台宣传，提高知名度。VAR8 靠
近 VAR3，但是其纵轴位置高于 VAR3，结合应急微信平台及其原始数据发现，
VAR8 的应急资讯和应急知识的分数比 VAR3 要低。VAR31 位于空间分布图的
左下部分说明其信息内容质量及平台专业性和公众参与性得分都比较高。结合
VAR31 实体"浙江应急"发现，其已经对其功能菜单做了自定义开发，分为
应急资讯、应急指南、快捷服务三个板块，每个板块有细分为多个二级板块，
功能结构全面，界面美观，结合其历史消息来看，平台每天都会进行消息的推
送，推送内容包括应急科普、应急救助、应急警示等多个方面，实用性强，带

来的直接后果就是用户关注也比较多,有很多用户会对有影响力的信息进行转发和传播,这对应急管理工作中会带来很大的帮助,值得借鉴。

综上所述,我国应急微信平台起步较晚,发展速度比较慢,具体体现在:第一,应急微信平台账号数量较少。在为数不多的账号中,还有一些账号虽然申请了认证通过,却迟迟没有发挥作用,相对其他政府相关职能部门的微信平台服务来说,应急微信平台服务的建设比较落后,从应急微信平台的服务范围和层级划分来看,在目前已有的应急微信平台中,地市级的账号数量偏多,省一级的平台账号仅有广东、海南、河北、江西、辽宁、浙江等省份已经开通,拓展到全国范围来看,因为城市数量较多,从比例来看市级账号开通比例更少。在已有的应急微信平台中更没有发现基层级的应急管理微信平台。第二,应急管理平台运行不规范。有很多账号仅停留在微信消息的推送方面,只是将应急微信平台当成一个消息传播的工具,甚至很多的消息直接以链接的方式链接到其网站上面,没有结合微信平台的特点做出信息的二次开发,而只是将微信平台作为一个消息的转播途径,将应急微信平台的功能性与易用性大打折扣,很难调动用户关注度,提高用户满意度。第三,应急微信平台自定义差。很多微信平台只是一个消息推送工具,没有对其进行自定义开发,有的平台虽然进行了菜单接口的自定义开发,但也仅仅停留在界面设计层次,并没有实际的应用功能。甚至还有平台连最基本的消息推送都做得不及时,消息更新频率慢。这在一定程度上反映出应急微信平台的运行不规范,没有一个合理的运行管理机制,也缺乏专业的开发运营团队来进行管理,导致用户在应急微信平台上得不到更多的信息,难以调动用户的积极性,吸引用户的注意。第四,应急微信平台交互性差。很多平台账号并没有提供互动交流的模块,用户消息发送过去往往是石沉大海,虽然有些平台开发出了自定义回复消息的功能,对用户发送给平台的消息进行解析,再利用自身服务器的语法规则对用户消息进行自定义的回复,但这种回复只能满足一部分人的共同需求,而满足不了用户的个性化需求,更有一些平台连基本的自动回复都没有进行功能设定。用户和应急微信平台的交互很少能够得到平台的积极回应,这在一定程度上降低了用户的积极性和用户满意度。

在信息时代的背景下,要加强对应急微信平台的建设。将应急微信建设提升为政府职能建设的一部分,首先要建立健全运行管理机制。政府要制定一套规范的运营机制,还要建立一支专业的团队对应急微信平台进行开发和运营管理。主要工作包括应急微信平台的自定义菜单开发，对应急微信平台的运营进行多方面的管理，更好地为民众提供应急管理相关服务，真正有效地发挥应急微信平台"微救援""微管理"的作用。其次，要不断地建立健全各项应急预案体系。建立起从国家到省市再到乡镇的各级预案，成立各级应急工作小组，使各种突发公共事件都要有专门部门负责，每个相关部门都要制订符合该部门的专项预案。应急微信平台只是一个工具，应急管理工作归根结底还要依靠完善的应急预案做支撑，完善的预案再加上高效的工具才能更好地发挥应急微信平台的价值。再次，要加强宣传和教育。营造一个良好的政民互动环境，提高应急微信平台的知名度和公众的参与度。让应急微信平台真正吸引用户关注，发挥应急管理作用，提升应急管理水平。要做到这些就要不断提升应急微信平台的服务质量，保证对用户的问题及时回复解答和处理，鼓励广大用户积极参与到应急微信平台的建设中来，为平台功能建设提出自己的宝贵意见。除了在宣传上下功夫外，应急管理部门还要有针对性地开展工作，真正将服务与用户所需相结合。最后，要完善应急法制建设。应急微信平台提供服务需要有法律做强大的后援，完善应急法制建设的工作主要是将应急管理法制化，建立健全应急管理相关法律机制，坚持依法行政，弘扬法治精神。

第7章 大数据时代应急数据质量治理

7.1 引 言

7.1.1 研究背景及意义

大数据时代背景下，伴随着信息化、网络化的深度发展和互联网、云计算的推广与应用，各行各业不断地产生着海量的数据。在大规模数据方面具体表现为：数据的来源十分广泛，数据的形式多种多样，并且数据产生的速度十分快，从而导致数据规模和量上呈现爆炸式的增长。然而，海量数据并不能给人们带来同等数量级的价值提升，反而由于数据量庞大、数据价值密度低、低质量数据充斥其中等问题，往往在利用大数据进行决策时带来困扰，甚至是决策失误。例如，谷歌公司在对流感进行监测时（Google Flue Trend，GFT），利用搜索日志对 2007～2008 年流感进行预测，其预测结果与实际统计结果相关性高达 97%，然而由于产生的日志数据量庞大、数据复杂度增加以及数据的可用性降低，在对 2011～2012 年的流感进行预测时竟比实际统计值高出 50%，对 2012～2013 年预测的结果竟是实际值的 2 倍。此外，由于数据质量问题造成的美国工业界的经济损失约占 GDP 的 6%，导致近 10 万患者的丧生，近半数的数据仓库推迟使用或取消（马晓亭、李强，2017）。因此，在大数据已广泛运用于各行各业的背景下，大数据质量管理地位日益凸显。采取有效的方式方法对大数据质量进行管理和控制，保障大数据质量显得更为迫切，这也将为大数据环境下的信息管理带来了新的机遇与挑战。

应急信息在应急管理中发挥着举足轻重的作用，世界各国对应急信息的管理也越来越重视：美国联邦应急管理局通过实施"e – FEMA"战略建立各层次的应急信息系统层次模型，来实现对应急信息资源的共享，以及为应急决策提供各环节的信息支撑；作为一个受突发事件以及自然灾害威胁严重的国家，日本在应急信息资源建设上走在了世界的前列，通过建立涵盖全国、技术先进、功能完善的应急信息通信网络，其中包括固定通信线路、卫星通信线路"中央防灾无线网"等通信信息网络以实现对都道县府的应急信息决策支撑，提供预警、实时跟踪监测天气、地震、海洋、消防等突发事件情报。我国也在 2018 年 3 月由全国人大会议批准成立中华人民共和国应急管理部，作为防灾减灾的指挥部。应急管理部的建设可以看出国家对于应急管理的重视程度，而应急信息作为各项应急决策的支撑也将由各地各部门分散管理走向集中统一，这也将为我国的应急信息系统的建设提供契机（侯英武、蒋文怡、宋保军，2018）。

应急信息贯穿应急管理各部门、各环节，在突发事件发生前为用户提供监测预警；突发事件发生时提供救援、自救信息；突发事件发生后提供恢复、重建信息。因此应急决策的科学性与合理性、应急具体实施的效用从根本上是建立在高质量的应急信息的基础之上。例如，1996 年中国丽江地震，由于缺少及时、有效的地震应急信息支持，导致救援迟缓、指挥不到位等问题最终造成了严重的损失。相反，1994 年美国洛杉矶 7.1 级地震，由于建立了完备的地震信息指挥系统，在应急决策中提供了高质量关键信息支持，大大降低了地震造成的损失（苏桂武、聂高众、高建国，2003）。应急管理关乎人民生命财产安全，如果应急信息存在质量问题，势必影响应急决策，造成难以估量的损失。因此有必要加强应急信息质量检测意识，制订应急信息质量评估方案，从而对应急信息进行质量管理，高质量的应急信息必将提升应急管理水平。

大数据时代的到来使信息环境发生了改变，信息环境的改变对应急信息质量提出了新的要求，应急管理活动也对应急信息质量提出了实践需求。应急信息质量评估是检测其质量是否合格的关键。应急信息质量评估的目的在于剔除低质量的、错误的信息，筛选出高质量的、符合应急决策要求的应急信息，并为进一步应急信息质量的提升与治理提供可靠依据。经过筛选与质量提升的应急信息将更好地指导应急管理工作。此外，大数据质量与信息质量管理与评估也是当今研究的热点，国内外学者试图从不同角度、不同对象对信息质量与数据质量进行研究。因此有必要对大数据环境下的应急信息质量评估进行探讨。

7.1.2 文献综述

为了对信息质量、应急信息质量、应急信息质量的评估以及大数据环境下应急信息的国内外研究现状进行深入了解，笔者分别选取知网 CNKI 数据库、万方数据库、维普数据库、CSSCI 中文社会科学引文索引 4 个数据库近 20 年（1999～2019 年）所收录的文献和研究为基础，分别以"信息质量""应急信息""应急信息质量""应急信息质量评估""大数据环境"和"应急信息质量"为篇名进行检索，得出检索结果如表 7－1 所示。针对国外研究现状，笔者分别以 Springerlink、Engineeringvillage、Webofscience、Science Direct 四个外文文献数据库近 20 年（1999～2019 年）所收录的文献及研究为基础，分别以"Informationquality""Emergencyinformation""Emergencyinformationquality""Emergencyinformationqualityassessment""Qualityassessmentofemergencyinformation"和"bigdataenvironment"为篇名进行检索，得出检索结果绘制成表 7－2。以此次检索结果作为本章对国内外研究现状的基本了解。

表 7－1　　　　　　　　　国内文献检索结果

	知网	万方	维普	CSSCI
信息质量	7432	9642	9642	383
应急信息	393	524	84	33
应急信息质量	7	11	2	1
应急信息质量评估	2	0	0	0
大数据环境 and 应急信息	10	10	0	0

表 7－2　　　　　　　　　国外文献检索结果

	Springer Link	Engineering Village	Web of Science	Science Direct
Informationquality	162	2998	5678	44682
Emergencyinformation	5	1183	1271	5901
Emergencyinformationquality	0	11	27	737
Emergencyinformationqualityassessment	0	2	7	38
"Qualityassessmentofemergencyinformation" and "bigdataenvironment"	4	0	0	4

　　由于 2016 年国家发布了国家大数据战略，因此对大数据的研究呈现增长趋势，学者从不同角度对大数据环境下的应急信息进行探索，由于大数据在处理公共事件时表现出其独有的优势，因此对大数据环境下的应急信息的研究多集中于如何实现对其进行融合利用以支持决策以及大数据应急信息资源实现科学管理。国内学者郭路生（2017）以情报工程为视角，结合实际的应急情报对于及时性的需求，探索了大数据环境下应急情报需求的开发模式和要素。郭路生（2016）利用企业架构（EA）对大数据环境下应急信息资源进行规划，实现了应急信息在不同部门、不同系统之间的应急信息资源共享、系统集成，并且利用实例模拟对信息资源的集成规划。李露（2016）研究发现大数据环境下应急信息融合的重要性，并且从数据环境、业务需要及应急管理流程等角度探讨，指出大数据环境下要实现对应急信息的多方面、多层次的融合。操玉杰等（2018）研究发现，大数据环境下随着信息爆炸式增长，所带来的应急大数据决策信息利用的挑战，提出对应急管理全流程所需的决策信息进行融合是提高应急处置能力和信息利用效率的有效途径。曾宇航（2017）研究发现随着大数据的研究与应用，大数据在对公众事件的特征与实质方面有准确、全面的把握，在对治理公众事件时凸显强大能力，对监控、观测、预测突发事件时的强大优势，因此有必要实现大数据资源在不同部门之间的共享、配置、决策优化。夏一雪（2016）分析大数据环境下的舆情信息特征，确立了相应的风险管理策略，构建了信息资源层、互联组织层、机制运行层的大数据应用模式，为预警、决策提供大数据支持。

　　国外对大数据环境下的应急信息进行研究时多结合应急实践与实际需求，Ragini 等（2018）对大数据环境下的社交媒体和移动网络的数据信息进行分析，并建立情绪分析模型，建立的模型可以从社交网络收集灾害数据，并进行分类，分类后的信息可以分析人们的情绪，该分析有利于应急响应人员和救援人员制定更好的策略，以便对快速变化的灾害情况进行有效反应。Wang（2018）研究发现由于缺乏对复杂网络时空信息的关键技术支持，现有的地理信息理论和方法无法应对多空间建模，多粒度时间管理，高频时变拓扑重构的挑战。探索并构建了利用地理信息系统设计的时空信息服务平台，该技术支持网络综合防灾减灾。Oguchi 等（2016）通过研究发现私有云的安全特性和公共云的可拓展特性可以结合运用，用于解决在突发情况下系统过载访问，并通过实验评估。Demoulin 等（2018）指出大数据的普及提高了人们对于收集和存储大量文本信息的兴趣，决策者容易被丰富的信息所淹没，然而文本挖掘技术（TM）的使用仍处于起步阶段。作者提出了整合信息质量（IQ）与高层管理支持的技术接受模型。

7.2 大数据环境下应急信息质量评估理论阐述及实践需求

7.2.1 大数据环境下应急信息质量评估理论阐释

7.2.1.1 信息质量评估理论

20 世纪 60 年代，国外对信息质量的研究源于数据质量，并从统计学逐渐扩展到管理学、计算机科学等。信息质量（Information Quality，IQ）是信息质量管理（Information Quality Management，IQM）中的关键内容，对信息资源质量控制发挥着十分重要的作用。雷蒙德·A. 诺伊（1999）认为信息质量评估应包含以下几个步骤，如图 7 - 1 所示。

图 7 - 1　评估过程

随着经济社会和信息技术的不断发展，对信息质量的要求也在不断发生着变化，并且不同地区、不同行业以及不同市场对信息质量评估有着不同的评判标准。查先进（2010）指出信息质量评估过程应包括以下步骤，如图 7 - 2 所示。

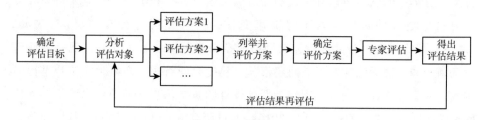

图 7 - 2　评估步骤

在对信息资源质量进行评估的方法选取上，以 Shannon 信息论为代表的西方学者认为应以数理统计的方法对其进行评估（查先进、陈明红，2010）。目前随着信息技术的发展，对信息资源质量的研究深入，对信息资源质量的内涵逐渐趋于统一，然而并未出现适用于对所有信息资源进行评估的方法，现有的方法只是适用于对单一几种信息资源的评估。对信息资源的评估方法大体可分为三类：定性评估（问卷调查法、同行评议法、对比法等）、定量评估方法（基于信息熵评估、信息计量学评估、信息资源价值评估等）、半定量评估方法（德尔菲法、模糊综合评估法等）。

信息质量评估标准是评判信息质量的"标尺"，根据评估标准国内外学者从不同角度对其定义：Yang（2003）从信息来源的全面与稳固性两个方面，提出对信源的自动评估方法。虽然展示了一种自动评估算法，但最终仍需要人工评判。Madnick 等（2006）从信息的可再生性与可理解性角度对信息进行评估。Juran 等（1988）从信息的需求出发，指出信息质量评估标准应是用户对信息使用要求的满足程度。这种方法只是片面地从信息效用进行质量标准定义。Kahn 等（2002）指出信息质量评估标准应从产品质量与服务质量出发对其进行两方面定义。综上所述，对信息质量标准的定义应遵循准确、完整、系统全面的原则，同时应考虑从使用要求与效用两个方面对其进行评估。

周毅（1999）对信息质量以低、中、高，三个等级进行标准划分，其划分依据为信息加工的程度，其中，高质量信息产品为信息深加工成果和开发型信息服务（如调研报告、信息咨询等）；中等级信息产品为初步加工产品和代理型产品（如数据库、代查、刊物等）；低等级信息产品为一般信息产品（如图书资料、复印、印刷资料等），这一评估标准更多地从信息加工程度出发对其定义。

7.2.1.2　应急信息质量评估理论

应急信息作为信息的重要分支，在应急工作中发挥着重要的作用，应急信息质量更决定应急管理水平，直接关系人民的生命安危。目前国内外对应急信息质量评估理论的研究较少，应急信息质量评估理论尚需进一步完善。其中，袁维海（2016）认为，应急信息质量评估是在应急信息管理过程中对应急信息质量进行筛选的一环，是对应急信息管理各阶段进行信息筛选的关键。Seppänen（2015）认为及时性、准确性是应急信息质量的重要反应。在对应急信息质量评估的方法选取上，大多沿用信息质量的评估方法，在评估标准上并未形成统一的质量标准。

由于其服务于应急工作，因此对其质量评估时要充分考虑其特殊性。在对应急信息质量进行评估时，我们应对应急信息的内涵进行探讨，有学者认为应急信息可分为两类：狭义上指灾害信息、灾害信息资源；广义上指涉及一切与应急管理相关的信息（刘春年、张曼，2014）。也有学者认为应急信息是所有为应急决策提供支持作用的信息（如灾情现场信息、预案信息、预警信息等）。本书依据当前学者研究成果结合应急管理流程认为，应急信息是应急过程中产生的与应急相关的信息，包括预防准备信息、监测与预警信息、应急处置与救援信息、恢复重建信息，具体而言应急信息可分为以下几类：

（1）应急预防与准备阶段，包括应急教育信息（自救、互救等基本常识信息），应急预案信息（应急准备，应急协调与保障其中包括物资、通信、避难场所等信息），应急政策法规（应急规范、法律法规等），应急专家信息等。

（2）突发事件预警与监测阶段，包括灾害预警监测信息、危害风险信息、应急信息报送以及相关预警措施等。

（3）应急处置与救援阶段，包括新闻媒体报道信息、网络舆情、应急处置中产生的有关人财物等信息，救援与处置措施、应急管理过程共享信息。

（4）恢复重建阶段，包括灾害损失评估、应急事件处置报告、灾后政府发布声明、灾后重建规划等（刘春年、张凌宇，2017）。

由应急信息内涵可以总结应急信息资源的特征：①来源广。应急信息产生自应急管理各环节的不同主体，这就加大了对应急信息质量进行评估的难度。②信息量庞大。应急信息信源广泛的特性决定了信息量存在短时间爆发的风险，而且在大数据环境背景下这一特性尤为突出。③不确定性。互联网、移动通信、物联网技术的广泛使用，加快了信息传播速度，信息流通速度的加快使在传播过程中难免受信息噪声干扰，不确定性增大。④时效性强。信息的价值随时间呈递减态势，应急信息尤为明显。一旦错过最佳传递时间，应急信息的价值及有用性都将大大降低（刘春年、张曼，2014）。

7.2.1.3　云理论和云模型

（1）云理论阐述。

自然语言存在着模糊性以及不确定性，我们可以使用自然语言的"优、一般、差"来形容，很难通过定量的方式来对其进行度量。如何对不确定自然语言的模糊性进行刻画是值得我们研究的（李德毅、刘常昱、杜鹢，2004）。1995 年，学者李德毅首次提出了云理论。而为了实现将自然语言值所表现的定性概念与定量数据之间的不确定性转换，学者建立了云模型。云由许多云滴构成，云滴是定性概念向定量值间的映射，其整体形状是对定性概念的刻画，一个云滴也许无足轻重，但由所有云滴所形成的云却反映出定性概念的特征。云的特征由 3 个数值进行描述［期望 Ex，熵 En，超熵 He］，其中期望 Ex 最能表现定性概念；熵 En 表示对定性概念刻画的模糊程度，熵值越大，所表现的定性概念越模糊；超熵 He 则表示云滴的离散程度，超熵越大，云就越"厚"。自云理论提出至今，云模型已成功地运用到了自然语言处理、数据挖掘、决策分析与智能控制等领域。

若设 C 是确定性数值型论域上 U 的定性概念，若 x 服从均值为 Ex、方差为 En'^2 的正态分布，随机变量 En' 也服从正态分布，均值为 En、方差为 He^2 且 x 的确定度公式为：

$$\mu(x) = \exp\left(-\frac{(x - Ex)^2}{2En'^2}\right) \tag{7.1}$$

则 x 在论域 U 上的分布称为正态云（刘春年、张曼，2014）。

式（7.1）表明可以用标准正态分布函数来确定云滴的定量数值，利用正态模糊隶属度给出云滴的确定度（苏为华、周金明，2018），从而可确定正态云模型具有模糊性和随机性的特征。云模型可以通过大量的定量概念值及其确定度来实现对定性概念的刻画。图 7 - 3 是一维正态云模型图，其数字特征为（0.3，0.3）以及 10000 个云滴生成。

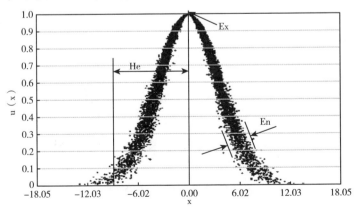

图 7 - 3　一维正态云模型

（2）两种云发生器。

正向云发生器可以实现将定性概念转换为定量数值，即通过云的数字特征 ［期望 Ex，熵 En，超熵 He］转换为所需数目的云滴数。其过程为，生成一个期望为 En，标准差为 He 的正态随机数，再生成一个期望为 Ex，标准差为 En'^2 的随机数 x，再利用式（7.1）计算 $\mu(x)$，其中（x，$\mu(x)$）为一个云滴，重复上述步骤直到产生的云滴数量满足要求。

然而为了实现定量样本的定性描述则可以利用逆向云发生器进行实现。即将给定云滴样本根据逆向云发生器产生三个数字特征值，从而实现对样本的定性化描述。逆向云发生器旨在利用云滴样本 $\{x_i\}_1^n$ 推算出云模型的特征估计值。主要通过以下几步实现：

①计算样本均值：

$$\overline{X} = \frac{1}{n} \sum_{i=1}^{n} x_i, \quad \widehat{Ex} = \overline{X} \tag{7.2}$$

②一阶样本中心距：

$$\frac{1}{n} \sum_{i=1}^{n} |x_i - \overline{X}| \tag{7.3}$$

样本方差：

$$S^2 = \frac{1}{n-1} \sum_{i=1}^{n} (x_i - \overline{X})^2 \tag{7.4}$$

③计算熵 $\widehat{En}$。

④计算超熵 $\widehat{He}$。

其中，

$$\widehat{En} = \sqrt{\frac{\pi}{2}} * \sum_{i=1}^{n} |x_i - \widehat{Ex}| \tag{7.5}$$

$$\widehat{He} = \sqrt{|S^2 - \widehat{En}^2|} \tag{7.6}$$

根据样本可以计算云 $C(Ex, En, He)$ 估计值 $C(\widehat{Ex}, \widehat{En}, \widehat{He})$。

7.2.2 大数据环境下应急信息质量评估需求分析

7.2.2.1 大数据环境下应急信息资源环境及特点分析

物联网、云计算以及移动互联网的飞速发展为数据带来了革命性的变化，大数据时代已经来临。维基百科对大数据的定义是：数据增长如此之快，以至于难以使用传统的数据库管理工具对大体量的数据进行快速收集、存储、检索、共享、分析以及可视化等操作，这些数据量是如此之大，已经不是以传统的 GB 和 TB 为单位来衡量，而是以 PB、EB，甚至是以 ZB、YB 为计量单位，以其体量之大称其为大数据（郭路生、刘春年，2016）。大数据的广泛运用使信息的环境发生改变，对科技与产业产生了巨大影响，对应急管理领域更是不可避免，因此分析大数据下的应急信息特征首先应从大数据的特征入手，就其内涵进行全面阐述。

就大数据特征而言，无论是最初提出的"4V"特征：大数据规模性（Volume）、高速性（Velocity）、多样性（Variety）和低价值密度（Value）还是增加真实性（Veracity）后的"5V"特征，都表现着当前复杂的信息环境。从大数据的内容上看，大数据包含海量庞大的数据量并且其数量还在迅速增长，其类型、结构复杂多样包括庞大的网络日志、视频、音频等，并且价值并非显性需要通过数据挖掘与数据分析才能利用其蕴藏的价值；从信息处理与分析的方式上看，大数据是对全数据的处理，而非对样本数据的处理，因此不得不放弃对精确性的追求，放弃数据间的因果关系，转而追求其内在的联系；此外，大数据对时效性有较高的要求，因此对大数据的处理必须快，否则其价值将大打折扣，还可能对决策产生误导。

就大数据环境下的应急信息特征而言，物联网、互联网技术、计算技术广泛运用于应急管理领域，使应急信息的来源变得广泛（如物理传感器、网络传感器等），这些应急信源时刻产生着预警信息、地理信息、交互信息等，这些信息体现出体量庞大（Volume）的特点；并且这些应急信息中既有图片、文字、地理位置，又有网络社交舆情信息等结构化非结构化的信息，使应急信息呈现出结构多样（Variety）的特征；由于应急事件的突发性、灾情舆情的动态性以及网络技术运用到应急管理后使应急信息表现的传播迅速性，应急信息呈现高速性（Velocity）；另外，由于数据体量大，信息的价值有限，使其呈现价值稀疏性（Value）；此外，由于应急信息在应急管理中的重要地位，使对其质量有较高的要求，表现出对其真实性（Veracity）的追求。这些都符合大数据的特征，因此不能再用传统的手段与思维来处理大数据环境下的应急信息。大数据环境下数据质量的要求如表 7 - 3 所示。

表 7 – 3   大数据环境下数据质量的要求

维度	具体维度	大数据质量要求
数据	数据多样性	传统数据处理多为结构化的；大数据环境下需要处理非结构化的，准结构化的，结构化的
	数据置信度	传统数据要求处于原始状态；大数据环境下要求对"信息噪声"过滤，数据质量问题可能被发现，也可能发现不了
	关键数据元素	传统数据需要关键元素数据质量进行评估；大数据环境下可能被模糊或错误定义，关键数据元素可能变化
数据处理与分析	分析位置	传统环境下将数据引入数据质量分析引擎；大数据环境下数据分析引擎引入数据，确保高速处理
	处理频率	传统环境要求批量处理；大数据环境下实时并且面向批量
	数据净化时间	传统在进入仓储前；大数据环境下数据可能采取流式的、内存中的分析来净化
管理工作	管理体量	传统环境管理人员可管理大部分；大数据环境下数据体量大只能管理相对小的部分

7.2.2.2 大数据环境下应急信息资源质量的挑战

大数据时代的到来为信息管理带来了巨大的挑战，然而大数据相关技术的运用又给信息管理活动带来了革命性的改变。依据对大数据环境特征的分析，结合应急信息的特征以及应急信息管理理论与实践，总结在大数据环境下应急信息资源质量存在的挑战主要有以下几个方面：

结合应急信息自身特点：①大数据环境下，复杂多样的应急信息源、海量的信息量、结构多样化的应急数据结构，使应急信息资源的质量难以保障。例如，对同一灾情监测的不同的传感器，由于其监测数据的海量性、结构多样性，很难对其信息质量进行保障。②大数据蕴含着巨大的价值，然而要获得其蕴藏的价值就要对其进行数据分析。应急信息中同样蕴藏着丰富有待挖掘的价值，但大数据环境下大部分数据都是非结构化的，并且以飞快的速度增长。若想按照切实需求对这些庞大且异构数据中选取或者全部进行分析，是不得不面对的挑战。③由于大数据环境下，数据的高速性（Velocity）特征与应急信息对于时效性的追求，使如果不能对高速产生的海量应急信息进行及时处理与利用，很可能造成应急信息价值的失效，产生灾情误判，甚至错误决策。

从应急信息管理流程上看，信息的收集阶段是信息生命周期的开始，这个阶段的信息质量将对整个信息周期内起到决定性的作用，然而不同于传统环境下的面对数量小的信息，大数据环境下应急信息信源众多（传感器、预警监测设备等）、结构复杂多样（地理信息、舆情信息等），要面对这些存在着不一致甚至是冲突的信息，是应急信息质量不得不面对的挑战，此外，由于对时效性有着严苛的要求，一旦信息收集不及时产生"过期失效"问题，很可能造成重大的生命财产威胁；在数据的存储阶段，据统计大数据环境下的信息近 80% 是非结构化的数据，而要面对大数据环境下产生的海量、结构复杂、变化速度快的应急信息是传统存储架构不得不面对的问题，如不能对应急信息完整、一致、有效地进行存储，应急信息质量更无从谈起（CSDN，2011）；在应急信息的使用阶段，大数据环境特征决定其价值的隐藏属性，需要对其分析与挖掘，然而应急管理活动并不是各部门独立完成，需要多部门联合参与，如何为众多的部门分析提取出满足其需求的应急信息，并且如不能及时提供灾情、舆情等信息，就很难保证其信息的价值，为决策提供有效参考。

结合应急信息技术角度，大数据环境下，应急信息的信源广、数据量大、传播路径复杂、舆情变化快等特点，使对其信息质量进行检测时不能像传统信息检测那样简单，若要实现对其质量问题进行检测识别，就必须开发引进智能化的应急信息质量检测与识别技术；此外，国际数据公司（IDC）指出新的数据类型与数据分析技术的缺失将严重阻碍组织的活动。这些都对保障大数据环境下的应急信息质量，充分发挥信息价值提出了挑战（宗威、吴锋，2013）。

7.2.2.3　大数据环境下应急信息资源质量评估需求

陆宗本院士指出，大数据的特点决定了对其质量保障的难度，而低质量的信息将导致低质量的决策，从而造成难以估量的损失，因此亟须采取有效措施对大数据质量进行保障。汪应洛院士（2014）认为，大数据质量是进行一切数据分析、挖掘、决策的基础，并且由于结构复杂、来源广泛的特点以及用户对于信息个性化的需求都对大数据质量提出了新的要求。虽然也有学者提出大数据信息质量与传统信息质量并无本质差别，传统信息质量内涵可以适用于大数据信息质量（张绍华、潘蓉、宗宇伟，2016）。但是大数据环境确实在信息自身特点与对应急信息管理方式上发生着改变。就应急信息自身而言，信息环境的改变影响着应急信息的特点，并且应急信息所表现出的特征符合大数据的特征。就信息管理环节而言，大数据环境下所产生的海量数据难以以传统的手段进行处理、集成以及分析，这其中就包含舆情信息、灾害地理信息、新闻媒体信息等，仅仅通过传统方式难以实现对其处理，所产生的信息冗余与不一致将严重影响应急信息的时效性、准确性，这就需要大数据分析处理的支持。其次应急信息管理并不是单个部门就能完成，因此对于应急各部门之间的要求更加追求信息的获取与交互的效率，大数据所具备的情境感知的能力，根据不同需求为其提供及时有效的信息。

因此，大数据环境下应急信息的特征发生着改变、应急信息质量也在大数据环境下存在着诸多挑战。大数据环境为应急信息提出了新的质量要求，作为应急信息质量管理的重要环节，大数据应急信息质量评估在信息质量管理中的地位十分重要。因此对应急信息质量评估的理论、评估方法、评估工具、评估标准的建立与创新都迫在眉睫。通过评估应急信息质量，从而进行下一步对应急信息质量筛选，应急信息质量进行技术上和管理上的提升，才能为提高应急信息管理水平，为应急决策提供准确、及时、高质量的应急信息资源。图7-4为在大数据环境下应急信息质量评估中的作用。

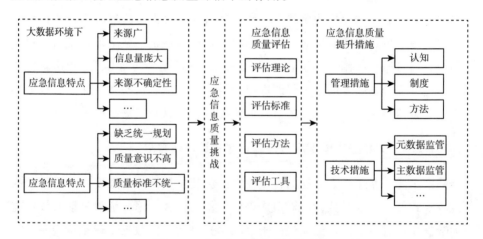

图7-4　大数据应急信息评估需求

7.2.3　国内外同类指标体系比较

7.2.3.1　国外同类指标体系比较

目前，基于对信息质量的不同理解，专家学者从不同角度提出了各自的评估指标体系。但是由于缺乏坚实的信息质量理论，对信息质量评估的研究还处于不断探索阶段，缺乏广泛一致认同的评估体系，还需要对大数据环境下的应急信息质量进行更深层次的探讨。国外对信息质量的探讨源于对数据质量的研究，并且国外国家、组织较早确立了一套较为完善的数据/信息质量评估维度，学者叶少波（2011）对其进行了总结，如表7-4所示。

表7-4 国外部分国家及组织数据/信息质量指标

组织/国家	信息/数据质量维度
国际货币组织 IMF	可获得性、准确、可靠、适用性、前提条件、诚信保证、健全方法
联合国粮食和农业组织（FAO）	相关性、准确性、可信性、及时性、可获得性、可解释性、一致性
经济合作与发展组织（OECD）	相关性、准确性、可信性、及时性、可获得性、可解释性、一致性
加拿大	相关性、准确性、及时性、可获得性、可解释性、一致性
澳大利亚	制度环境、相关性、准确性、及时性、可获得性、可解释性、一致性

处于大数据环境下的信息资源表现出复杂的特征，并且其质量是一个多维的概念。因此对其进行评估的维度与指标都存在复杂多样的特征，笔者对国外较为典型的大数据信息质量评估指标进行总结，得到表7-5。

表7-5 国外大数据信息质量相关研究

文献来源	质量维度	具体指标
JuddooS（2015）	内在维度、语境维度、代表性维度、可访问性维度	
BatiniC 等（2015）	准确性维度	正确性、有效性、精确性
AggarwalA（2017）	数量规模维度 变化速度维度 品种种类维度	准确性，可获得性 清晰度，相关性 一致性，及时性
AbdullahN 等（2015）	内容和结构维度 可用和有用性	准确性、完整性、一致性、完备性 有效性、及时性、可访问性
KulkarniA（2016）	内容维度 情境维度 评级维度	准确性、可信性、完备性、一致性 有效性、关联性、时效性、可验证性

续表

文献来源	质量维度	具体指标
MerinoJ 等 （2016）	情境充分性 时间充足性 操作充分性	完整性、一致性、机密性、精确性 可信性、时间性、有效性、易理解性
Taleb 等 （2016）	基于内容维度 基于语境维度 基于评级维度	信息内容本身质量 元数据质量指标 可用性
HaryadiAF （2016）	依赖语境维度 独立语境维度	准确性、可信性、相关性、通用性、完整性、 全面性、一致性、唯一性、及时性、有效性、 可追溯性

综合现有研究不难发现对大数据环境下的信息质量应包含其信息的内容，同时还应对其效用、表达、来源等角度进行分析。同时考虑到大数据环境下的信息质量应从信息角度的广泛维度又包含其自身特点的独特维度考虑，既包括独立于任务的指标也包括其依赖任务的指标。

在对应急信息质量进行研究时，国外学者考虑信息的特性从不同角度对其进行了阐释，笔者对国外学者对于应急信息质量指标进行总结，得出表7-6。

表 7-6　　　　　　　　　　　国外应急信息质量指标

学者	质量维度	具体指标
Hannes 等 （2015）	内容维度 情境维度	及时性、准确性、足量性、需求满足程度、共享性
Botega 等 （2015）	基于情境维度	完整性、及时性、一致性、相关性、不确定性
Ying 等 （2008）	语法质量 语义质量 实际质量 实体质量	一致性、完整性、及时性； 完整性、简洁性、准确性、时效性； 效用性、可解释性、实际价值、互动性； 可获得性，保密性，内容丰富，响应速度
Jeong 等 （2008）	内在属性 任务属性 表达属性 可获得性 灾害属性 灾害管理成本	可靠性、准确性； 合时性、兼容性、完整性； 灵活性、清晰性； 可访问性、可验证性； 积累性、完备性、可链接性； 成本属性、灾害种类

7.2.3.2 国内同类指标体系比较

国内对同类指标的探讨还须深入,目前研究多为对应急信息效用、应急信息系统的服务进行评估,且对大数据环境下对应急信息质量评估的同类指标尚须深化,笔者对国内典型的同类研究的指标进行梳理,得出表 7 - 7。

表 7 - 7 国内同类指标比较

学者	质量维度	具体指标	研究内容
袁维海 (2016)	以传统信息质量指标为基础,筛选出应急信息质量评价关键指标	时效性,有用性,客观性,完整性,权威性,独特性	应急信息质量
郭路生等 (2016)	参考 Dinette 数据质量定义	数据规范性、可用性、唯一性、完整性、准确性、共享性、及时性、一致性	
薛可等 (2018)	选取 Cheung 和 Rabiohn 等人信息采纳模型	准确性、完整性(详尽性)、及时性、相关性	自然灾害信息
莫祖英 (2018)	原始质量 过程质量 结果质量	信息源规范、安全稳定、信息到达率;信息采集完整无误实时;信息一致性;准确性,置信度,有效性,存取效率,价值性等	大数据信息质量
张绍华等 (2016)	固有质量 环境质量 表达质量 可访问质量	可信性,客观性,可靠性,价值密度,多样性,可解释性,简明性,一致性等	
查先进等 (2010)	内容维度 组织维度 系统维度 效用维度	完整性、正确性、相关性、新颖性; 准确性、易用性、标准化程度、精简性; 可靠性、完备性、快速响应性、可获取性; 价值增值性、可用性、适量性、利用率	信息质量
王仙雅等 (2017)	信息内在质量 信息形式质量 信息获取质量 信息情境质量	客观性、单一性; 易理解性、冲突性; 易获得性; 相关性、及时性	
金燕等 (2017)	基于认知维度 基于情感需求维度	效用性、简洁性、时效性、适用性、完整性、准确性、可靠性、客观性、易懂性、组织性、易学性、导航型、流畅性、安全性、操作性、满足感、多样表现性、少干扰性、激发好奇心、美观性、个性化、容错性、趣味性、通用性	

7.2.4　国内外应急信息质量评估研究的不足

7.2.4.1　国内外应急信息质量评估指标体系存在的不足

（1）对应急信息质量研究探讨还须深入，笔者通过对现有研究结果进行分析，总结目前对应急信息质量的研究多集中于对其服务质量的研究，以及对某个指标进行探讨，但是还应更深层次对应急信息质量实质进行探讨；在对信息质量指标选取时既要考虑到其作为信息的普通性质，又要考虑其作为特殊任务的独特性质。对目前信息质量评估指标体系研究发现，所构建的指标体系大多借鉴信息质量评估的指标，对应急信息特性的分析与应用尚须深入。因此有必要加深对应急信息质量指标研究。

（2）所构建的指标体系内涵仍须丰富，在大数据时代，应急信息环境、应急信息特征、应急信息管理工作、应急信息质量内涵都发生着改变，应急信息所表现出的复杂维度、海量、结构复杂等特性，都有必要对其进行更深入研究，因此亟须建立符合大数据环境下的应急信息质量评估指标体系。

7.2.4.2　应急信息评估方法的不足

学者在对应急信息质量评估时多延续信息质量的评估方法，然而在大数据环境下面对数据量庞大、维度多，复杂的应急信息，传统方法都存在弊端，亟须将大数据分析与挖掘技术引入对大数据环境下的应急信息质量评估之中。

（1）定性评估方法。

定性评估方法是评估主体依据个人知识经验，按照一定评估标准进行评估和推断的评估方法。评估的主要是信息资源的价值，主要包括其实用价值、科学价值、社会价值等，主要以定性的方式对信息资源的质量进行探讨。目前定性评估的方法主要包括发放调查问卷、同行评议、对比等多种方法。定性评估方法能从应急信息资源整体的质上对其进行把握，但是很难在量上对指标进行准确评估。定性的评估方法可以并且已经运用到对一些简单的应急信息资源系统和信息产品、服务的评估中。但由于其对于应急信息资源只是简单直观了解，没有对信息资源进行明确的具体数量界定，所以往往会出现亦此亦彼的情况，针对多个或者处于边界模糊的信息资源难以对其度量，更难处理多维度、复杂的应急信息资源。

（2）定量评估方法。

定量评估的方法是借助数字和其他科学的手段对信息资源进行定量判断与度量的分析方法，评价结果在一定置信范围内以数字的形式呈现，具有一定的可靠性，可以体现科学、准确、客观的特征。在定量评估的方法中主要有以下几类：基于信息熵的信息质量评估、信息计量学的评估方法、信息资源价值的评估方法、信息资源效用的评估方法。这些方法都是简单地从信息资源质量的几个方面具体指标对信息资源质量进行评估，很难对信息资源的整体进行系统评估，并且这些量化的方法并不适用对所有的信息资源的评估。在实际应用时还应结合灰色综合评价、主成分分析等方法结合信息资源的特征，选择合适的评估方法，对信息资源进行科学合理的评估。

（3）半定量的评估方法。

半定量评估方法是指将定性评估与定量评估相结合的评估方法，在定性评估中引入定量方法，将定性评估方法中专家的评估意见、专家对于某一目标的评估结果进行定量化的处理，使其呈现数字化的特征。目前常见的半定量的方法有以下几种：内容分析法、德尔菲法、层次分析法、模糊综合评价法、关联矩阵等。我们对半定量的方法具体步骤、特点及优势进行比较如表 7 – 8 所示。

表 7 – 8　　　　　　　　　　　半定量评估方法比较

半定量评估方法	具体步骤	特点	优势
德尔菲法	拟定调查表 征询专家建议 专家综合评判 得出最后结论	准确反映专家的判断能力； 时间、人力、物力耗费较多； 评价方案与数据很大程度上受专家的主观因素影响	原理易于理解； 操作简单易行
层次分析方法	构建判断矩阵 构建指标权重向量 对一致性进行检验	对复杂问题分解处理； 适用多目标、多准则决策问题；主要用于确定各指标权重	可操作性强； 能快速识别出影响信息质量的关键因素
模糊综合评价	构建指标体系 确定指标权重 构建评价矩阵 权重与矩阵结合	指标之间相互比较； 函数关系	突破数学与逻辑的语言限制；强调语言的模糊与真实性；评价方案较真实客观
因子 分析法	因子分析 构建因子矩阵 多次旋转，消除相关性 计算因子得分	较少因子反映大部分信息； 线性与相关性	找出主要影响系统的主要因子； 并可确定不同因子的地位

结合学者研究与方法特点，总结信息质量评估方法如下：①在众多信息质量的评估方法中，定性信息质量的评估的方法只能从信息质量的整体上大致对信息质量进行评估，很难应对应急信息质量这类复杂的多维度的信息，并且在应对大数据环境下的应急信息时，难以以直观的感受对数据量庞大的应急信息进行评估，在对比两个模糊的、边界并不确定性的两类应急信息时定性的评估方法并不能给出令人信服的、科学准确的评价结果；②在对大数据环境下的应急信息进行评估时，定量的方法只能从某几个方面给出科学准确的评估，但应急信息质量评估是面向一个综合的系统的应急信息整体，只从某几个方面就对应急信息的质量下定论，很难使人信服，并且存在以局部代替整体的现象；③半定量的方法很好地解决了对应急信息质量整体综合的评估，但是德尔菲法需要耗费很大的人力物力，并且很难适应大数据时代大体量的数据量。因子分析法在对应急信息质量进行评估时由于需要对构建的因子矩阵进行多次旋转，在应对多因子方面时会出现多重线性或其他的现象，造成评估结果和实际的偏差。模糊综合评价的方法在对信息质量的评估中得到了广泛的应用，并且能反映信息质量的综合整体，但其计算量极其复杂，在对大体量的信息进行评估时很难做到不产生错误，对结果产生较大影响。并且当指标集的个数过多时，在权矢量和为 1 的约束条件下，相对隶属度往往偏下，使权矢量和模糊矩阵不匹配造成超模糊的现象，分辨率很差，无法区分谁的隶属度更高，使信息的评估失败，这在对大数据环境下的应急信息的质量评估中表现得更明显，由于大体量的应急信息既表现出模糊性，又表现出不确定性，因此模糊综合评价的方法并不适合于对大数据环境下的应急信息质量评估。本章对定性、定量、半定量信息质量评估方法特点进行比较，如表 7 - 9 所示。

表 7 - 9　　　　　　　　　　信息质量评估方法比较

评估方法	方法	特点
定性评估方法	调查问卷、同行评议、专家访谈、对比法	整体直观把握信息质量；难以应对大数据环境下多维度、数量庞大、边界模糊的应急信息；评估结果主观
定量评估方法	信息熵、信息计量、信息资源价值评估法、信息资源效用评估法	评估结果科学准确、客观；难以进行整体、全面的大数据环境下应急信息质量评估
半定量评估方法	德尔菲法、层次分析法、模糊综合评价方法、关联矩阵	准确性比定量分析稍差的分析方法；全面、整体、较为客观

阐述信息质量评估内涵、评估标准、评估方法；应急信息质量评估的内涵、评估的对象，以及应急信息资源的特点；阐述云理论与云模型。分析大数据环境特征、大数据环境下应急信息质量存在的挑战以及对大数据环境下应急信息质量评估的需求。然而目前还需要不断丰富大数据环境下应急信息质量的指标体系和评估方法。

7.3　大数据环境下应急信息质量评估指标设计影响因素

7.3.1　大数据环境下应急信息质量评估的界定

大数据环境下数据量大、结构复杂、类型多样的特点使对应急信息质量评估的维度与评估指标都变得复杂，同时应急信息的来源广、时效性要求、信息量庞大、信源不确定性等特征使在对其进行质量评估时要和一般环境下的应急信息质量评估进行区分（刘冰、庞琳，2019）。因此，在对其进行质量评估时应考虑其作为信息的普通性质，同时也要考虑其所处的信息环境以及作为服务于应急工作的特殊性质。本章从评估对象、评估目标、评估指标、评估方法、评估主体等方面综合进行考虑，对大数据应急信息质量评估进行界定。

（1）评估对象。

应急信息质量评估对象为应急过程中产生的与应急相关的信息，包括预防准备信息、监测与预警信息、应急处置与救援信息、恢复重建信息等，因此对其进行质量评估时应考虑其功能特殊性。而信息质量评估的对象为广义上的信息，更多的是反映其信息的普适性。

（2）评估目标。

在决策中决策目标可分为效益型目标、成本型目标、固定型目标等（操玉杰、李纲、毛进，2018）。因此对评估对象进行评估时，根据评估对象的不同对其进行质量评估的目标就有所不同，笔者就现有研究总结发现，当前研究信息质量评估对象多集中于对企业、会计信息质量的评估，对网站信息服务质量，对信息系统的质量评估。更深一步研究不难发现，对这些信息进行评估的目标多是从降低企业成本、提升会计工作效率、提高信息系统和网站信息服务质量上考虑。

而对应急信息质量的评估目标却需要从多方面考虑，突发事件的多样性、应急流程所处阶段、应急决策目标不同对应急信息质量提出了不同的要求。例如，对于地震、海啸、洪水等严重危害人的生命安全的灾害，为了贯彻"以人为本"的原则，必须在极短时间内疏散涉险人员，保障人民的生命财产安全，因此对应急信息质量的效益目标值越大越好。对应急救援的经济成本、救援时间、灾害的损失等，其目标值越小越好。对救援场地的利用、对应急救援物资的合理发放，我们应对其目标进行合理设定，并且越接近目标值越好。但总体上对应急信息进行评估的目的是精准地认识灾情，把握灾情，高效应急，持续预警，从而做到防患于未然，保障人民群众的生命财产安全。

　　（3）评估指标。

　　评估对象的质量主要通过评估指标反应，信息质量指标的选取应综合考虑评估对象的特点以及与评估对象所处的环境。起初对信息质量的定义为"够用，可用"，这更多的是从其效用方面对其质量进行研究，然而目前对信息质量评估相关的研究也更多的是对其服务质量维度进行评估，客观的其内在质量特征极少被提及。然而作为对应急工作支持的应急信息，不能只从其效用维度进行评估，而要从其特征出发，结合所处的大数据环境，综合考虑，为指标的选取提供科学的依据。

　　（4）评估方法。

　　大数据环境下的复杂性决定了需要采取不同于常规信息评估方法，对于大体量、结构复杂的应急信息采用常规的信息质量评估方法，评估过程的可操作性与评估结果的科学性都难以实现，因此采取常规信息质量评估方法对其进行质量评估并不可行（刘冰、庞琳，2019）。所以在选取对大数据环境下应急信息质量进行评估的方法时，应综合其全面性和针对性。大数据技术的应用为实现大数据环境下的数据分析提供了可能。

　　（5）评估主体。

　　应急管理关乎人民生命财产安全，这就意味着应急信息的评价主体应与普通信息的评估主体有所区分。一般信息的评价主体多为信息的使用者，信息的质量能直接通过用户的直观感受进行界定，例如，在对网站所发布的信息进行质量评估时，仅需要通过用户使用后对其各方面进行信息质量鉴定即可。然而作为在各环节都需要专业人员参与的应急信息，其质量不能只从信息的使用者角度进行界定，而是需要掌握应急信息质量内涵，了解应急管理基本流程，从事相关工作、研究的人员对其进行鉴定。

7.3.2　大数据环境下应急信息质量评估指标设计的基本原则

（1）科学性原则。

评估指标体系的设计与评估方法的选取都应考虑科学性的原则，能够真实客观地反映大数据环境下应急信息的整体质量、各维度质量。并且指标设计应遵从适量的原则，不宜设计过多，否则将加大评估工作量与工作难度，为评估工作增加阻力。其次应对指标的主次有所区分，避免重点不突出的问题，指标也不可过少选取，避免出现对质量不能全面反映的情况。

（2）目标导向性原则。

指标的选取还应结合应急信息的特点，反映应急信息质量为目标，同时能够反映应急管理中存在的问题，为加强应急信息管理的能力提供指导，为应急信息决策提供科学准确的应急信息，提升应急决策的科学性。

（3）可操作性、可比性原则。

在指标的选择上，应注意总体范围内的一致性，因此，在选取计算度量和计算方法上应保持一致，各个指标都应简单明了，便于收集。并且在横向指标与纵向指标间存在可比性、可度量性、差异性，在时间跨度上也应具有可比性原则。

（4）典型性原则。

各个评估指标都应具有一定的代表性，尽可能地准确反映大数据环境下应急信息质量的某一方面特征，并且指标与指标之间应尽可能地减少相互间属性的交叉，使各指标要素间彼此独立，不存在包含关系。

（5）系统性原则。

大数据环境下的应急信息质量评估指标体系应全面地反映其质量特征，指标体系由各单个指标构成，单个指标能够对总体产生影响。

7.3.3　大数据环境下应急信息质量影响因素分析

大数据环境下影响应急信息质量的原因有多种，既有技术因素，又有管理因素。

（1）大数据环境下的信息噪声。

大数据噪声是应急信息不能避免的，预测专家纳特·西尔佛在《信号与噪声》中阐述到"如果信息的数量以每天 250M 字节的速度增长，则其中有用的信息肯定接近于 0。大部分信息都只是噪声而已，而且噪声的增长速度要比信号快得多"（郭路生、刘春年，2016）。大数据环境下可获取的应急信息来源变得更广，应急信息的获取渠道也十分广，这就意味着应急信息所面对的噪声源也更多，结合大数据的高速性（Velocity）特性，使大数据噪声的增长速度与大数据总量的增长成正比，但是噪声信号增长速度比真正数据总量的增长速度快很多，因此伴随着信息噪音的增长，真正有价值的应急信息可能淹没其中，大大降低应急信息的价值，导致利用应急大数据时，往往很难获取准确的应急信息，产生灾情误判、决策失误，严重地干扰和降低大数据决策的科学性和准确性。除此之外，大数据的结构复杂度和数据价值挖掘的难度将随着噪声信号的增加而增加，这就使应急数据分析和决策过程中系统资源的消耗，以及对大数据挖掘算法复杂度和分析的成本迅猛的增加，应急大数据决策可用性和收益率随之降低（Leitao，Calado and Herschel，2013）。此外，噪声数据的迅猛增加，在应急信息管理对大数据存储的数据库、数据处理和网络传输的能力有更高的要求，随之 IT 基础设施系统的运营负载加大。

（2）大数据环境下出现的干扰信息，错误信息。

为了确保大数据决策的科学性、可用性，在应急管理中通常需要对气候、土壤以及突发事件地点、持续时间、交通信息等物理传感器信息；新闻报道、公告、灾情报告事件报道信息，灾情描述、公众观点和情绪、社交媒体等网络传感器信息；历史灾害报道、救援机构、应急案例知识仓储信息等过程的全数据采集。应急管理源数据采集设备、方法、数据传输、网络性能之间所存在的差异性，随之产生大量的干扰数据、错误数据和低价值的数据，因此怎样对大数据进行采集、传输、处理和存储的过程采用科学的数据质量管理措施，是应急管理提高大数据准确性和决策科学性的关键（马晓亭，2016）。除此之外，应急大数据有多元性和结构多样性的特点，所导致的数据格式和数据质量的不统一问题，对大数据在处理、分析和决策过程中的适用性有很大的影响。所以如何清洗、过滤和标准化处理数据的问题，怎样对数据的准确性和一致性进行检验，对大数据中存在的无效值和缺失值怎样处理等一系列的问题，以上问题的解决能够增强大数据应急决策的真实性和准确性。

（3）大数据环境下信息价值随时间的衰变。

随着"互联网＋"时代的到来，应急管理中各阶段信息资源通过计算机技术和互联网实现了融合，同时也使应急决策得到优化。这些都促使应急管理的水平得到提高。伴随着"互联网＋"时代，提高应急信息资源价值总量和可用性的同时，使大数据的多元性、开放性和数据关系的复杂度再次提升，随着应急管理和决策的对象的不断变化，大数据的价值也会随之变化。此外，随着大数据的总量和数据结果复杂度的提升，大数据中的数据错误、数据缺失、数据冗余等问题随之而来，所以怎么样采集应急大数据，就要明确采集的对象、目标，改进采集的方式，以及如何分析和处理数据，是决定应急大数据决策收益率的重要因素（马茜、谷峪、张天成，2013）。最后，大数据处理的"1 秒定律"要求大数据决策必须在 1s 之内分析出结果，并且传输出去。若超过 1s 就失去了大数据的价值。因此，应急管理怎样快速有效地结合大数据生命周期和发展规律以及数据的价值，为大数据决策提供高效、快速的依据，是应急大数据决策相关性和时效性提升的关键（阳小珊、朱立谷、张琦琮，2014）。

（4）大数据环境下应急信息出现的信息冗余现象。

在应急管理的研究中为了保证大数据的高价值和数据的可用性，在采集数据时都会采用全数据采集的方法。通过全数据采集方法采集的数据虽然具有较高的价值和可用性，但也存在着价值较低的数据和信息维度缺失的数据，因而导致大数据结构不完整，以及数据中的一些知识不能被挖掘出来。此外，多来源和多途径的方法采集大数据时，会导致数据结构和数据集合的多样性，由于属性种类繁多，数据管理员就无法对所有的数据进行语言描述，导致数据的格式不规范、编码不标准等问题（赵星、李石君、余伟，2017）。最后，由于应急大数据在采集数据时的数据源是多样的和采集的过程是持续的，就会造成采集的数据中有大量的数据冗余和重复，这就给数据的存储带来很大的影响，提高了存储成本，降低了网络的传输效率，最终导致所采集的大数据结构复杂、无法识别、时效性差和不准确等问题。所以需要采用科学、高效的大数据冗余数据监测和清洗，快速高效地清除大数据存储库中的冗余文件和数据块，实现应急大数据的完整性和唯一性，确保应急大数据的完整存储。表 7－10 是大数据环境下对应急信息质量的要求。

表 7 – 10   大数据环境下对应急信息质量的要求

应急信息来源	应急信息内容	应急信息特征	应急信息质量需求
物理监测传感器	突发事件监测、预警，灾情环境、时间、地点，交通信息等	信源广、结构复杂、信息噪声干扰	准确、有效
网络传感器	网络舆情，灾情描述等	来源、形式多样，价值密度低、错误信息、干扰信息	准确、真实
应急信息报道	新闻报道，政府公告	准确、时效性追求	准确、及时
应急信息库	预案、历史突发事件信息、救援案例、组织机构信息等	冗余、标准规范不一	准确、衔接性、一致性

7.4 大数据环境下应急信息质量评估指标体系草案设计与专家咨询

7.4.1 大数据环境下应急信息质量评估指标体系草案设计

总结前面国内外学者对同类型的信息质量维度的定义不难发现，学者大多从信息作为内容载体、从信息的使用者角度以及信息价值的角度出发，对其进行质量的探讨。内容角度，信息的准确性是大数据环境下的追求，大数据环境下，信息噪声、复杂、多形式的信息使准确性成为应急信息质量的要素；然而大数据环境下人们对待信息的理念与方式发生了改变，人们不再追求信息的绝对精确，而是追求其内在的联系，因此误差性也是对信息质量影响因素；应急信息所追求的对于时效性的追求，以及大数据环境下随时间衰变的信息价值使信息的及时性成为信息质量的要素；大数据的重要表现即根据不同情境，满足用户不同信息需求，因此应急信息对于用户的需求满足程度，即应急信息的适用性，影响着应急信息质量。通过对信息进行描述，信息的使用者才能更好地理解并利用信息，因此信息必须是可信的。在应急管理各环节、不同部门间、不同数据库之间、数据库内部存在规范与标准不统一，存在难以追踪信息，难以对信息进行前后联系，出现前后不可衔接、不一致现象都对应急信息造成质量问题。应急信息作为信息的普通性质，信息所处的制度环境、信息能否获得、信息的价值以及信息与信息所承载的内容是否相关都是其重要质量因素。

因此，本章遵循大数据环境下应急信息质量评估指标设计的基本原则，并在对比国内外大数据质量评估指标、信息质量评估指标、应急信息质量评估指标的基础上，参考并总结出相关研究领域专家的研究成果，初步选取了影响大数据环境下应急信息质量评估的三维度的 12 个指标：信息内容维度包含准确性、及时性、适用性、误差性；信息描述维度包含可信性、一致性、可解释性、可衔接性；信息约束维度分为可获得性、有效性、相关性、制度环境。

7.4.2 专家咨询

经典的德尔菲法在确立初步指标时并不用给出指标的备选方案，而是通过向专家咨询后得出初步的指标方案。本章依据前面对国内外同类指标的研究与实践，分析大数据应急信息质量的影响因素，已初步确立了指标方案。因此德尔菲法步骤如下：

（1）确定咨询专家。

挑选专家是德尔菲法成败的关键。本部分是研究建立大数据环境下应急信息质量评估指标体系，因此，挑选的都是从事应急管理相关研究与实践工作，具有专业知识和丰富实践经验的专家。经过多方联系确定参加本次调查的专家共有 15 名，这 15 名专家所处领域分别为应急教育领域、应急研究领域、应急实践工作领域。因此选取这 15 名专家为对象是十分可靠的。专家基本情况调查如表 7 - 11 所示。

表 7 - 11　　　　　　　　　　专家基本情况

基本情况		人数（人）	比例（%）
性别	男	9	60
	女	6	40
年龄	≤40 岁	4	26.7
	41 ~ 50 岁	5	33.3
	≥51 岁	6	40
学历	本科及以下	4	26.7
	硕士	7	46.7
	博士	4	26.6

续表

基本情况		人数（人）	比例（%）
所在领域	应急教育	4	26.7
	应急研究	4	26.6
	应急实践工作	7	46.7
从事年限	≤8 年	4	26.7
	9 ~ 15 年	9	60
	≥16 年	2	13.3

（2）设计调查问卷。

在选取大数据环境下应急信息质量评估的指标时，根据前面对国内外研究的结论进行过初步筛选，此次是向专家发放问卷的形式进行调研评估。所使用的问卷见附录 A，此次问卷调查内容主要包括研究目的阐述、研究背景介绍、对德尔菲法流程进行简单介绍、参加邀请、展示预先拟订的大数据环境下应急信息质量评估的具体指标。

（3）进行专家咨询。

第 1 轮专家咨询，首先给出确定的评估指标，每位专家根据自身知识和经验对每个指标进行影响程度评分，影响程度得分划分为 LiKert 型标度，采用 1 ~ 5 分进行标记，具体表示的是"不大""一般""大""很大""极大"。最终对专家打分结果进行汇总，统计分析得到最终专家对备选指标的打分情况。

第 2 轮专家咨询，依据第 1 轮专家咨询统计分析的结果，每个专家对每一组指标的判断结果的一致意见（2/3 专家对指标的判断结果≥3）、平均值的分布情况向专家进行汇报，第 2 轮专家根据第一次的结果，重新对指标进行评价（Osborne，Collins and Ratcliffe，2010；预测与决策分析，2004）。在德尔菲法中，专家的意见都是从不一致到一致的探讨过程。在本章的研究中，因为专家在第 2 轮的意见基本趋于一致，所以本章只进行了两轮专家咨询。专家咨询意见的协调性计算结果情况如表 7 - 12 所示。

表 7 - 12　　　　　两轮专家咨询协调性情况

	第 1 轮	第 2 轮
协调系数 W	0.3256	0.6912
χ_1^2	3.5812	10.3680

对专家咨询结果研究发现，经过两轮专家咨询后，专家意见逐渐趋于一致，经过检验最终可以确定指标体系。

第 2 轮向专家咨询，笔者共发放 15 份调查问卷，专家打分后共回收有效问卷 15 份，专家打分详细情况见附录 D，通过对专家打分结果进行计算可得出各评估指标的数据，对此进行统计汇总得到表 7 - 13。

表 7 - 13　　　　　　　　　　　评估指标数据统计汇总

一级指标	二级指标	均值 M_j	标准差 σ_j	变异系数 V_j	一致意见
信息内容维度	准确性	4.4	0.800	0.182	4
	及时性	4.0	0.730	0.183	4
	适用性	3.7	0.789	0.215	4
	误差性	1.9	0.772	0.399	2
信息描述维度	可信性	1.8	0.909	0.505	2
	一致性	3.7	0.943	0.257	4
	可解释性	3.9	1.024	0.265	4
	可衔接性	3.7	0.680	0.182	4
信息约束维度	可获得性	3.9	0.806	0.208	4
	有效性	3.9	0.680	0.173	4
	相关性	1.8	0.909	0.505	2
	制度环境	2.2	0.980	0.445	2

①计算专家意见的协调系数。

专家打分的协调系数可以表明专家意见的集中程度。由 15 位专家对各个指标的等级评分可以计算出专家的协调系数，其中通过计算得出协调系数 W 的取值范围为 [0，1] 并且系数越大表明专家对指标协调程度越好：

$$\bar{L}_j = \frac{1}{n}\sum_{j=1}^{12} L_j = 97.5 \tag{7.7}$$

$$\sum_{j=1}^{12} s_j^2 = 16116 \tag{7.8}$$

$$W = \frac{m}{m^2(n^3-n) - m\sum_{i=1}^{m} T_i}\sum_{i=1}^{n} s_j^2 = 0.6912 \tag{7.9}$$

②协调系数的显著性检验。

为了验证专家意见服从正态分布，我们需要对回收到的结果进行假设性检验。数量上显著性水平等于 1 减去置信水平，因而显著性水平越小，专家意见的非偶然性越大。如果显著性水平超过 5% ，则认为专家偶然协调方面不足置信协调。显著性检验按照 χ_R^2 准则进行：

$$\chi_R{}^2 = \frac{1}{mn(n+1) - \dfrac{1}{n+1}\sum_{i=1}^{m} T_i}\sum_{j=1}^{m} s_j^2 = 10.3680 \qquad (7.10)$$

当显著性为 $\alpha = 0.05$ ，自由度 $f = 11$ ，查表临界值 $\chi_l^2 = 19.675$ ， $\chi_R^2 < \chi_l^2$ ，因此协调系数具有统计意义，专家意见的协调度是真实可信的。

第 3 轮专家咨询，为了得出指标体系的权重，发放问卷由专家对指标间的重要性进行比较（参照表 7 - 14），本章设计了确定指标权重的调查问卷见附录 B，为评估体系的指标赋予权重。

表 7 - 14　　　　　　　　　判断矩阵标度及其含义

序号	重要性等级	C_{ij} 赋值
1	i，j 两元素同等重要	1
2	i 元素比 j 元素稍重要	3
3	i 元素比 j 元素明显重要	5
4	i 元素比 j 元素强烈重要	7
5	i 元素比 j 元素极端重要	9
6	相邻判断值得中间值	2、4、6、8

（4）调查结果处理。

对专家咨询的结果进行计算处理。

7.4.3　数据环境下应急信息质量评估指标体系的确定

筛选标准：挑选出第 2 轮调查形成的专家组一致意见大于等于 3 的指标作为评估指标，具体值见表 7 - 13，按照此标准通过对 12 个指标的两轮专家咨询，共筛选出 8 个指标。因此我们剔除误差性、可信性、相关性和制度环境。其中，在大数据环境下对信息质量的追求不再是精确而是追求一定的准确性，因此，对于误差性在准确性中有一定的体现，而相关性在一致性和可衔接性中也有一定体现，应急信息的质量对于所存在的制度环境影响不大，最终我们可以确定影响大数据环境应急信息质量评估的 3 个维度 8 个指标的大数据下应急信息质量评估指标体系，如图 7 - 5 所示。

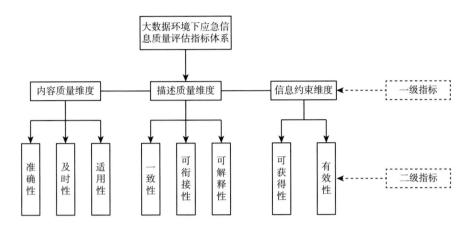

图 7 - 5　大数据环境下应急信息质量评价指标体系

（1）内容质量维度。

信息是内容的重要载体，内容是信息最基本的特征。在内容质量内涵上主要包括信息的准确性、及时性、适用性。准确性是信息质量评估重要的指标之一，在大数据环境下表现得尤为重要，大数据环境下由于信息噪声的存在，低质量、低价值、错误和干扰信息充斥其中，对信息的处理、决策都产生了挑战甚至是干扰，准确性是对现实情况的真实反映，准确性越高反映真实情况越高。信息的准确性主要表现为信息的误差、真实、缺失等特征。自然灾害和突发事件瞬息万变，而大数据环境下信息的"1 秒"定律也反映着时效性对价值的影响，应急管理的分秒都关系人民的生命财产，因此对于及时性，应急管理决策者有着极其重要的要求。及时性表现为信息收集、传输、决策、发布的时效、动态以及时间跨度。适用性表现为信息是否满足用户、决策者的需求，大数据环境下的信息质量对能否满足信息用户的需求也有着极高的要求，因此，在对应急信息进行收集、整理、数据挖掘等过程中应当充分考虑用户和决策者的需求。

（2）描述质量维度。

内容质量是对信息最原始状态的真实直观反映，信息的描述质量表现为在信息语义描述状态下的质量，真实有效的应急数据前后表现不一致，不同部门或者时间前后不可衔接；用户难以理解、难以使用，应急信息质量将受到影响。内容质量具体含义表现为信息的一致性、可衔接性和可解释性。具体而言，一致性表现为在数据库内逻辑的一致性以及不同数据库间的一致性；可衔接性指所呈现的信息目录、分类及相关链接等是否在同一应急部门、不同部门上下可衔接、是否相关；可解释性指应急信息便于决策、用户正确理解和使用的程度。

（3）信息约束维度。

应急信息质量进行评估时，需要考虑信息的内容质量、描述质量，还需要对其作为普通信息的质量约束标准，这也是应急信息非常重要的质量特征，具体包括：应急信息易于用户、决策者获得，应急信息有效性。在十分注重信息效用的时代，信息能否及时被用户获得是应急信息效用的重要表现。同时应急信息的有效性也是信息价值的重要表现，所以应急信息对于应急管理活动效率的提高也是衡量其信息质量的重要指标。具体指标解释如表7－15所示。

表 7－15　　　　　　　　大数据环境下应急信息质量评估指标解释

	一级指标	二级指标	指标解释
大数据应急信息质量	内容质量维度（C_1）	准确性（C_{11}）	应急信息准确可靠，使客观真实方面正确表现
		及时性（C_{12}）	从突发事件发生到达应急信息需求目标的时间
		适用性（C_{13}）	提供的应急信息与用户需求的匹配程度，有益于用户进行决策判断的信息，是大数据对用户需求的重要表现
	描述质量维度（C_2）	一致性（C_{21}）	应急信息在同一数据库和不同数据库表述的一致性
		可衔接性（C_{22}）	应急信息在相同管理部门，不同管理机构之间信息的衔接程度
		可解释性（C_{23}）	对应急信息的解释说明（含补充信息），使用户易于理解
	信息约束维度（C_3）	可获得性（C_{31}）	根据用户获取应急信息的容易程度
		有效性（C_{32}）	降低应急管理工作成本，提高效率，减少重复收集

7.4.4　定属性权重

通过第3轮专家咨询建议确定指标权重，由于在指标体系的构建过程中，专家对各指标的内容与重要性有所了解，因此本章利用层次分析法对指标权重进行确定，其中各指标的重要性比较见表 7-14，各个评估指标的权重为 w_{ij}（$i=1,2,3；j=1,2,\cdots,8$）。根据专家打分情况构建如下判断矩阵：

大数据环境下应急信息质量评估一级指标权重判断矩阵：

C	C_1	C_2	C_3
C_1	1	2	1
C_2		1	1
C_3			1

根据计算可以得出三个一级指标权重分别为：

$$w = (w_1, w_2, w_3) = (0.4126, 0.2599, 0.3275) \tag{7.11}$$

对判断矩阵进行一致性判断可以计算出：CI = 0.0268；RI = 0.58；λmax = 3.0536；CR = 0.0462 < 0.1 可以确认判别矩阵具有一致性。

信息内容质量维度二级指标权重判断矩阵：

C	C_{11}	C_{12}	C_{13}
C_{11}	1	1	2
C_{12}		1	1
C_{13}			1

根据计算可以得出内容质量 C_1 的三个二级指标权重分别为：

$$w = (w_{11}, w_{12}, w_{13}) = (0.4126, 0.3275, 0.2599) \tag{7.12}$$

对判断矩阵进行一致性判断可以计算出：CI = 0.0268；RI = 0.58；λmax = 3.0536；CR = 0.0462 < 0.1 可以确认判别矩阵具有一致性。

信息描述质量维度二级指标权重判断矩阵：

C	C_{21}	C_{22}	C_{23}
C_{21}	1	2	1
C_{22}		1	1/2
C_{23}			1

根据计算可以得出三个一级指标权重分别为：

$$w = (w_{21}, w_{22}, w_{23}) = (0.4, 0.2, 0.4) \tag{7.13}$$

对判断矩阵进行一致性判断可以计算出：$CI = 0.0268$；$RI = 0.58$；$\lambda max = 3$；$CR = 0 < 0.1$ 可以确认判别矩阵具有一致性。

信息约束质量维度二级指标权重判断矩阵：

C	C_{31}	C_{32}
C_{31}	1	1
C_{32}		1

根据计算可以得出三个一级指标权重分别为：

$$w = (w_{31}, w_{32}) = (0.5, 0.5);$$

对判断矩阵进行一致性判断可以计算出：$CI = 0$；$RI \approx 0$；$\lambda max = 2$；$CR = 0 < 0.1$ 可以确认判别矩阵具有一致性。

$$w_i = (0.4126, 0.2599, 0.3275);$$

$$w_{ij} = (0.1702, 0.1351, 0.1072, 0.104, 0.052, 0.1039, 0.1638, 0.1638) \tag{7.14}$$

最终得出各一级、二级指标的权重情况如表 7 – 16 所示。

表 7 – 16 大数据环境下应急信息质量评估指标体系及权重

目标层	一级指标/权重	二级指标/权重/综合权重
大数据环境下应急信息质量	内容质量/0.4126	准确性/0.4126/0.1702
		及时性/0.3275/0.1351
		适用性/0.2599/0.1072
	描述质量/0.2599	一致性/0.4/0.1040
		可衔接性/0.2/0.052
		可解释性/0.4/0.1039
	信息约束/0.3275	可获得性/0.5/0.1638
		有效性/0.5/0.1638

对大数据环境下的应急信息质量评估内涵与其他信息质量评估内涵进行多方面界定，并且确定大数据环境下应急信息质量评估指标设计的原则。对大数据环境下影响应急信息质量的因素进行分析，从而结合现有指标体系维度、内

涵，设计大数据环境下应急信息质量评估指标体系草案，为进行下一步专家咨询做好准备。进行专家咨询，对专家咨询结果计算协调系数，并且进行协调性检验，根据专家意见最终确定大数据应急信息质量评估指标体系。采用层次分析法确定指标权重，为后面的案例研究做好评估准备。

7.5　云模型的应急大数据信息质量评估案例研究

7.5.1　引言

自然语言学者对信息进行阐述时指出，人类感官与客观事物往往存在连续性（如温度、声音、颜色、气味），然而信息在对客观事物进行刻画时却是离散的，难以用离散的符号去表示连续的事物，因此就存在边界的不明确，产生模糊性（如好、差、中等）。自然语言还存在着随机性，著名的齐普夫定律表明：在语言中经常使用的词汇只占词汇总量的少数，绝大部分很少使用。而模糊性与随机性正是不确定性的两大特征。国内学者在处理自然语言的不确定性、不精确性、模糊性的信息时，结合云理论构建了云模型，云模型的建立实现了对语言信息进行定量和定性之间的转换。

在《大数据时代：生活、工作与思维的大变革》中，作者对大数据时代下人们对待信息的方式与思路做了以下三点总结：①人们面对的将是全数据，而不是传统信息处理时的样本数据。②由于全数据的混杂性与不确定性，人们将放弃以往对于信息精确性的追求。③人们在对大数据进行处理时，不再追求其因果关系，而是对于信息内在联系的追求（张小明，2013）。基于大数据时代人们对待信息的思路与方式的改变，人们利用数据分析、数据挖掘技术以实现大数据时代的科学决策。由于信息环境的改变，应急信息所表现的体量巨大（Volume）、突发性（Velocity）、应急信息类别的多样性（Variety）以及大体量信息规模下所呈现的价值稀疏性（Value）完全符合大数据所表现的"4V"特征，是一种典型的大数据（宗威、吴锋，2013）。因此可以利用大数据相关技术对其进行处理。目前对大数据环境下应急信息质量评估的方法还需要不断丰富。云理论自 1995 年提出以来，经过学者的深入应用研究，已经广泛地运用在信息质量的评估、自然语言处理以及大数据的数据挖掘、智能决策等领域，理论与应用都较为成熟。因此本章尝试将云模型引入对大数据环境下应急信息质量评估中，该模型为对大数据环境下应急信息评估、管理与数据挖掘、智能决策提供了新的选择。

7.5.2　基于云模型的评估流程设计

结合第 3 章构建的大数据环境下应急信息质量评估体系，引入云模型的评估方法，设计评估步骤流程以下：

（1）评估指标集。设 S 表示目标层，即大数据环境下对应急信息质量的综合评估。C 表示 3 个一级评价指标 C_i 的集合，即 $C = \{C_1, C_2, \cdots, C_m\}$，依据本章建立的大数据环境下应急信息质量评估指标体系分别代表信息质量的内容质量维度、描述质量维度以及信息约束维度 3 个一级指标。C_i 表示二级评价指标 C_{ij} 的集合，可以表示为 $C_i = \{C_{i1}, C_{i2}, \cdots, C_{ij}\}$，其中，m = 1，2，3 表示 3 个大数据环境下应急信息质量一级指标，C_{ij} 表示第 i 个一级指标中的第 j 个二级指标，分别为应急信息质量的准确性、及时性、适用性、一致性、可衔接性、可解释性、可获得性、有效性 8 个二级指标。

（2）将不确定语言形式的评估信息转换为云，即设立应急信息质量评估的等级标准。一维正向云发生器如图 7 - 6 所示。

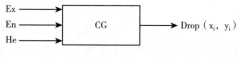

图 7 - 6　一维正向云发生器

输入：表示定性概念的三个数字特征 Z = (Ex,En,He)，生成的云滴数量 N；

输出：N 个云滴定量值，以及每个云滴表示的概念的确定度。

步骤：①产生期望值 En 标准差 He 的正态随机数；

②产生期望值 Ex，以及标准差 En′ 的正态随机数 x_i；

③利用公式计算 $y_i = \mu(x)$；

④令（x_i，y_i）为一个云滴，是语言值在数量上的一次体现，其中 x_i 是定性概念在论域上的一次具体实现，y_i 则是语言值程度的确定度度量；

⑤重复步骤①~④直到产生 N 个云滴。

（3）引入属性权重，如表 7 - 17 所示。

表 7 - 17　　　　　　　　　　　　属性权重

S	C_i	C_{ij}/权重/综合权重
大数据环境下应急信息质量	C_1/0.4126	C_{11}/0.4126/0.1702
		C_{12}/0.3275/0.1351
		C_{13}/0.2599/0.1072
	C_2/0.2599	C_{21}/0.4/0.1040
		C_{22}/0.2/0.052
		C_{23}/0.4/0.1039
	C_3/0.3275	C_{31}/0.5/0.1638
		C_{32}/0.5/0.1638

（4）构建专家对各个案例评估的多层次综合云。

逆向云可以将专家评估的定量值转换为定性的概念，再结合各个指标的权重，自下而上，将对各指标的评估云滴聚合成云，形成各案例对象的综合评估云。图 7 - 7 为一维逆向云发生器。

图 7 - 7　一维逆向云发生器

输入：代表云特征的 N 个定量值和确定度的（x_i, y_i）。

输出：N 个云滴所代表的概念的期望，熵，超熵（Ex, En, He）。

步骤：①通过样本数据计算样本均值 $\overline{X} = \frac{1}{n}\sum_{i=1}^{n} x_i$，一阶样本绝对中心矩 $\frac{1}{n}\sum_{i=1}^{n} |x_i - \overline{X}|$、样本方差 $S^2 = \frac{1}{n-1}\sum_{i=1}^{n}(x_i - \overline{X})^2$；

②然后计算期望 $\widehat{En} = \overline{X}$、熵 $\widehat{En} = \sqrt{\frac{\pi}{2}} * \sum_{i=1}^{n} |x_i - \widehat{Ex}|$；

③超熵计算值 $\widehat{He} = \sqrt{|S^2 - \widehat{En}^2|}$。根据样本可以得到云 C（Ex, En, He）的点估计值 C($\widehat{Ex}$, $\widehat{En}$, $\widehat{He}$）[53]。

其中，

$$\widehat{En} = \sqrt{\frac{\pi}{2}} * \sum_{i=1}^{n} |x_i - \widehat{Ex}| \tag{7.15}$$

$$\widehat{He} = \sqrt{|S^2 - \widehat{En}^2|} \tag{7.16}$$

（5）得出评估结果。

将评估对象的云模型计算期望值进行赋权计算，即可得出最终的多层次综合云的期望值，将其与标准云进行对比即可得出对评估对象的评估等级。基于云模型的大数据环境下应急信息质量评估具体流程如图 7-8 所示。

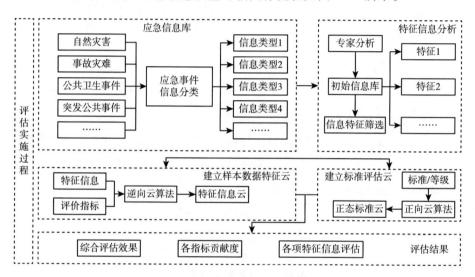

图 7-8　基于云模型的大数据环境下应急信息质量评估流程

7.5.3　样本选取及数据描述

应急信息是进行突发事件预测、应急工作展开、网络舆情监控与预测的基础与保障，国外相关组织与部门非常重视应急数据库的建设，最近几年，国内各研究机构与部门也纷纷启动了应急数据库建设的项目。笔者为了选取案例样本，对当前国内外应急信息数据库的建设情况做了基本了解。对国内外应急信息数据库进行检索，其中共检索到 40 个应急数据库，其中国内建设共有 14 个，国外相关组织与机构建成并且维护的共 26 个。国外尤其是发达国家十分重视对应急信息数据库的建设和数据的共享，并且已建成的应急信息数据库一般都可访问。其中包含美国、日本、欧盟、世界卫生组织（WHO）、联合国开发计划署（UNDP）、比利时等国家和国际组织建设的应急信息数据库。美国对全球性的应急信息数据库建设贡献尤为突出，建成了包含海啸、地震等专题的全球性的应急信息数据库，基本上可以实现全球性的共享。并且实现了多类应急信息的收纳采集与信息标准制定，信息共享上可实现国际间的交流共享。表7-18为国外应急信息数据库情况。

表 7-18　　　　　　国外主要应急信息数据库情况

类别	名称	网址	维护机构	内容
全球性综合应急信息数据库	全球性应急信息数据库	http：//learning. richmond. edu/disaster/index. cfm	美国里奇蒙德大学	全球性灾害、突发事件
	技术灾害数据库（UNEP）	http：//www. unepie. org/pc/apell/disasters/lists/disaster-cat. htm	联合国环境计划署	全球性环境灾害
	CE-DAT	http：//www. cedat. be	比利时政府	人为灾害数据库
	EM-DAT	http：//www. emdat. be/	世界卫生组织（WHO）与比利时政府	全球性的突发事件
国家性质单项应急信息	NGDC	http：//www. ngdc. noaa. gov/hazard/tsu_db. shtml	美国国家海洋局数据中心	2000年至今大西洋、太平洋、印度洋、加勒比海、地中海海啸应急信息
	USGS	http：//earthquake. usgs. gov	美国地质调查局	全球性地震灾害
	空难数据库	http：//www. airdisaster. com/cgi-bin/database. cgi	空难网	全球性空难信息数据
	暴美国暴风雨雪灾害数据库	http：//www4. ncdc. noaa. gov/cgi-win/wwcgi. dll？wwEvent~Storms	美国国家气候资料	美国干旱、雨雪、洪涝应急信息数据
	台风数据库	http：//agora. ex. nii. ac. jp/digital-typhoon/index. html. en	日本国立情报研究所	日本实时台风信息
国家性质应急信息综合数据库	EMA应急信息数据库	http：//ww5. ps-sp. gc. ca/res/em/cdd/search-en. asp	澳大利亚政府	自1662年以来澳大利亚所有自然人为应急信息数据库
	加拿大应急信息数据库	http：//ww5. ps-sp. gc. ca/res/em/cdd/search-en. asp	加拿大应急管理局	加拿大地震、洪灾、交通等应急信息
	美国气候统计数据库	http：//www. nws. noaa. gov/om/hazstats. shtml	美国国家海洋大气局	美国气候应急信息数据

对国内应急信息数据库进行检索可以发现，国内目前建立了一批应急信息数据库，但是存在诸多问题：①访问权限，国内应急信息存在不对外公开现象；②多数应急信息数据库建立大多依托项目进行，在信息更新、系统维护中存在问题；③应急信息的标准、规范，突发事件特征描述、应急资源信息等与国际同类型数据库存在较大差距；④多数应急网站只作为信息发布者角色，对于历史突发事件信息的收集、整理、存储存在缺陷，为后续研究带来困难。表7－19为国内主要应急信息数据库情况：

表7－19 国内主要应急信息数据库

名称	网址	维护机构	内容与性质
中国灾害查询系统	http://zzys. agri. gov. cn/zaihai/chaxun. asp	中国农业部种植业管理司	水灾、干旱、风暴农业灾害等
自然灾害数据库	http://www. data. ac. cn/zrzy/g52. asp	中国科学院	农作物灾害、水旱灾害
地理空间云	http://www. gscloud. cn/sources	中国科学院计算机网络信息中心	应急地理信息
中国地质环境信息网	http://www. cigem. gov. cn/wwlm/gszz. html	中国地质环境监测院	地质灾害监测、预警、修复信息
中国气象数据网	http://data. cma. cn/data/cdcdetail/dataCode/DISA _ DRO _ DIS _ CHN. html	国家气象信息中心	干旱灾害、气象灾害数据
EPS 数据平台	http://www. epsnet. com. cn/aboutour. html#/ourl	北京福卡斯特信息技术有限公司	综合型信息数据平台，其中包含各类应急信息
国家统计网	http://www. stats. gov. cn/tjsj/	国家统计局	综合型信息数据中心，包含国内应急信息

样本的选取是研究的关键，在对应急信息质量评估时应遵循样本选取时的可行性、科学性、代表性等原则，因此笔者依据对目前现有应急信息数据库的现状调查研究的基础上，选取了国内具有代表性的 EPS 数据平台与国外较为客观的 EM － DAT 突发事件数据库，两数据库都具有客观的较为全面的应急信息，其应急信息数据对外开放性都优于其他数据库，应急信息更新较为及时、维护工作完善，并且都优于其他应急信息数据库，在选用国内国外两个应急信息数

据库时也考虑可对比性。

据此，本章根据建立的大数据环境下应急信息质量评估体系与云模型，对 EPS 数据平台（http：//www. epsnet. com. cn/）和 EM – DAT（https：//www. emdat. be/）突发事件数据库中的应急信息进行案例研究。EPS 数据平台是国内专业的数据、信息服务提供商，是一个涵盖了经济、工业、农业科技等领域的数据库。其中的应急信息来源于中国第三产业数据库、中国宏观经济数据库、中国环境数据库、中国国土资源数据库以及国内县市的统计数据库对国内的应急信息收集较全面；EM – DAT 突发事件数据库是由世界卫生组织（WHO）和比利时政府联合创建的在 1988 年开发的，目的为备灾及应急决策提供数据支持，同时还提供了客观的对应急信息的评估。EM – DAT 包含从 1900 年到现在全世界各类的应急信息重要核心数据，对国内的应急信息收集较客观准确。这两个数据库对国内的应急信息的收录具有代表性、全面性、科学性、准确性。因此本章随机选取两个数据库中的中国国内相关应急信息，随机选取的结果为中国国内的疫情信息、病虫灾害信息、森林火灾、干旱、地震、洪水、滑坡、风暴、交通事故共 9 类应急信息对两个数据库进行评级。

7.5.4　大数据环境下应急信息质量评估案例实施

针对大数据环境下应急信息质量进行评估，由于在德尔菲法对专家进行咨询时专家已对指标有所了解，因此，在对两数据库中的应急信息质量进行评估时，再次邀请前述的应急研究相关领域和应急管理相关部门的 15 名专家对随机选取的 EPS 数据平台和 EM – DAT 突发事件数据库中的中国国内的疫情信息、病虫灾害信息、森林火灾、干旱、地震、洪水、滑坡、风暴、交通事故共 9 类应急信息进行打分，具体调查问卷与打分标准见附录 3。由于专家的研究背景与实践经验的不同，其对每个指标进行评分具有主观性特点，同时打分结果具有模糊性，此外，在同一个环境下同一个评价的专家打分具有一定的随机性，所以可以考虑利用云模型对其进行评估。该项调查的统计数据共有 8 个指标，专家组根据现实情况访问数据库，并且查阅相关资料，对各指标下的具体情况进行评估，关于各项指标的评分结果记为 $q_{ij}(i = 1, 2, \cdots, 9; j = 1, 2, \cdots, 8)$，得分矩阵记作 $Q = (q_{ij})_{9*8}$，本次评估选用 5 个评价等级：{非常差，较差，中等，较好，非常好}，即 $S = \{S_{-2} = $ "非常差"，$S_{-1} = $ "较差"，$S_0 = $ "中等"，$S_{+1} = $

"较好"，S$_{+2}$ = "非常好"}。

（1）评估指标集。

假设 S 表示目标层，即大数据环境下应急信息质量评估的综合质量。C 表示大数据环境下 3 个质量维度 C$_i$ 的集合可以用 C = {C$_1$，C$_2$，…，C$_m$} 表示，其含义为信息内容质量、信息描述质量和信息约束质量。C$_{ij}$表示 C$_i$ 的二级评估指标的集合，可以表示为 C$_i$ = {C$_{i1}$，C$_{i2}$，…，C$_{ij}$}，其中 m = 1，2，3 表示 3 个一级指标，C$_{ij}$表示第 i 个一级评估指标中的第 j 个二级指标。

（2）将不确定语言形式的信息转换为云。

首先，将专家评语集采用黄金分割法转换为数字特征为（Z$_{-2}$，…，Z$_{+2}$）（郭路生、刘春年，2016）。假定有效论域为 [X$_{min}$，X$_{max}$] = [0，100]，He$_0$ = 0.1，则 5 个评语对应云的数字特征分别为：

$$Ex_0 = (X_{min} + X_{max})/2 = 50; Ex_{-2} = X_{min} = 0; Ex_{+2} = X_{max} = 100;$$
$$Ex_{-1} = Ex_0 - 0.382(X_{min} + X_{max})/2 = 30.19;$$
$$Ex_{+1} = Ex_0 + 0.382(X_{min} + X_{max})/2 = 69.1;$$
$$En_{+1} = En_{-1} = 0.382(X_{max} - X_{min})/6 = 6.37;$$
$$En_0 = 0.618En_{+1} = 3.93;$$
$$En_{-2} = En_{+2} = En_{+1}/0.618 = 10.31;$$
$$He_{-1} = He_{+1} = He_0/0.618 = 0.16;$$
$$He_{-2} = He_{+2} = He_{+1}/0.618 = 0.26。$$

因此，5 个云依次为：Z$_{-2}$(0，10.31，0.26)，Z$_{-1}$(30.9，6.37，0.16)，Z$_0$(50，3.93，0.1)，Z$_{+1}$(69.1，3.93，0.16)，Z$_{+2}$(100，10.31，0.26)。

利用正向云发生器可以将定性概念转换为定量数值，通过 3 个数字特征值生成需产生的云滴数目 N。首先生成正态随机数 En′，En′是以 En 为期望 He^{2}为方差，然后生成随机数 x，x 以 Ex 为期望、En′^{2}为方差，再利用公式计算 μ(x)，即得到了 1 个云滴（x，μ），我们重复上述步骤即可得到云滴数量满足设定标准的云。以（Z$_{-2}$，…，Z$_{+2}$）为数字特征设定评估等级标准云，我们可以得出图 7-9。

（3）引入属性权重。

w$_i$ = (0.4126,0.2599,0.3275)；
w$_{ij}$ = (0.1702,0.1351,0.1072,0.104,0.052,0.1039,0.1638,0.1638)；
其中（i = 1,2,3;j = 1,2,3,…,8)。

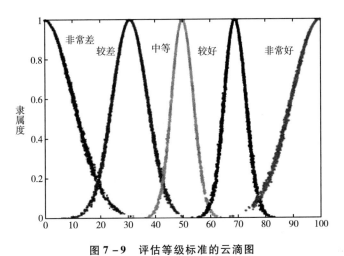

图 7 - 9　评估等级标准的云滴图

（4）构建不同专家下各个案例的多层次综合云。

根据 15 位专家对 EM - DAT 突发事件数据库和 EPS 数据库，两个数据库对中国国内的疫情信息、病虫灾害信息、森林火灾、干旱、地震、洪水、滑坡、风暴、交通事故共 9 类应急信息的评估得分的平均值，可以得出关于大数据环境下应急信息的准确度、及时性、适用性、一致性、可衔接性、可解释性、可获得性、有效性各指标的评估得分矩阵如表 7 - 20 和表 7 - 21 所示，其中 A 为 EM - DAT 突发事件数据库，B 为 EPS 数据库。

表 7 - 20　　　　　　　　　A 数据库各指标的评估得分矩阵

	准确性	及时性	适用性	一致性	可衔接性	可解释性	可获得性	有效性
疫情	77	72	76	85	86	73	70	72
病虫灾害	65	70	60	73	77	70	73	65
森林火灾	72	69	65	68	79	76	75	71
干旱	83	86	84	90	86	83	78	82
地震	85	87	84	80	86	82	72	80
洪水	84	86	75	80	80	78	75	72
滑坡	79	80	78	82	79	78	73	76
风暴	79	83	82	80	83	80	76	72
交通事故	82	85	82	86	83	82	80	82

注：评分等级与相应分值的取值范围为非常差（0，20］，较差（20，45］，中等（45，55］，较好（55，85］，非常好（85，100］。

表 7 – 21   B 数据库各指标的评估得分矩阵

	准确性	及时性	适用性	一致性	可衔接性	可解释性	可获得性	有效性
疫情	80	82	85	72	76	82	65	83
病虫灾害	86	80	72	63	80	80	68	75
森林火灾	70	82	82	83	80	80	75	76
干旱	78	80	63	70	83	79	70	73
地震	86	86	90	85	83	89	85	90
洪水	80	78	75	82	82	75	80	85
滑坡	80	79	80	83	80	82	83	73
风暴	83	84	83	82	85	82	83	85
交通事故	90	82	92	83	82	83	88	84

　　根据专家打分结果，由逆向云发生算法公式可得到 A、B 数据库应急信息质量的各项评估指标的云模型数字特征值 $C_i(Ex_i, En_i, He_i)$（$i = 1, 2, \cdots, 8$）。A、B 数据库的 3 个一级指标的计算结果如表 7 – 22 和表 7 – 23 所示。

表 7 – 22   A 数据库应急信息质量的一级评估指标云模型数字特征

	C_1	C_2	C_3
Ex_i	78.3036	79.8007	74.6667
En_i	7.1962	3.5540	4.6973
He_i	2.6525	1.1803	1.1677

表 7 – 23   B 数据库应急信息质量的一级评估指标云模型数字特征

	C_1	C_2	C_3
Ex_i	81.1268	80.0217	78.9444
En_i	5.7461	5.6496	7.9359
He_i	2.0481	2.0931	3.0943

A、B 两个数据库 9 个二级指标的结果如表 7 – 24 和表 7 – 25 所示。

表 7 – 24   A 数据库中应急信息质量的二级评估指标的云模型数字特征

	C_{11}	C_{12}	C_{13}	C_{21}	C_{22}	C_{23}	C_{31}	C_{32}
Ex_i	78.4444	79.7778	76.2222	80.4444	82.1111	78.000	74.6667	74.6667
En_i	5.3739	7.8912	8.0460	5.9107	3.7445	4.1777	2.9708	5.9416
He_i	2.4949	2.7069	2.8208	3.1051	1.3820	1.3401	0.8210	1.4328

表 7 – 25　B 数据库中应急信息质量的各评估指标的云模型数字特征

	C_{11}	C_{12}	C_{13}	C_{21}	C_{22}	C_{23}	C_{31}	C_{32}
Ex_i	81.4444	81.4444	80.2222	78.1111	81.2222	81.3333	77.4444	80.4444
En_i	5.3537	2.4447	8.6030	8.1698	2.4757	3.1565	8.8506	6.9010
He_i	2.1485	0.5488	2.9039	2.5754	0.7520	2.0091	3.2486	2.9319

（5）利用云模型对 8 个指标进行加权算数平均计算，可以得出样本整体评估的结果：

$$CWAA_w(C_1,C_2,\cdots,C_8) = C\left(\sum_{i=1}^{8} w_i Ex_i, \sqrt{\sum_{i=1}^{8} w_i En_i^2}, \sqrt{\sum_{i=1}^{8} w_i He_i^2}\right) \quad (7.17)$$

$$CWAA_A = (77.5012, 5.8962, 2.1535)$$

$$CWAA_B = (80.1247, 6.5228, 2.4506)$$

利用得出的综合指数 $CWAA_A$ 的数字特征与评估等级标准的云滴图进行拟合，可以得出 A 信息数据库与标准模型的拟合图，如图 7 – 10 所示。

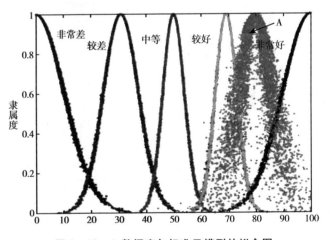

图 7 – 10　A 数据库与标准云模型的拟合图

利用得出的综合指数 $CWAA_B$ 的数字特征与评估等级标准的云滴图进行拟合，可以得出 B 信息数据库与标准模型的拟合图，如图 7 – 11 所示。

利用得出的综合指数 $CWAA_A$、$CWAA_B$ 数字特征与评估等级标准的云滴图进行拟合，可以得出 A、B 信息数据库与标准模型的拟合图，如图 7 – 12 所示。

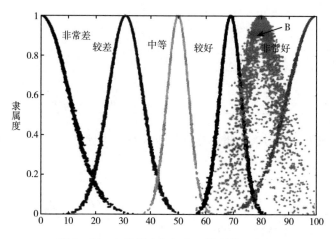

图 7 - 11　B 数据库与标准云模型的拟合图

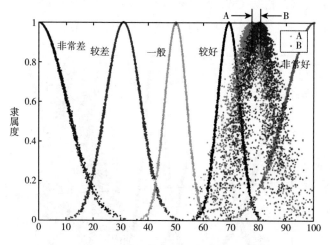

图 7 - 12　A、B 应急信息质量与标准云滴图对比

7.5.5　评估结果分析

（1）从得出的综合评价指数 CWAA 可以分析两个数据库的整体应急信息质量，A、B 两个数据库最能代表应急信息质量的隶属度为 1 的加权平均综合云模型的数字特征值分别为 A = 77. 5012，B = 80. 1247，从而可以初步判断出两个应急信息数据库的信息质量应介于"较好"与"非常好"之间，并且更

倾向于"较好"，并且直观上看 B 数据库中的应急信息质量要略优于数据库。

$69.1 < A = 77.5012 < B = 80.1247 < 100$。

（2）就各一级指标进行计算分析在信息内容质量、信息描述质量、信息约束质量上 A 数据库质量都稍逊于 B 数据库。但在描述质量维度 A 数据库的期望特征 Ex_i 要稍小于 B 数据库，但是熵特征 En_i 与超熵特征 He_i 却要优于 B 数据库，这就说明在 A 数据库中不同类别的应急信息的描述信息质量差别并不明显，而 B 数据库存在不同类别应急信息的明显差异。就信息约束维度而言，B 数据库质量优于 A 数据库，但是也明显存在不同类型应急信息质量参差不齐的现象。

（3）对比两个应急信息数据库的 8 个二级指标，可以发现，在 A 数据库中的应急信息的一致性与可衔接性要比 B 数据库的要好，这也是由于数据库 A 对于应急信息收集标准与规范要强于 B 应急信息数据库，这也侧面反映出国外对于应急信息收集与信息规范等都较科学。而由于数据来源的区别（A 数据库信息来源于联合国机构、非政府组织、保险公司、研究机构和新闻机构，B 数据库应急信息来源于中国第三产业数据库、中国宏观经济数据库、中国环境数据库、中国国土资源数据库以及国内县市的统计数据库），因此在数据的准确性、及时性、适用性及有效性方面，B 数据库都要优于 A 数据库。而在可获得性、可解释性方面 A 数据库只面向研究机构、政府机构等，需要进行注册才可访问，而 B 数据库作为较为全面的国民统计信息数据库面向对象较为广泛并且应急信息的用户理解性更好。8 个二级指标 A/B 数据库比较如表 7 - 26 所示。

表 7 - 26　　　　　　　　A/B 数据库各因素之间的对比

综合	大数据环境下应急信息指标							
A < B	C_{11}	C_{12}	C_{13}	C_{21}	C_{22}	C_{23}	C_{31}	C_{32}
	A < B	A < B	A < B	A > B	A > B	A < B	A < B	A < B

就各单项应急事件信息质量而言，A/B 信息数据库的单项信息质量的排名如表 7 - 27 所示，地震、交通事故、风暴、洪水、滑坡应急信息的质量要高于其他几类，但是在农业病虫害、干旱、疫情信息、森林火灾等应急信息的质量明显要低于其他几类。这也表明在一些重大灾害的信息收集上较为完善，对信息质量的要求相较要高于其他灾害信息；但是往往需要对历史信息进行分析预

测，指导预防工作的森林、农业病虫害以及疫情防治上，应急信息的质量要有所提升。在 A 突发事件数据库中，干旱信息、交通事故、地震、洪水、风暴四项应急信息的质量要高于其他几类，并且在记录上一致性与可衔接性上保持得很完整，应急信息更新较为及时。由此也可看出对人民生命财产有较大威胁的突发事件应急信息质量较高，信息收录与规范都较科学，如两个数据中的风暴应急信息、地震应急信息、洪水应急信息。但是相对干旱、农业病虫灾害、森林火灾信息两个数据库建设的都不够完善。表 7 - 27 为 A/B 数据库中 9 类应急信息排名。

表 7 - 27　　　　　　　　　　　事件应急信息质量排名

排名	1	2	3	4	5	6	7	8	9
A	干旱	交通事故	地震	疫情	洪水	风暴	滑坡	森林火灾	病虫灾害
B	地震	交通事故	风暴	洪水	滑坡	疫情	森林火灾	病虫灾害	干旱

7.5.6　评估结果与实际对比

由于缺少对应急信息数据库等级的界定，本章通过将两数据库中的信息从 8 个指标角度与国家数据（http：//data. stats. gov. cn/）中数据进行对比，以验证评估结果是否科学。在信息的准确性上，EPS 数据库存在的应急信息基本来源与国家数据来源相同的中国第三产业数据库、中国宏观经济数据库、中国环境数据库、中国国土资源数据库以及国内县市的统计数据库，对比可发现，其数据的准确性与国家数据中的应急信息基本相同，而 EM - DAT 中的数据存在信息缺失现象如在地震观测点、地震灾后恢复重建的支出方面 EM - DAT 数据库并未收录，并且存在有些数据是难以验证准确性的情况。在信息的及时性方面，地震、风暴信息及时性 EM - DAT 数据库要优于 EPS 数据库（例如，就风暴信息收录年份上 EM - DAT 数据库已收录至 2019 年，而 EPS 数据库收录至 2017 年），而其他几类信息 EPS 要优于 EM - DAT。在适用性上 EPS 数据收录的信息为国家各部门对数据的汇总，目的明确，对应急工作有一定指导，而 EM - DAT 数据库中的数据来源自国外相关研究机构、监测机构，目的多为研究使用，因此适用性较差。在一致性、可衔接性上 EM - DAT 中的数据其标准、结构，收录数据项目，对应急信息编号等都完善，而且自建库（1988 年）至今一直沿用，而 EPS 数据库（2005 年）收录年限以及编号等工作有所欠缺。在信息的解释和可获得性方面 EPS 设计的面向用户为国内机构与居民使用，而 EM – DAT 面向研究者和国外机构，要稍逊于 EPS。因此评估的结果与实际较为相符。

　　结合云模型设计评估步骤，调查现有应急信息数据库情况，选取具有代表性的案例数据库，对随机选取的数据进行描述，利用专家权重，对最终评估结果进行分析，从不同角度对评估对象进行对比分析，并且就评估的结果与现实进行对比。

参 考 文 献

［1］阿不都米吉提·吾买尔. 新疆地区突发公共事件应急法制建设研究［D］. 新疆师范大学，2009.

［2］百度推救灾动态图：可查物资缺口及灾民分布［EB/OL］.（2013 - 04 - 24）［2015 - 03 - 12］. http：//tech. sina. com. Cn/i/2013 - 04 - 24/18288274623. shtml.

［3］CSDN. 非结构化数据"飞"入云中企业如何应对［EB/OL］.（2011 - 08 - 05）https：//www. csdn. net/article/2011 - 08 - 05/302706.

［4］蔡坚学，邱菀华. 信息质量检验的熵模型［J］. 系统工程，2004（3）：77 - 79.

［5］蔡雯，翁之颢. 微信公众平台：新闻传播变革的又一个机遇——以"央视新闻"微信公众账号为例［J］. 新闻记者，2013（7）：40 - 44.

［6］操玉杰，李纲，毛进，等. 大数据环境下面向决策全流程的应急信息融合研究［J］. 图书情报知识，2018（5）：95 - 104.

［7］曹丹丹. 小城镇防灾减灾问题研究［D］. 河北农业大学，2008.

［8］曹建军，刁兴春，许永平. 信息质量：Informationquality［M］. 国防工业出版社，2013.

［9］曹露，计卫舸. 省政府应急管理网站功能建设分析［J］. 中国安全生产科学技术，2013，4（5）：156 - 160.

［10］曹瑞昌，吴建明. 信息质量及其评价指标体系［J］. 情报探索，2002（4）：6 - 9.

［11］查先进，陈明红. 信息资源质量评估研究［J］. 中国图书馆学报，2010，36（2）：46 - 55.

［12］查先进，张晋朝，严亚兰. 微博环境下用户学术信息搜寻行为影响

因素研究——信息质量和信源可信度双路径视角［J］．中国图书馆学报，2015，41（3）：71－86．

［13］查先进，张晋朝，严亚兰．微博环境下用户学术信息搜寻行为影响因素研究——信息质量和信源可信度双路径视角［J］．中国图书馆学报，2015，41（217）：71－86．

［14］常玲慧．知识管理在突发公共卫生事件应急决策系统中的应用研究——以山西省为例［D］．太原理工大学，2013．

［15］陈劲松．去年自然灾害致1.9亿人次受灾［EB/01］．http：// news.xinhuanet.com/politics/2017－01/15/c_129446795.htm，2017－1－05．

［16］陈孟婕．数据质量管理与数据清洗技术的研究与应用［D］．北京邮电大学，2013．

［17］陈帅旗．突发事件应急信息发布策略研究［D］．河北大学，2018．

［18］陈斯杰．基于用户视角的科技信息服务网站影响力评估研究［D］．南京理工大学，2009．

［19］陈坦，常江．基于TAM的新媒体特性与建筑遗产保护参与意愿研究［J］．城市发展研究，2014（9）：17－20．

［20］陈鑫．自媒体发展的机遇与挑战——以微信平台为例［J］．中国传媒科技，2013（14）：39－40．

［21］陈雪龙，董恩超，王延章等．非常规突发事件应急管理的知识元模型［J］．情报杂志，2011，30（12）：22－26．

［22］陈渝，刘丽娟，毛珊珊．信息技术采纳前后用户继续使用意愿比对研究［J］．科技和产业，2014（5）：102－109，119．

［23］陈渝，杨保建．技术接受模型理论发展研究综述［J］．科技进步与对策，2009（6）：168－171．

［24］迟琳琳．大连市突发公共事件应急管理问题研究［D］．大连理工大学，2008．

［25］崔宇红．E－Science环境中研究图书馆的新角色：科学数据管理［J］．图书馆杂志，2012（10）：20－23．

［26］党吴棋．从传播学角度解构微信的信息传播模式［J］．东南传播，2012（7）：71－72．

［27］邓发云．基于用户需求的信息可信度研究［D］．西南交通大

学，2006.

[28] 邓胜利，张敏. 基于用户体验的交互式信息服务模型构建 [J]. 中国图书馆学报，2009 (1)：65 - 70.

[29] 董靖. 基于结构方程模型的政府门户网站建设与服务水平测评研究 [D]. 东北大学，2006.

[30] 董立岩，李真，王利民，张海龙. 突发公共事件应急平台系统研究 [J]. 吉林大学学报（信息科学版），2009 (4)：377 - 382.

[31] 杜梦梦，盛敏，王喆. 在线评论可信度影响因素探索研究 [J]. 财经界（学术版），2013 (10)：270 - 270.

[32] 杜岩，于仁竹. 企业公关危机管理机制模型研究 [J]. 山东经济，2007 (7)：34 - 37.

[33] 樊钊斐. 企业危机管理中的组织学习研究 [D]. 对外经济贸易大学，2010.

[34] 封燕. 突发性自然灾害应急管理中的政府信息公开问题研究 [D]. 西南财经大学，2009.

[35] 高小平. 中国特色应急管理体系建设的成就和发展 [J]. 中国行政管理，2008 (11)：18 - 24.

[36] 高智勇，高建民，王侃昌，等. 基于信息结构要素的信息质量定义与内涵分析 [J]. 计算机集成制造系统，2006，12 (10)：1724 - 1728.

[37] 葛洪磊. 基于灾情信息特征的应急物资分配决策模型研究 [D]. 浙江大学，2012.

[38] 葛岩，赵丹青，秦裕林. 网民评论对消费态度和意愿的影响——观察信息刺激、信源可信度与品牌经验的相互作用 [J]. 现代传播（中国传媒大学学报），2010 (10)：102 - 108.

[39] 葛彦龙. 统计中介数据质量的博弈分析 [D]. 浙江工商大学，2014.

[40] 龚花萍，刘帅. 基于微信平台的政务信息公开新模式 [J]. 现代情报，2014 (4)：62 - 66.

[41] 顾基发. 物理事理人理系统方法论的实践 [J]. 管理学报，2011，8 (3)：317 - 322.

[42] 郭路生，刘春年. 大数据环境下基于 EA 的政府应急信息资源规划研

究［J］. 情报杂志，2016，35（6）：171–176.

［43］郭路生，刘春年. 大数据时代应急数据质量治理研究［J］. 情报理论与实践，2016，39（11）：101–105.

［44］郭路生，刘春年，胡佳琪. 工程化思维下情报需求开发范式——情报需求工程探析［J］. 情报理论与实践，2017，40（9）：24–28.

［45］郭泽德. 政务微信内容特征与传播策略.［EB/OL］.［2016–2–28］. http：//qnjz. dz www. com/dcyyj/201405/t20140509_10221546. html.

［46］国家标准行业标准信息服务网 http：//www. zbgb. org/60/StandardDe-tail3039926. htm.

［47］韩媛媛. 微信公众平台在高校图书馆中的开发设计研究［D］. 华中师范大学，2015.

［48］贺晶. 浅谈环境应急监测质量管理体系的建设［J］. 安全与环境工程，2012，19（1）：51–53.

［49］候英武，蒋文怡，宋保军. 外国应急信息系统研究及对我国建设主要启示［C］. 第六届中国指挥控制大会论文集（上册）. 2018.

［50］胡凯. 我国地级市政府网站应急管理功能研究［D］. 郑州大学，2012.

［51］胡良霖，黎建辉，刘宁，等. 科学数据质量实践与若干思考［J］. 科研信息化技术与应用，2012，3（2）：10–18.

［52］胡毅伟，余明阳，单从文. 信源可信度视角下社会排斥对消费者品牌危机评价的影响研究［J］. 上海管理科学，2017（6）：51–55.

［53］互动百科. 应急管理［EB/OL］.［2016–2–25］. http：//www. baike. com/wiki/%E5%BA%94%E6%80%A5%E7%AE%A1%E7%90%86.

［54］黄楚筠，彭琪淋. 高校微信公众平台使用动机与传播效果研究——以中南大学微信平台为例的实证分析［J］. 东南传播，2014（8）：122–124.

［55］黄宏程，蒋艾玲，胡敏. 基于社交网络的信息传播模型分析［J］. 计算机应用研究，2016，33（9）：2738–2742.

［56］黄弋芸. 灾害应急管理信息资源分类体系研究［D］. 南昌大学，2013.

［57］姜胜洪，殷俊. 微信公众平台传播特点及对网络舆论场的影响［J］. 新闻与写作，2014（4）：41–44.

[58] 金燕，杨康．基于用户体验的信息质量评价指标体系研究——从用户认知需求与情感需求角度分析 [J]．情报理论与实践，2017，40（2）：97－101．

[59] 井淼，周颖．基于 TAM 模型和感知风险的消费者网上购买行为研究 [J]．上海管理科学，2005（5）：5－7．

[60] 康思本．基于微信公众平台的图书馆信息推送研究 [J]．现代情报，2014（5）：131－134，145．

[61] 雷银枝，李明，李晓鹏．网络信息资源利用效率的模型研究 [J]．图书情报知识，2008（124）：76－82．

[62] 李德毅，刘常昱，杜鹢，等．不确定性人工智能 [J]．软件学报，2004（11）：1583－1594．

[63] 李纲，董琦．Web2.0 环境下企业网络舆情传播过程的研究及实证分析 [J]．情报科学，2011，（12）：1810－1814．

[64] 李广乾．电子政务相关法律法规的评价分析 [J]．信息化建设，2005（4）：19－21．

[65] 李金海，何有世，熊强．基于大数据技术的网络舆情文本挖掘研究 [J]．情报杂志，2014（10）：1－6，13．

[66] 李珂．以信息流为导向的应急质量管理 [D]．西北大学，2011．

[67] 李莉，甘利人，谢兆霞．基于感知质量的科技文献数据库网站信息用户满意模型研究 [J]．情报学报，2009，28（4）：565．

[68] 李璐旸．面向网络文本的信息可信度研究 [D]．哈尔滨工业大学，2011：24－33．

[69] 李露．大数据背景下应急管理中的情报信息融合 [J]．信息化建设，2016（6）：390．

[70] 李卫平．1996～2003 年全世界灾害地震统计分析 [J]．华北地震科学，2005（2）：54－64．

[71] 李小青，罗太近，李贺华．浅析贵州盘县地质灾害详查空间数据库建设的质量控制 [J]．江西测绘，2013（4）．

[72] 李晓静．中国大众媒介可信度指标研究 [D]．复旦大学，2005．

[73] 李阳，李纲，张家年．工程化思维下的智库情报机能研究 [J]．情报杂志，2016，35（3）：36－41．

［74］李英雄 . 巨灾应对任务的不确定规划模型研究［D］. 哈尔滨工业大学，2013.

［75］李勇建，王治莹 . 突发事件中舆情传播机制与演化博弈分析［J］. 中国管理科学，2014，（11）：87 - 96.

［76］梁君 . 第三方 B2B 电子商务网站质量评价体系研究［D］. 浙江大学，2008.

［77］廖伟华 . 基于微信公众平台的应急指挥系统研究及应用［J］. 电子测试，2014（12）：41 - 43.

［78］林冬冬，姜永刚，李寅初 . 中老年消费者对网络信息接受度影响因素实证研究［J］. 哈尔滨商业大学学报（社会科学版），2011（1）：48 - 54.

［79］林盾，李建生 . 论突发公共事件应急信息平台的构建［J］. 湖南科技大学学报（社会科版），2011（1）：131 - 134.

［80］林富明 . GIS 在城市突发公共事件应急指挥系统的应用研究［J］. 测绘与空间地理信息，2009（3）：31 - 33，38.

［81］刘冰，庞琳 . 国内外大数据质量研究述评［J］. 情报学报，2019，38（2）：217 - 226.

［82］刘春济，冯学钢 . 我国出境游客旅行前的信息搜索行为意向研究——基于 TAM、TPB 与 DTPB 模型［J］. 旅游科学，2013（2）：59 - 72，94.

［83］刘春年，陈通 . 基于应急事件的信息服务质量评价实证研究——以应急网站信息服务为例［J］. 情报资料工作，2015（6）：68 - 72.

［84］刘春年，邓青菁 . 灾害数据库资源利用效率评估及优化——基于 TAM - TTF 的实证［J］. 灾害学，2014，29（4）：8 - 15.

［85］刘春年，刘宇庆，刘孚清 . 应急产品消费者信息搜索行为研究［J］. 图书馆学研究，2015（9）：63 - 73.

［86］刘春年，刘宇庆 . 网络论坛正能量信息传播探析——基于意见领袖的引导作用视角［J］. 现代情报，2017，37（4）：27 - 32.

［87］刘春年，万晓 . 突发灾害情况下虚拟社区信息沟通与交流研究［J］. 情报理论与实践，2012，35（6）：75 - 78.

［88］刘春年，王永隆，杨德惠 . 基于 EA 的区域农业灾害应急信息资源规划研究——以鄱阳湖生态经济区为例［J］. 图书管理论与实践，2012（6）：

18 – 21.

　　[89] 刘春年，张凌宇. 基于应急事件的信息资源再生：关键要素与现实路径 [J]. 情报理论与实践，2017，40 (4)：66 – 71.

　　[90] 刘春年，张曼. 应急信息资源分类目录比较分析及其修订研究 [J]. 图书馆学研究，2014 (24)：13 – 19.

　　[91] 刘东辉. 地方政府突发性公共卫生事件应对机制建议研究 [D]. 内蒙古大学，2012.

　　[92] 刘冠美. 基于贝叶斯更新的应急预案启动研究 [D]. 重庆大学，2013.

　　[93] 刘丽娟. 黑龙江省对俄木材贸易与环境协调发展的对策研究 [D]. 东北林业大学，2011.

　　[94] 刘士兴，张永明，袁非牛. 城市公共安全应急决策支持系统研究 [J]. 安全与环境学报，2007 (2)：140 – 143.

　　[95] 刘洋. 顾客满意度测评及实证研究 [D]. 吉林大学，2007.

　　[96] 刘志国，王雷. 论地方政府应急信息平台建设 [J]. 商业经济，2013 (2)：89 – 90.

　　[97] 娄策群，段尧清，张凯等. 信息管理学基础 [M]. 北京：科学出版社，2009.

　　[98] 鲁蕴甜. 浅谈突发环境污染事故应急监测的质量管理 [J]. 科技信息，2014 (4)：261 – 262.

　　[99] 吕亚兰，侯筱蓉，黄成. 泛在网络环境下公众网络健康信息可信度评价指标体系研究 [J]. 情报杂志，2016，35 (1)：196 – 200.

　　[100] 马飞炜，贺晓鸣，吕伯东. 医院微信公众平台的应用实践研究 [J]. 中医药管理杂志，2014 (2)：254 – 255，270.

　　[101] 马费成. 信息管理学基础 [M]. 武汉：武汉大学出版社，2005.

　　[102] 马莲，何政伟，张文江，等. 省级地灾预警平台的数据质量控制 [J]. 地理空间信息，2014，12 (2)：4 – 5.

　　[103] 马茜，谷峪，张天成，等. 一种基于数据质量的异构多源多模态感知数据获取方法 [J]. 计算机学报，2013，36 (10)：2120 – 2131.

　　[104] 马伟瑜. 基于改进的 PageRank 的网页信息可信度评估方法研究 [D]. 石家庄：河北大学，2011：20 – 25.

［105］马小闳，龚国伟．信息质量评估研究［J］．情报杂志，2006（5）：19-21.

［106］马晓亭．基于大数据决策分析需求的图书馆大数据清洗系统设计［J］．现代情报，2016，36（9）：107-111.

［107］马晓亭，李强．大数据环境下图书馆数据资源质量评估与整体优化研究［J］．现代情报，2017，37（9）：103-106.

［108］民政部．2015年社会服务发展统计公报［EB/OL］．［2016-2-18］．http://news.xinhuanet.com/politics/2015-06/10/c_127901431.htm.

［109］明均仁，余世英，杨艳妮，等．面向移动图书馆的技术接受模型构建［J］．情报资料工作，2014（5）：49-55.

［110］莫祖英．大数据质量测度模型构建［J］．情报理论与实践，2018（3）．

［111］莫祖英．微博信息内容质量评价及影响分析［M］．上海世界图书出版公司，2015.

［112］戚蕾，张莉．企业微信营销［J］．企业研究，2013（11）：50-52.

［113］秦军．山西省政府应急信息系统建设［J］．电子政务，2008（3）：168-169.

［114］裘江南，翁楠，徐胜国，等．基于C4.5的维基百科页面信息质量评价模型研究［J］．情报学报，2012，31（12）：1259-1264.

［115］阮光册．危机管理中的信息处理策略研究［J］．情报科学，2015（7）：39-43.

［116］史周青．蝴蝶效应在网络传播过程中的成因与防范［C］//北京：中国传媒大学．中国传媒大学第二届全国新闻学与传播学博士生学术研讨会论文集，2008：9.

［117］宋建功，王之欣，李勤勇，等．面向地震应急响应的互联网信息处理［J］．北京航空航天大学学报，2017，43（6）：1155-1164.

［118］宋立荣．网络信息共享环境下信息质量约束的理论思考［J］．情报科学，2010（4）：501-506.

［119］宋维翔，贾佳．微信公众号信息质量与用户互动行为关系研究［J］．现代情报，2019，39（1）：78-85.

［120］苏桂武，聂高众，高建国．地震应急信息的特征、分类与作用

[J]．地震，2003（3）：27–35．

[121] 苏为华，周金明．基于云理论的统计信息质量评估方法研究 [J]．统计研究，2018，35（4）：86–93．

[122] 孙建军，李君君．基于 TAM–TTF 整合的电子商务用户接受模型 [J]．图书情报工作，2010，5（20）：119–123．

[123] 孙建军．网络公共信息资源利用效率影响因素模型构建 [J]．信息资源管理学报，2011（1）：26–32．

[124] 孙灵．基于用户感知的旅行社网站质量影响因素研究 [D]．浙江大学，2006．

[125] 孙元．基于任务—技术匹配论视角的整合性技术接受模型发展研究 [D]．浙江大学，2010．

[126] 汤志伟，彭志华，张会平．公共危机中网络新闻可信度影响因素的结构方程模型研究 [J]．情报杂志，2010（4）：36–40．

[127] 汤志伟，彭志华，张会平．网络公共危机信息可信度的实证研究——以汶川地震为例 [J]．情报杂志，2010（7）：45–49．

[128] 唐晓波，魏巍．工程化视角下的情报工作方法论研究：理论模型的构建 [J]．图书情报工作，2016（7）：5–10．

[129] 腾讯网.2015年度全国政务新媒体报告．[EB/OL]．[2016–3–1]．http：//www. tencentresearch. com/Article/category/id/5. html.

[130] 腾讯研究院．微信社会经济影响力研究报告 [EB/OL]．[2016–2–20]．http：//www. tisi. org/Article/lists/id/4500. html.

[131] 田军，邹沁，汪应洛．政府应急管理能力成熟度评估研究 [J]．管理科学学报，2014（11）：97–108．

[132] 汪雪芬．信息道德对 B2B 电子商务系统用户接受行为影响的实证研究 [D]．上海交通大学，2008．

[133] 汪应洛，黄伟，朱志祥．大数据产业及管理问题的一些初步思考 [J]．科技促进发展，2014（1）：15–19．

[134] 王宝林．卖方主导的 B2B 电子商务系统的技术接受模型研究与实证分析 [D]．上海交通大学，2008．

[135] 王超，刘骋远，胡元萍，等．社交网络中信息传播的稳定性研究 [J]．物理学报，2014，63（18）：87–93．

［136］王宏志．大数据质量管理：问题与研究进展［J］．科技导报，2014，32（34）：78-84．

［137］王敏．质量管理的国际标准化［J］．航空标准化与质量，2000（6）：26-27．

［138］王平，程齐凯．网络信息可信度评估的研究进展及述评［J］．信息资源管理学报，2013（1）：46-52．

［139］王晟，王子琪，张铭．个性化微博推荐算法［J］．计算机科学与探索，2012，10（1）：1-9．

［140］王素芳，白晋铭，黄晨．高校图书馆信息共享空间服务质量评估研究——以浙江大学为例［J］．大学图书馆学报，2017，35（2）：26-38．

［141］王仙雅，毛文娟，李晋．信息质量、感知有用性与持续搜寻的关系——基于网络食品安全信息的调查［J］．情报杂志，2017，36（2）：159-164．

［142］微信官方网站［EB/OL］．［2016-2-20］．http：//weixin. qq. com/．

［143］微信官方．微信官网介绍［EB/OL］．［2016-2-26］．http：//baike. baidu. com/．

［144］微信官方．微信开发者文档［EB/OL］．［2016-2-28］．http：//mp. weixin. qq. com/wiki/home/．

［145］魏萌萌．糖尿病网络健康信息的质量评估指标体系构建与实证研究［D］．华中科技大学．

［146］魏霞，樊树海，任蒙蒙，等．基于PSP/IQ模型的供应链信息质量指标体系研究与构建［J］．管理现代化，2017，37（1）：95-97．

［147］吴利明，张慧，杨秀丹．基于TAM与TTF模型构建高校教师信息使用行为影响模型［J］．实践研究，2011，34（5）：78-81，109．

［148］吴明隆．SPSS统计应用实务问卷分析与应用统计［M］．北京：科学出版社，2003：28-52．

［149］武龙龙，杨小菊．基于微信公众平台的高校移动图书馆服务研究机［J］．图书馆学研究，2013（18）：57-61．

［150］夏一雪，兰月新．大数据环境下群体性事件舆情信息风险管理研究［J］．电子政务，2016（11）：31-39．

［151］霰春辉．科学技术与当代恐怖主义［D］．国防科学技术大学，2006．

[152] 相丽玲，王晴．信息公开背景下网络舆情危机演化特征及治理机制研究 [J]．情报科学，2014 (4)：26 – 30.

[153] 徐燕华．风险社会和媒介化社会下的网络执政机制研究 [D]．西南政法大学，2012.

[154] 许金亮，张国华，雷霹．基于 TAM 的大学生网络游戏使用意向影响因素研究 [J]．心理研究，2015，8 (6)：48 – 54.

[155] 许振宇，郭雪松．基于用户满意的应急管理信息系统评价研究 [J]．情报杂志，2011，30 (3)：161 – 165.

[156] 薛传业，夏志杰，张志花，等．突发事件中社交媒体信息可信度研究 [J]．现代情报，2015 (4)：12 – 16.

[157] 薛惠锋，周少鹏，杨一文．基于 WSR 方法论的项目管理系统分析 [J]．科学决策，2012 (3)：1 – 13.

[158] 薛可，许桂苹，罗晨辰，等．自然灾害中网络报道对大学生利他行为意愿的影响——信源可信度与信息质量的相互作用 [J]．浙江学刊，2018 (2)：105 – 112.

[159] 阳小珊，朱立谷，张琦琮，等．重复数据删除技术的存储空间利用率测评研究 [J]．计算机研究与发展，2014，51 (S1)：187 – 194.

[160] 杨丹．SPSS 宝典（第三版）[M] 北京：电子工业出版社，2013.

[161] 杨秋霞．微信健康信息发送对用户行为意向的影响研究 [D]．成都：西南交通大学，2017.

[162] 杨晓梅．技术接受模型在中国 C2C 电子商务网站中的研究 [J]．情报科学，2009，27 (2)：297 – 300.

[163] 杨宇．中小城市突发事件应急管理机制研究 [D]．南京航空航天大学，2010.

[164] 杨柱．城市社区应急管理信息平台构建研究 [D]．湘潭大学，2013.

[165] 姚国章．江苏省应急指挥系统建设研究报告 [J]．南京邮电大学学报（社会科学版），2007，5 (2)：7 – 16.

[166] 姚杰，计雷，池宏．突发事件应急管理中的动态博弈分析 [J]．管理评论，2005，17 (3)：46 – 50.

[167] 叶少波．政府统计数据质量评估方法及其应用研究 [D]．湖南大

学，2011.

[168] 叶义成．系统综合评价技术及其应用［M］．冶金工业出版社，2006.

[169] 殷洪艳．微信用户的"使用与满足"研究［D］．郑州大学，2013.

[170] 于家琦．论我国舆情信息机制的完善路径［J］．天津大学学报（社会科学版），2010（3）：241－244.

[171] 郁国庆，刘建明．质量管理标准化的孤岛现象及改进思路［J］．水科学与工程技术，2013（1）：87－90.

[172] 吴清烈．预测与决策分析［M］．南京：东南大学出版社，2004.

[173] 员建厦，彭会湘．大数据处理在省级应急平台中的应用［A］．中国指挥与控制学会．2014第二届中国指挥控制大会论文集（下）［C］．中国指挥与控制学会：2014：5.

[174] 袁维海．应急信息质量模糊评价研究［J］．华东经济管理，2016，30（4）：169－172.

[175] 曾大军，曹志东．突发事件态势感知与决策支持的大数据解决方案［J］．中国应急管理，2013（11）：15－23.

[176] 曾群，程晓，周小渝，等．基于双路径模型的网络舆情在社交网络上的传播机制研究［J］．情报科学，2017，V35（6）：31－35.

[177] 曾宇航．大数据背景下的政府应急管理协同机制构建［J］．中国行政管理，2017（10）：155－157.

[178] 站长百科．API［EB/OL］．［2016－2－28］．http：//www.zzbaike.com/wiki/API.

[179] 张董．微信在图书馆信息服务中的应用［J］．上海高校图书情报工作研究，2014（1）：56－59.

[180] 张海波，童星．中国应急管理结构变化及其理论概化［J］．中国社会科学，2015（3）：58－84.

[181] 张慧萍．基于微信平台的高校图书馆信息服务研究［J］．农业图书情报学刊，2014（8）：155－157.

[182] 张辑哲．论信息形态与信息质量（下）——论信息的质与量及其意义［J］．档案学通讯，2006（3）：20－22.

[183] 张立凡，赵凯．媒体干预下带有讨论机制的网络舆情传播模型研究

[J]. 现代图书情报技术，2015（11）：60 – 67.

[184] 张敏，霍朝光，霍帆帆. 突发公共安全事件社交舆情传播行为的影响因素分析——基于情感距离的调节作用 [J]. 情报杂志，2016（5）：38 – 45.

[185] 张少杰，郭洪福，马蔷，程宏建. 基于 WSR 方法论的网络化制造联盟知识收益分配研究 [J]. 情报科学，2015（7）：102 – 106.

[186] 张绍华，潘蓉，宗宇伟. 大数据治理与服务 [M]. 上海：上海科学技术出版社，2016：120.

[187] 张书维. 群际威胁与集群行为意向：群体性事件的双路径模型 [J]. 心理学报，2013，45（12）：1410 – 1430.

[188] 张文婷. 都市报微信公众平台的运营与发展探索——基于八家都市报微信平台的研究 [J]. 中国者，2013（5）：99 – 100.

[189] 张小明：国家行政学院应急管理中心副教授. 应急科技：大数据时代的新进展 [N]. 光明日报，2013 – 10 – 14.

[190] 张晓松. 崇州灾情数据重复，多列损失超 12 亿 [EB/OL]. (2009 – 01 – 02) [2014 – 07 – 09]. http://news. xinhuanet. com/mrdx/2009 – 01/02/content_10590080. htm.

[191] 张星，夏火松，陈星，等. 在线健康社区中信息可信性的影响因素研究 [J]. 图书情报工作，2015，59（22）：88 – 96.

[192] 张彦超，刘云，张海峰，等. 基于在线社交网络的信息传播模型 [J]. 物理学报，2011，60（5）：60 – 66.

[193] 张玉林. 政府网站质量与用户再使用意愿的研究 [D]. 东南大学，2010.

[194] 赵丹青. 网民评论对消费态度和意愿的影响 [D]. 上海交通大学，2010.

[195] 赵戈. 公众接受视角下的专题网站建设研究 [J]. 中州学刊，2010（3）：254 – 256.

[196] 赵金楼，成俊会. 基于用户感知、偏好和涉入的微博舆情传播意愿影响因素研究 [J]. 情报学报，2014（4）：111 – 123.

[197] 赵敬，李贝. 微信公众平台发展现状初探 [J]. 新闻实践，2013（8）：8 – 10.

[198] 赵星，李石君，余伟，等. 大数据环境下 Web 数据源质量评估方法

研究［J］. 计算机工程, 2017, 43 (2): 48 – 56.

［199］赵振宇. 关于建立社会科学成果评价机制的几个问题［J］. 探索, 2004 (2): 92 – 95.

［200］郑智斌, 邓兰花. 网络个人信源及其可信度分析［J］. 情报理论与实践, 2008, 31 (6): 58 – 60.

［201］智库百科. 顾客满意度［EB/OL］. ［2016 – 3 – 1］. http: //wiki. mbalib. com/wiki/% E9% A1% BE% E5% AE% A2% E6% BB% A1% E6% 84% 8F% E5% BA% A6.

［202］智库百科. 效度分析［EB/OL］. ［2016 – 3 – 6］. http: //wiki. mbalib. com/zh – tw/% E6% 95% 88% E5% BA% A6.

［203］中新网. 防范统计数据失真统计局启动 "联网直报" ［EB/OL］. (2011 – 09 – 06) ［2014 – 06 – 18］. http: //www. chinanews. com/cj/2011/09 – 06/3310933. shtml.

［204］钟诚, 赵志峰, 李华伟, 等. 基于本体的信息可信度研究［J］. 情报杂志, 2009 (28): 121 – 123.

［205］周蕾. 微信广告传播力研究［J］. 东南传播, 2012 (1): 21 – 23.

［206］周勉. 湖南桃江回应夸大灾情: 数据未上报统计有差异［EB/OL］. (2012 – 05 – 23) ［2014 – 05 – 17］. http: //news. xinhuanet. com/local/2012 – 05/23/c_112022693. htm.

［207］周天浩. 城市突发公共事件应急管理研究［D］. 国防科学技术大学, 2010.

［208］周毅. 用户信息需要与信息质量控制［J］. 情报理论与实践, 1999, 22 (4): 239 – 241.

［209］周毅. 用户信息需要与信息质量控制［J］. 情报理论与实践, 1999 (4): 16 – 18, 24.

［210］朱海涛, 赵捧未, 秦春秀. 一种改进的移动社交网络 SEIR 信息传播模型研究［J］. 情报科学, 2016, V36 (3): 92 – 97.

［211］朱海涌. 环境与灾害监测预报小卫星数据应用评价［J］. 干旱环境监测, 2010, 24 (1): 39 – 42.

［212］朱恒民, 刘凯, 卢子芳. 媒体作用下互联网舆情话题传播模型研究［J］. 现代图书情报技术, 2013 (3): 45 – 50.

［213］朱宁，聂应高．网络学术信息参考源的可信度辨析［J］．情报理论与实践，2011，34（2）：62 – 66．

［214］朱益平，刘春年．应急信息的数据准确性测量框架研究［J］．图书馆学研究，2017（13）：88 – 92．

［215］朱毅华，张超群．基于影响模型的网络舆情演化与传播仿真研究［J］．情报杂志，2015（2）：28 – 36．

［216］自然灾害情况统计制度［EB/OL］．（2013 – 04 – 24）［2014 – 05 – 17］．http：//www. gzsmzt. gov. cn/content – 84 – 5752 – 1. html．

［217］宗威，吴锋．大数据时代下数据质量的挑战［J］．西安交通大学学报（社会科学版），2013，33（5）：38 – 43．

［218］Abbas K. Zaidi, MashhoodIshaque, Alexander H. Levis. Using Temporal Reasoning for Criminal Forens – ics Against Terrorists［D］. George Mason University, 2007.

［219］Abdullah N, Ismail SA, Sophiayati S, et al. Data Quality in Big Data：A Review［J］. International Journal of Advances in Soft Computing and its Applications, 2015, 3（7）：17 – 27.

［220］Aebi D, Perrochon L. Towards Improving Data Quality［C］//International Conference on Information Systems & Management of Data. 1999：273 – 281.

［221］Aggarwal A. Data quality evaluation framework to assess the dimensions of 3V's of big data［J］. International Journal of Emerging Technology and Advanced Engineering, 2017, 10（7）：503 – 506.

［222］Ajizen. The theory of planned behavior［J］. Organizational Behavior and Human Decision Press, 1991：179 – 211.

［223］Ajzen. From Intentions to actions：a theory of planned behavior, action control：from cognition to behavior［J］. Springer Verlag New York, 1985：11 – 39.

［224］Albright MD, Levy PE. The Effects of Source Credibility and Performance Rating Discrepancy on Reactions to Multiple Raters［J］. Journal of Applied Social Psychology, 2010, 25（7）：577 – 600.

［225］Alexander JE, Tate MA. Web Wisdom：How to Evaluate and Create Information Quality on the Web［M］//Web Wisdom：How To Evaluate and Create Information Quality on the Web, Second Edition. CRCPress, Inc. 1999：283 – 289.

［226］ Allen KC, Subervi F. Prevention of post – disasters equelae through effi-cient communication planning: analysis of information – seeking behaviours in Mon-tana and Alabama ［J］. Publichealth, 2016 (140): 268 – 271.

［227］ Allen W. The influence of source credibility on communication effective-ness ［J］. Audiovisual Communication Review, 1951, 15 (4): 635 – 650.

［228］ Amoako – Gyampah. An extension of the technology acceptance model in an ERP implementation environment ［J］. Information & Management, 2004, 41 (6): 731 – 745.

［229］ Andritsos P, Miller R, eJ, et al. Information – theoretic tools for mining database structure from large datasets ［C］ //ACMSIGMOD International Conference on Management of Data. ACM, 2004: 731 – 742.

［230］ Angst CM, Agarwa lR. Adoption of Electronic Health Records in the Presence of Privacy Concerns: The Elaboration Likelihood Model and Individual Per-suasion. ［J］. Mis Quarterly, 2009, 33 (2): 339 – 370.

［231］ Arazy O, Kopak R. On the measure ability of information quality ［J］. Journal of the American Society for Information Science and Technology, 2011, 62 (1): 89 – 99.

［232］ Arazy O, NovO, Patterson R, et al. Information quality in Wikipedia: The effects of group composition and task conflict ［J］. Journa lof Management Infor-mation Systems, 2011, 27 (4): 71 – 98.

［233］ Bagozzi RP, Burnkrant RE. Attitude organization and the attitude – be-havior relationship ［J］. Journal of Personality and Social Psychology, 1979, 37 (6): 913 – 929.

［234］ Ballou DP, Pazer HL. Modeling Data and Process Quality in Multi – In-put, Multi – Output Information Systems ［J］. Management Science, 1985, 31 (2): 150 – 162.

［235］ Batini C, Rula A, Scannapieco M, et al. From Data Quality to Big Da-ta Quality ［J］. Journal of Database Management, 2015, 26 (1): 60 – 82.

［236］ Bhattacher jee A, Sanford C. Influence Processes for Information Tech-nology Acceptance: An Elaboration Likelihood Model ［J］. Mis Quarterly, 2006, 30 (4): 805 – 825.

［237］ Borg I, Groenen P. Modern Multidimensional Scaling ［M］. New York: Springer, 1997.

［238］ Briller, B. Confronting TV journalism's credibility crisis. Television Quarterly, (2001) 32, 20 – 22.

［239］ Britannica Encyclopedia. Authority ［EB/OL］. ［2013 – 02 – 01］. http://www. britannican. com/bps/dictionary? query = authority.

［240］ Brown. Do I really have to? User acceptance of mandated technology ［J］. European journal of information systems, 2002, 11 (4): 283 – 295.

［241］ Cappiello C, Ficiaro P, Pernici B. HIQM: A Methodology for Information Quality Monitoring, Measurement, and Improvement ［M］ //Advances in Conceptual Modeling – Theory and Practice. 2006.

［242］ Cappiello C, Francalanci C, Pernici B. Data quality assessment from the user's erspective ［C］ //International Work shop on Information Quality in Information Systems. ACM, 2004: 68 – 73.

［243］ Centola D. The Spread of Behavior in an Online Social Network Experiment ［J］. Science, 2010, 329 (5996): 1194 – 1197.

［244］ Cheung CM, Lee MK, Rabjohn N. The impact of electronic word – of – mouth: The adoption of online opinions in online customer communities ［J］. Internet research, 2008, 18 (3): 229 – 247.

［245］ CNNIC. CNNIC 发布第 37 次《中国互联网络发展状况统计报告》［EB/01］. http://cnnic. cn/gywm/xwzx/rdxw/2015/201601/t20160122_53283. htm, 2016 – 01 – 22.

［246］ Codd. Extending the relational data base model to capture more meaning ［J］. ACM Transactions on Data base Systems, 1979, 4 (4): 397 – 434.

［247］ Dasu T, Johnson T. Exploratory Data Mining and Data Cleaning ［M］ // Exploratory data mining and data cleaning. Wiley – Inter science, 2003: 399.

［248］ Dasu T, Johnson T. Exploratory Data Mining and Data Cleaning ［M］. Wiley – Interscience, NEWYORY, 2003.

［249］ Davis FD. A theoretical Extension of Technology Acceptance Model: Four Longitudinal Field Studies ［J］. Management Science, 2000 (2): 186 – 204.

［250］ Davis FD. Perceived usefulness, perceived ease of use, and user acceptance of information technology ［J］. MIS Quarterly, 1989, 13 (3): 319 – 340.

［251］ Davis, Venkatesh. Acritical assessment of potential measurement biases in the technology acceptance model: Three experiments ［J］. International journal of human – computer studies, 1996, 45 (1): 19 – 45.

［252］ DDCCuration Lifecycl Model ［EB/OL］. http: //www. doc. ac. uk/re-soutoes/curation – lifecycle – model, 2015 – 04 – 05.

［253］ DeLone, Mummalaneni. An empirical investigation of website character-istics – consumer emotional states and online shopping behaviors ［J］. Journal of bus-iness research, 2005 (9): 397 – 551.

［254］ Demoulin NTM, Coussement K. Acceptance of text – mining systems: The signaling role of information quality ［J］. Information & Management, 2018.

［255］ Devaraj. How does personality matter? Relating the five – factor model to tehcnology acceptance and use ［J］. Information systems research, 2008, 19 (1): 93 – 105.

［256］ Dickson P. Think tanks ［M］. New York: Atheneum, 1971: 26 – 35.

［257］ Dishaw, Strong. User acceptance of computer technology: a comparison of two theoretical models ［J］. Management science, 1989, 8 (35): 982 – 1003.

［258］ Do, Rahm E. Data Cleaning: Problems and Current Approaches ［J］. 2000.

［259］ Douglas Paton, Duncan Jackson. Developing disaster management capa-bility: An assessment centre approach ［J］. Disaster Prevention and Management, 2002, 11 (2): 115 – 122.

［260］ Eisenhart C, Churchman CW, Ratoosh P. MEASUREMENT; DEFINI-TIONSAND THEORIES. ［J］. Philosophy of Science, 1960, 21 (Volume 27, Number 4): 265.

［261］ Ellison NB, Steinfield C, Lampe C. The benefits of Facebook "friends:" Social capital and college students' use of online social network sites ［J］. Journal of computer – mediated communication, 2007, 12 (4): 1143 – 1168.

［262］ Eppler MJ. Managing information quality: Increasing the value of infor-mation in knowledge intensive products and processes ［M］. Berlin: Springer Ver-lag, 2003.

［263］Eppler MJ. Managing information quality：Increasing the value of infor-mation in knowledge – intensive products and processes ［M］. Springer Science & Business Media，2006.

［264］Evoke software. Data profiling and mapping，the essential firststep in da-ta migration and inegration and integration projects ［EB/OL］. http：// www. evokesoftware. com/pdf. wtpprDPM. pdf. 2000.

［265］Felix Naumann MR. M.：Information Quality：How Good Are Off – The – Shelf DBMS ［J］. 2004：260 – 274.

［266］Fishbein. Belief，attitude，intention and behavior：An introduction to theory and research ［M］. Addison – Wesley，Reading MA. 1975.

［267］Fogg BJ. Prominence – interpretation theory：explaining how people as-sess credibility online ［C］//Extended Abstracts of the 2003 Conference on Human Factors in Computing Systems，CHI2003，Ft. Lauder dale，Florida，Usa，April. 2003：722 – 723.

［268］Gaziano，C.，& McGrath，K. Measuring the concept of credibili-ty. Journalism Quarterly，1986（63）：451 – 462.

［269］Gharib M，Giorginib P. Information quality requirements engineering with STS – IQ ［J］. Information and Software Technology，2019（107）：83 – 100.

［270］Giffin K. The contribution of studies of source credibility to a theory of in-terpersonal trust in the communication process. ［J］. PsycholBull，1967，68（2）：104 – 120.

［271］Giffin，K. The contribution of studies of source credibility to a theory of trust in the communication process. Psychological Bulletin，1967（68）：104 – 120.

［272］Gillenson，Sherrell Daniel. Enticing online consumer：an extended tech-nology acceptance perspective ［J］. Information % management，2002，39（8）：705 – 719.

［273］Glik DC. Risk communication for public health emergencies ［J］. An-nu. Rev. Public Health，2007（28）：33 – 54.

［274］Goldsmith RE，Lafferty BA，Newell SJ. The Impact of Corporate Credi-bility and Celebrity Credibility on Consumer Reaction to Advertisements and Brands ［J］. Journal of Advertising，2000，29（3）：43 – 54.

［275］ Gorla N, Somers TM, Wong B. Organization a impact of system quality, information quality, and service quality ［J］. Journal of Strategic Information Systems, 2010, 19 （3）: 207 – 228.

［276］ Gotlieb JB, Gwinner RF, Schlacter JL, et al. Explaining consumers' reaction stop rice changes in service industries: The effects of the location of the service provider, the credibility of the information source and the importance of the service to the consumer. ［J］. Services Marketing Quarterly, 1987, 3 （1）: 19 – 33.

［277］ Gwyndaf Williams, Stuart Batho, Lynne Russell. Responding to Urban Crisis: the emergency planning response to the bombing of Manchester city center ［J］. Cities, 2000, 17 （4）: 291 – 304.

［278］ Hamblen, M. Hand helds Can Help Catch Medical Errors ［EB/01］. http: //www. computerworld. com/industrytopics/manufacturing/story/0, 10801, 44530, 00. html, 2000 – 4 – 24.

［279］ Haryadi AF, Hulstijn J, Wahyudi A, et al. Antecedents of bigdata quality: An empiricalexamination in financial service organizations ［C］. 2016IEEE International Conference on Big Data （Big Data）. IEEE, 2016: 116 – 121.

［280］ Horai J, Naccari N, Fatoullah E. The effects of expert is and physical attractiveness upon opinion agreement and liking. ［J］. Sociometry, 1974, 37 （4）: 601 – 606.

［281］ Hovland CI, Weiss W. The Influence of Source Credibility on Communication Effectiveness ［J］. Audio visual Communication Review, 1953, 1 （2）: 142 – 143.

［282］ Hovland CI, Weiss W. The influence of source credibility on communication effectiveness ［J］. Public opinion quarterly, 1951, 15 （4）: 635 – 650.

［283］ http: //baike. baidu. com/link? url = PTesri4LZyQF5ml1efDyqzOc40s GNzvkSZRs37mcvaVD7fzNAHdtGhM0aJ9QtMSLn3 – wIwOXej4XOjxk3lTDslobJ0HI2 EmF – 3VvlfEz5mNE1ncbfHOZSO0QGrtj5wdfmZ – A2LuVeZUbjf7m9t0K8q.

［284］ Hu, Chau. Examining the technology acceptance model using physician acceptance of telemedicine technology ［J］. Journal of management information systems, 1999, 16 （2）: 91 – 112.

［285］ Huskinson TLH, Haddock G. Individual differences in attitude structure: Variance in the chronic reliance on affective and cognitive information. ［J］.

Journal of Experimental Social Psychology, 2004, 40 (1): 82 – 90.

［286］Igbaria. The consequences of information technology acceptance on subsequent individual performance ［J］. Information & management, 1997, 32 (3): 113 – 121.

［287］JCooper A, Croyle RT. Attitudes and Attitude Change ［J］. Annual Review of Psychology, 1984, 35 (1): 395.

［288］Jeong DH, Shim HS. A Research on the Information Quality of influence on work performance in Disaster Management Operation ［J］. Journal of the Korean Society of Hazard Mitigation, 2008, 5 (8): 85 – 92.

［289］Joeng, Steven Taylor. Measuring service quality: Are examination and extension ［J］. Journal of marketing, 1992 (6): 55 – 68.

［290］Johnson, T. J., & Kaye, B. K. For whom the web toils: How Internet experience predicts web reliance and credibility. Atlantic Journal of Communication, 2004 (12): 19 – 45.

［291］Joseph Cronin. Measuring service quality: Are examination and extension ［J］. Journal of Marketing, 1992, 3 (6): 55 – 68.

［292］Juddoo S. Overview of data quality challenges in the context of Big Data ［C］. 2015 International Conference on Computing, Communication and Security (ICCCS). IEEE, 2015: 1 – 9.

［293］Juran JM. Juran on planning for quality ［M］. Collier Macmillan, 1988.

［294］Kahn BK, Strong DM, Wang RY. Information quality benchmarks: product and service performance ［M］. ACM, 2002.

［295］Kahn BK. A method for describing information required by the database design process ［C］//ACMSIGMOD International Conferenceon Management of Data. ACM, 1976: 53 – 64.

［296］Kahn BK, Strong DM, Wang RY. Information quality benchmarks: product and service performance ［M］. 2002.

［297］Karahanna, Agarwal. Re – conceptualizing compatibility beliefs in technology acceptance research ［J］. Mis quarterly, 2006, 30 (4), 781 – 804.

［298］Kermack WO, Mckendrick AG. Contributions to the mathematical theory of epidemics—II. The problem of endemicity ［J］. Bulletin of Mathematical Biology,

1991, 53 (1 - 2): 57 - 87.

[299] Kermack WO, Mckendrick AG. Contributions to the mathematical theory of epidemics: IV. Analysis of experimental epidemics of the virus disease mouse ectromelia. [J]. JHyg, 1937, 37 (2): 172 - 187.

[300] Kim D, Benbasat I. Trust - assuring arguments in b2ce - commerce: impact of content, source, and priceon trust [J]. Journal of Management Information Systems, 2009, 26 (3): 175 - 206.

[301] Klein BD. Data quality in the practice of consumer product management: Evidence from the field [J]. Data Quality, 1998, 4 (1): 38 - 53.

[302] Kling R, Lee Y, Frankel M, et al. Assessing Anonymous Communication on the Internet: Policy Deliberations [J]. Information Society, 1999 (2): 79 - 90.

[303] Knight, B. The Data Pollution Problem [J]. Computer World, 1992, 9 (28): 81 - 84.

[304] Koufaris M. Applying the technology acceptance modeland flow theory to online consumer behavior [J]. Information systems research, 2002, 13 (2): 205 - 223.

[305] Kovac R, Weickert C. Starting with Quality: Using TDQM in a Start - Up Organization [C] //International Conference on Information Quality. DBLP, 2002: 69 - 78.

[306] Krantz DH, Luce RD, Suppes P, etal. Foundations of measurement/ [M]. Academic Press, 1971.

[307] Krzhizhanovskaya VV, Shirshov GS, Melnikova NB, etal. Flood early warning system: design, implementation and computational modules [J]. Procedia Computer Science, 2011, 4 (2): 106 - 115.

[308] Kulkarni A. A study on meta data management and quality evaluation in bigdata management [J]. Engineering Technology & Applied Science Research, 2016, 7 (4): 455 - 459.

[309] Lamb S, Walton D, Mora K, et al. Effect of authoritative information and message characteristics on evacuation and shadow evacuation in a simulated flood event [J]. Natural hazards review, 2011, 13 (4): 272 - 282.

［310］Last M, Kandel A. Automated Detection of Outliers in Real – World Data ［C］//Proc of the Second International Conference on Intelligent Technologies. 2002: 292 – 301.

［311］Lederer, Maupin. The technology acceptance model and the wordwide web ［J］. Decision support systems, 2000, 29 (3): 269 – 282.

［312］Lee ML, Hsu W, Kothari V. Cleaning the Spurious Links in Data ［J］. Intelligent Systems IEEE, 2004, 19 (2): 28 – 33.

［313］Leitao L, Calado P, Hersche lM. Efficient and Effective Duplicate Detection in Hierarchical Data ［M］. IEEEE ducational Activities Department, 2013.

［314］Lin. Lu. Towards an understanding of the behavioral intention to use a web site ［J］. International Journal of information management, 2000, 20 (3): 197 – 208.

［315］Liu BF, Austin L, Yan J. How publics respond to crisis communication strategies: The interplay of information form and source ［J］. Public Relations Review, 2011, 37 (4): 345 – 353.

［316］Liu JC, Lu. Towards an understanding of the behavioral intention to use a website ［J］. International Journal of information management, 2000 (20): 197 – 208.

［317］Liu RR, Zhang W. Informational influence of online customer feedback: An empirical study ［J］. Journal of Database Marketing & Customer Strategy Management, 2010, 17 (2): 120 – 131.

［318］Loiacono, Watson richard. A measure of website quality ［J］. Working paper, 2000 (3): 31 – 40.

［319］Low WL, Lee ML, Ling T W. A knowledge – based approach for duplicate elimination in data cleaning ［J］. Information Systems, 2001, 26 (8): 585 – 606.

［320］Lucassen T, Schraagen JM. Factual accuracy and trust in information: The role of expertise ［J］. Journal of the Association for Information Science and Technology, 2011, 62 (7): 1232 – 1242.

［321］Luo C, Wu J, Shi Y, etal. The effects of individualism – collectivism cultural orientation one WOM information ［J］. International Journal of Information

Management, 2014, 34 (4): 446 – 456.

[322] Lu Y, Yang D. Information exchange in virtual communities under extreme disaster conditions [J]. Decision Support Systems, 2011, 50 (2): 529 – 538.

[323] Madnick S, Zhu H. Improving data quality through effective use of data semantics [J]. Data & Knowledge Engineering, 2006, 59 (2): 460 – 475.

[324] Maffei RB. Simulation, sensitivity and management decision rules [J]. Journal of Business, 1958, 31 (3): 177 – 186.

[325] Maio GR, Esses VM, Bell DW. Examining conflict between components of attitudes: Ambivalence and inconsistency are distinct constructs. [J]. Canadian Journal of Behavioural Science, 2000, 32 (2): 71 – 83.

[326] Martinsons M, Davison R, Tse D. The balanced scorecard: a foundation for the strategic management of information systems [M]. 1999.

[327] Mathieson, Kieren. Predicting user intentions: comparing the technology acceptance model with thet heory of planned behavior [J]. Information Systems Research. 2009, 2 (3): 173 – 191.

[328] Mc Crockey, J. C., Holdridge, W., & Toomb, J. K. Aninstrument for measuring the source credibility of basic speech communication. eech Teacher, 1974 (23): 26 – 33.

[329] McGrath, K., & Gaziano, C. Dimensions of media credibility: Highlights of the 1985 ASNE survey. Newspaper Research Journal, 1986, 7 (2), 55 – 67.

[330] Meier, P. Crisis mapping in action: How open source software and global volunteer networks are changing the world, one map at a time. Journal of Map and Geography Libraries, 2002 (8): 89 – 100.

[331] Mei – po Kwan, Jiyeong Lee. Emergency response after 9. 11: the protential of real – time 3DGIS for quick emergency response in mirco – spatial environments [J]. Computers environment and urban systems, 2003.

[332] Meola M. Chucking the Checklist: A Contextual Approach to Teaching Undergraduates Web – Site Evaluation [J]. portal: Libraries and the Academy, 2004, 4 (3): 331 – 344.

[333] Merino J, Caballero I, Rivas B, et al. A Data Quality in Use model for

BigData [J]. Future Generation Computer Systems, 2016, 63 (C): 123 – 130.

[334] Meyer, P. Defining and measuring credibility of newspapers: developing an index. Journalism Quarterly, 1988 (65): 567 – 573.

[335] Missier P, Embury S, Greenwood M, et al. Quality views: capturing and exploiting the user perspective on data quality [C] //International Conference on Very Large Data Bases. VLDB Endowment, 2006: 977 – 988.

[336] M Morin, J Jenvald, M Thorstensson. Computer – supported visualization of rescue operations [J]. Safety Science, 2000, 35 (6): 3 – 27.

[337] Moon JW. Extending the TAM foraworld – wide – web context [J]. Information and management, 2001, 38 (4): 217 – 230.

[338] Motro A, RakovI. Estimating the Quality of Data in Relational Databases [C] //In Proceedings of the 1996 Conference on Information Quality. 1970.

[339] Mulder, R. A log – linear analysis of media credibility. Journalism Quarterly, 1981 (58): 635 – 638.

[340] Mustert GR. Data Quality Controland Editing [J]. International Statistical Review, 1975, 43 (2): 248.

[341] Nekovee M, Moreno Y, Bianconi G, et al. Critical threshold and dynamics of a general rumor model on complex networks [J]. Journal of Gastroenterology & Hepatology, 2005, 27 (Supplements3): 29 – 33.

[342] Nicolaou AI, McKnight DH. Perceived information quality in data exchanges: effects on risk, trust, and intension to use [J]. Information Systems Research, 2006, 17 (4): 332 – 351.

[343] Nidumolu. A feedback mode lto understand information system usage [J]. Information & management, 1998, 33 (4): 213 – 224.

[344] O. Cass, Tion. Web retailing adoption: exploring the nature of internet users web retailing behavior [J]. Journal of retailing and consumer service, 2003, 10 (2): 81 – 94.

[345] Oguchi M, Hara R. A Speculative Control Mechanism of Cloud Computing Systems based on Emergency Disaster Information using SDN [J]. Procedia Computer Science, 2016 (98): 515 – 521.

[346] Ohanian R. Construction and Validation of a Scale to Measure Celebrity

Endorsers' Perceived Expertise, Trust worthiness, and Attractiveness [J]. Journal of Advertising, 1990, 19 (3): 39 – 52.

[347] Oliveira ACM, Botega LC, Sarana JF, et al. Crowd sourcing, data and information fusion and situation awareness for emergency Management of forest fires: The project DF 100Fogo (FD Without Fire) [J]. Computers, Environment and Urban Systems, 2017.

[348] Osborne J, Collins S, Ratcliffe M, et al. What "ideas – about – science" should be taught in school science? A Delphi study of the expert community [J]. Journal of Research in Science Teaching, 2010, 40 (7): 692 – 720.

[349] Otto B, Yang WL, CaballeroI. Information and data quality in business networking: a key concept for enterprises in its early stages of development [J]. Electronic Markets, 2011, 21 (2): 83.

[350] Pairin Katerattanakul. A measure of website quality [J]. Working Paper (Worcester polytechnic), 2000 (3): 38 – 49.

[351] Park DH, Kim S. The effects of consumer knowledge on message processing of electronic word – of – mouth via online consumer reviews [J]. Electronic Commerce Research & Applications, 2009, 7 (4): 399 – 410.

[352] Parssian A, Sarkar S, Jacob VS. Assessing data quality for information products. [C] // International Conference on Information Systems. DBLP, 1999: 428 – 433.

[353] PaulLegris, JohnIngham, Pierre Collerette. Why do people use information technology? A critical review of the technology acceptance model [J]. Information & Management, 2003 (40): 191 – 204.

[354] Pedersen. Adoption of mobile internet services: An exploratory study of mobile commerce early adopters [J]. Journal of organizational computing and electronic commerce, 2005, 15 (2): 203 – 222.

[355] Plavia, Berry. SERVQUAL: A multiple – itemscale for measuring customer perceptions of service quality [J]. Journal of retailing, 1998 (64): 12 – 40.

[356] Prat N, Madnick S. Measuring Data Believe ability: A Provenance Approach [J]. Social Science Electronic Publishing, 2007 (40086): 393.

[357] Project ENSAYO. Avirtuale mergency operations center for disaster man-

agement research, training and discovery [C]. Internet Monitoring and Protection, Second International Conference, 2007: 31.

[358] QIAOBing. Oil spill modeld evelopment and application for emergency response system [J]. Journal of Environmental Science, 2001, 13 (2): 252 – 256.

[359] Ragini JR, AnandP MR, Bhaskar V. Bigdata analytics for disaster response and recovery through sentiment analysis [J]. International Journal of Information Management, 2018, 42 (October): 13 – 24.

[360] Redman, T. Data Quality for the Information Age. Boston: Artech House [EB/01]. http://www. data quality solutions. com, 2004 – 7 – 20.

[361] Resadetal. A multiple – item scale for assessing electronic service quality [J]. Journal of service research, 2005, 7 (1): 1 – 21.

[362] Reseatch Data Lifecycle [EB/OL]. http://www. data – archive. ac, uk/create – manage/life – cycle, 2015 – 04 – 05.

[363] Richard TA, Campos C, Molina C, et al. Accuracy and reliability of Chile's National Air Quality Information System for measuring particulate matter: Beta attenuation monitoring issue [J]. Environment International, 2015, 82 (6): 101 – 109.

[364] Rieh SY. Judgment of information quality and cognitive authority in the Web [J]. Journal of the Association for Information Science and Technology, 2002, 53 (2): 145 – 161.

[365] Rimmer, T., & Weaver, D. Different questions, different answers? Media use and media credibility. Journalism Quarterly, 1987 (64), 28 – 44.

[366] Ropeik D. Risk communication and non – linearity [J]. Human & Experimental Toxicology, 2009, 28 (1): 7 – 14.

[367] Rosenberg MJ, Hovland. Cognitive, affective and behavior components of attitude: An analysis of consistency among attitude components [M]. New Haven, CT: Yale university Press, 1960: 68 – 91.

[368] Schleicher DJ, Watt JD, Greguras GJ. Reexamining the job satisfaction – performance relationship: the complexity of attitudes [J]. Journal of Applied Psychology, 2004, 89 (1): 165 – 177.

[369] Schultz F, Utz S, Göritz A. Is the medium the message? Perceptions of

and reaction stocris is communication via twitter, blogs and traditional media [J]. Journal of Medical Forum, 2011, 37 (1): 20 – 27.

[370] Seppänen H, Virrantaus K. Shared situational awareness and information quality in disaster management [J]. Safety Science, 2015 (77): 112 – 122.

[371] Shamala P, Ahmad R, Zolait A, et al. Integrating information quality dimensions into information security risk management (ISRM) [J]. Journal of Information Security & Applications, 2017 (36): 1 – 10.

[372] Shankaranarayan G, Wang RY, Ziad M. Modeling the Manufacture of an Information Product with IP – MAP [C] //2000.

[373] Shih. An empirical analysis of the antecedents of electronic commerce service continuance [J]. Decision support system, 2001 (32): 201 – 214.

[374] Singletary, M. W. Components of credibility of a favorable news source. Journalism Quarterly, 1976 (53): 316 – 319.

[375] Souza J, Botega L, Segundo JES. A methodology for the assessment of the quality of information from robbery events to enrich Situational Awareness in emergency management systems [J]. Procedia Manufacturing, 2015 (3): 4407 – 4414.

[376] Spiliotopoulou E, Donohue K, Gürbüz M?. Information Reliability in Supply Chains: The Case of Multiple Retailers [J]. Production & Operations Management, 2015.

[377] Straub, Limayem. Measuring system usage: Implications for is theory testing [J]. Management science, 1995, 41 (8): 1328 – 1342.

[378] Street RB, Buontempo C, Mysiak J, et al. How could climate services support Disaster Risk Reduction in the 21st century [J]. International journal of disaster risk reduction, 2018.

[379] Strong D, Lee YW, Wang RY. Data quality incontext [J]. Communications of the ACM, 1997, 40 (5): 103 – 111.

[380] Strong DM, Yang WL, Wang RY. Data quality in context [M]. 1997: 103 – 110.

[381] Stvilia B, Mon L, YiYJ. A model for online consumer health information quality [J]. Journal of American Society for Information Science and Technology, 2009, 60 (9): 1781 – 1791.

［382］Sufen Li, Yushun Fan, Xitong Li. Atrust – based approach to selection of business services ［J］. International Journal of Computer Integrated Manufacturing, 2011, 24 (8): 769 – 784.

［383］Su Q, Huang J, Zhao X. An information propagation model considering in complete reading behavior in microblog ［J］. Physica A Statistical Mechanics & Its Applications, 2015, 419 (2): 55 – 63.

［384］Su Y, Peng J, Jin Z. Geo – information quality assurance in disaster management ［C］. 2008 Third International Conference on Digital Information Management. IEEE, 2008: 769 – 774.

［385］Tahai A, Rigsby JT. Information processing using citations to investigate journal influence in accounting ［J］. Information Processing & Manage, 1998, 34 (2): 341 – 359.

［386］Taleb I, ElKassabi HT, Serhani MA, et al. Bigdata quality: a quality dimensions evaluation ［C］. 2016 Intl IEEE Conferences on Ubiquitous Intelligence & Computing, Advanced and Trusted Computing, Scalable Computing and Communications, Cloud and Big Data Computing, Internet of People, and Smart World Congress (UIC/ATC/Scal Com/CBD Com/IoP/Smart World). IEEE, 2016: 759 – 765.

［387］Tang L, Jang S, Morrison A. Dual – route communication of destination websites ［J］. Tourism Management, 2012, 33 (1): 38 – 49.

［388］Taylor Todd. Understanding information technology usage: A test of competing models ［J］. Information systems research, 1995, 6 (2): 144 – 176.

［389］Tion Fenech. Using perceived ease of use and perceived usefulness to predict acceptance of the wordwied web ［J］. Computer networks, 1989 (30): 629 – 633.

［390］Toney SR. Clean up and Deduplication of an International Bibliographic Database. ［J］. Information Technology & Libraries, 1992, 11 (1): 19 – 28.

［391］Upmeyer A, Six B. Attitudes and behavioral decisions ［M］. Springer Science & Business Media, 2012.

［392］Vander Meer TGLA, Verhoeven P. Public framing organizational crisis situations: Social media versus news media ［J］. Public Relations Review, 2013, 39 (3): 229 – 231.

[393] Venkatesh. User acceptance of information technology: Toward a unified view [J]. Mis quarterly, 2003, 27 (3): 425 –478.

[394] Vijayasarathy. Predicting consumer intentions to use online shopping: the case for an augmented technology acceptance model [J]. Information & management, 2004, 41 (6): 747 –762.

[395] WallF. Diversity of the Knowledge Base in Organizations: Results of an Agent – Based Simulation [M] //Advances on Practical Applications of Agents and Multiagent Systems. Springer Berlin Heidelberg, 2011: 13 –20.

[396] Wand Y, Wang RY. Anchoring data quality dimensions in ontological foundations [J]. Communications of the Acm, 1996, 39 (11): 86 –95.

[397] Wang J, Nan Z, Lai Z, et al. Design and Implementation of Spaiote moral Information Service Platform for Complex and Big Grid [J]. Procedia Computer Science, 2018.

[398] Wang RY, Strong DM. Beyond accuracy: What data quality means to data consumers [J]. Journal of Manage Information System, 1996, 12 (4): 5 –34.

[399] Wang XL, Zhao LJ, Xie WL, et al. Rumor spreading model with variable forgetting rate in scale – free network [J]. Physica A Statistical Mechanics & Its Applications, 2013, 392 (23): 6146 –6154.

[400] Wang, Yi – Shun, Yeh, et al. What drives purchase intention in the context of online content; services? The moderating role of ethical self – efficacy for online piracy [J]. International Journal of Information Management, 2013, 33 (1): 199 –208.

[401] Wathen CN, Burkell J. Believe it or not: Factors influencing credibility on the Web [J]. Journal of the Association for Information Science and Technology, 2002, 53 (2): 134 –144.

[402] Westley, B., & Severin, W. Some correlates of media credibility. Journalism Quarter. 1964 (41): 325 –335.

[403] Yacov Y. Haimes, Kenneth Crowther, and Barry M. Horowitz. Preparedness: Balancing Protection with Resilience in Emergent Systems [J]. Wiley-Inter Science, 2008.

[404] Yagci IA, Das S. Measuring design – level information quality in online re-

views [J]. Electronic Commerce Research and Applications, 2018 (30): 102 – 110.

[405] Yamin LE, Hurtado AI, Barbat AH, et al. Seismic and wind vulnerability assessment for the GAR – 13globalriskassessment [J]. International Journal of Disaster Risk Reduction, 2014 (10): 452 – 460.

[406] Yang WL, Pipino L, Strong DM, et al. Process – Embedded Data Integrity [J]. Journal of Database Management, 2004, 15 (1): 87 – 103.

[407] Yang WL, Strong DM, Kahn BK, et al. AIMQ: a methodology for information quality assessment [J]. Information & Management, 2003, 40 (2): 133 – 146.

[408] Yates D. The impact of focus, function, and features of shared knowledge on re – use in emergency management social media [J]. Journal of Knowledge Management, 2016, 20 (6): 1318 – 1332.

[409] YiMY, Yoon JJ, Davis JM, et al. Untangling the antecedents of initial trust in Web – based health information: The roles of argument quality, source expertise, and user perceptions of information quality and risk [J]. Decision Support Systems, 2013, 55 (1): 284 – 295.

[410] Zeithaml, Parasuraman. Service quality delivery through website: A critical review of extant knowledge [J]. Journal of the academy of marketing science, 2002, 30 (4): 362 – 375.

[411] Zhang Y, Zhou S, Guan J, et al. Rumor Evolution in Social Networks [J]. Physical Review EStatistical Physics Plasmas Fluids & Related Interdisciplinary Topics, 2011, 87 (3): 1079 – 1094.